面包学

新しい製パン基礎知識

〔日〕竹谷光司——著

赖舟姗——译

U0179931

北京科学技术出版社

ATARASHII SEIPAN KISO CHISHIKI SAIKAITEIBAN by Koji Takeya
Copyright © 2017 Koji Takeya
All rights reserved.
Original Japanese edition published by PAN NEWS Co.,Ltd.

Simplified Chinese translation copyright © 2020 by Beijing Science & Technology Publishing Co., Ltd.
This Simplified Chinese edition published by arrangement with PAN NEWS Co.,Ltd., Tokyo, through
HonnoKizuna, Inc., Tokyo, and Eric Yang Agency, Inc.

著作权合同登记号 图字：01-2018-3239

图书在版编目(CIP)数据

面包学 / (日) 竹谷光司著；赖舟姗译. — 北京：北京科学技术出版社，2020.8
（2024.3 重印）
  ISBN 978-7-5714-0441-3

Ⅰ.①面… Ⅱ.①竹… ②赖… Ⅲ.①面包—烘焙 Ⅳ.①TS213.21

中国版本图书馆CIP数据核字(2019)第155136号

策　　划：张晓燕	电　　话：0086-10-66135495（总编室）
责任编辑：张晓燕	0086-10-66113227（发行部）
封面设计：源画设计	网　　址：www.bkydw.cn
图文制作：天露霖	印　　刷：三河市华骏印务包装有限公司
责任印制：张　良	开　　本：720mm×1000mm　1/16
出 版 人：曾庆宇	字　　数：280千字
出版发行：北京科学技术出版社	印　　张：21
社　　址：北京西直门南大街16号	版　　次：2020年8月第1版
邮政编码：100035	印　　次：2024年3月第11次印刷
ISBN 978-7-5714-0441-3	

定　　价：89.00元

发行寄语

　　此次，面包新闻社出版此书，给业界的技术水准带来提升，为此我由衷感到高兴。这本书，对于无法进入日本面包技术研究所学习的面包制作者，或者想在入学前先通盘学习面包制作理论的人来说，是非常合适的一本好书。

　　作者竹谷光司同学出生于北海道室兰，昭和 45 年（1970 年）于北海道大学水产学院毕业后，进入山崎面包公司，昭和 46 年（1971 年），经海因里奇·弗伦德利布（Heinrich Freundlieb）介绍，离开山崎面包公司，进入位于德国汉堡的大型面包工坊工作。至昭和 49 年（1974 年）为止，三年间他一直在学习德式面包并积累制作经验，最终在代特莫尔德（Detmold）的谷物马铃薯研究所，完成了黑麦面包的学习。

　　回国后他加入日清制粉公司并于翌年昭和 50 年（1975 年），从日本面包技术研究所毕业。竹谷光司同学有着极强的求知欲且非常努力，他对技术钻研的热情和精益求精的精神，让我们有理由相信并期待，他将来一定能成为这个领域的集大成者。

　　进入山崎面包公司工作后，竹谷光司同学深感对于面包制作技术的学习要尽早开始，于是从面包技术研究所毕业后，应面包新闻社的邀请，整合出这本书，以响应后来同业者们的求知向学之心。此实为意义深厚且值得庆贺之事，在此请允许我表达满腔的赞许和钦佩之情。

日本面包技术研究所所长

藤山谕吉（已故）

前　言

出版这本书的缘起是昭和 50 年（1975 年）时，我作为面包技术研究所第 81 期的学生，感怀于研究所的培养而写的毕业感言：我的毕业编号是 4633 号，这个数字意味着从面包技术研究所毕业的人数，它占了面包业从业人数的百分之几呢？无法进入面包技术研究所的人们阅读了哪些资料、哪些面包理论，又由谁来教导他们面包理论与技术呢？当我进入面包业之初，即使想阅读相关的面包书籍，也不知道在哪有什么样的书或者能在哪里买到。虽然不需要和德国的职业教育制度平齐，但我认为入职的第一年是非常重要的时期，因此对口的教育书籍也理应更加齐备才是。

这件事被面包新闻社的西川社长得知后，她告诉我"如果抱有这份心情，何不自己写呢？"于是，从昭和 52 年（1977 年）开始，我以每月一次的频率在《面包新闻报》上连载文章，之后又在《B&C》杂志上刊载，直至昭和 54 年（1979 年）完成连载。这些内容与其说是我写的，不如说是我将所学以正确的方式传达给读者：我以藤山谕吉老师的著作为核心，并大量引用了诸位老师、前辈的著作和论文。在结集成书之际，我除了将过去发表的文章改写得更易于理解，还增加了很多我的个人笔记内容，将其编撰成书，让我诚惶诚恐。但同时，我也希望能有越来越多的人，将前辈留下的理论和知识传递出去。本书仍有理解不足或说明不当的部分，期待能得到各位的指导和鞭挞，使这本书能更加正确易懂。

最后，向给予我诸多指导的以藤山谕吉所长为首的各位老师，介绍给我许多有趣论文和资讯的阿久津正藏、松本博、田中康夫、中江恒等诸位老师，在原材料篇给予我大量协助的田中秀二、原弘志、黑田南海雄、神保健三诸位，还有至今仍不断向我传授技术和理论的日清制粉二次加工技术部门的诸位，致以深深谢意。还要向给予我这个机会的西川多纪子社长，表以最诚挚的谢意。

昭和 56 年（1981 年）2 月
竹谷光司

写在修订版出版之前

最近在面包行业里最大的话题应该算是平成 19 年（2007 年）、平成 20 年（2008 年）谷物价格连续异常高涨，随后引发了世界金融恐慌，石油等资源价格暴跌，汽车业、机电业等所有的产业都被卷入了销售不振的境况。

最近谷物价格渐渐安定下来了，但是，考虑到谷物价格高涨的根本原因，从长远看，与其解决谷物价格上涨的问题，不如说更重要的课题是确保粮食的产量。日本的粮食自给率在平成 18 年（2006 年）是 39%，到了平成 19 年（2007年）总算是上升到了 40%。平成 20 年 12 月，农林水产省提出了预计用十年，将粮食自给率提升到 50% 的计划。反观各先进国家的粮食自给率，姑且不论作为农业大国的澳大利亚已达到了 237%，加拿大达到了 145%，其他国家如美国也达到了 128%，法国为 122%，德国为 84%，英国为 70%（2003 年度数据）。从日本粮食增产计划的细项来看，最值得期待的就是国产小麦的增幅，而且是面包专用小麦。平成 19 年（2007 年）的 91 万吨，在 10 年内预计可增产至 180万吨。关于国产小麦的价格，因外国进口的小麦宣称价格会提高，导致了国产小麦的生产奖励金也在上调。所以维持目前的制度的话，不能单纯地认为日本国产小麦会增产。但对日本的面包制作技术人员而言，使用国产小麦开发出美味的、适合日本人的面包，就成为最重要的使命。以平成 18 年（2006 年）为例，在 155 万吨的面包用小麦中，国产小麦只占了 1 万吨，不到 1%。当然，人们很期待日本的培育专家们能够努力开发出和加拿大 1CW 匹敌的面包专用小麦，但从日本的气候、粮食政策等客观因素考虑，想要快速开发，还是有很多困难。在真正意义上，面包是作为第二大主食的，若采用日本的主力小麦品种，我们究竟能够向消费者提供美味程度是多少的面包，这是面包技术工作者需要研究的课题。当然，这不仅仅是面包技术工作者，也是小麦培育家、小麦生产者、面粉企业需要统一方向、齐心合力才能解决的难题。

到目前为止，行业内正在使用世界最好的加拿大产、美国产的小麦，为烘焙出最好的面包而努力。但我也希望大家能拿出一半或三分之一的热情，去努力开发使用日本本土小麦制作的面包，为此，熟知与掌握到目前为止的优秀面包制作理论，就显得尤为必要。我们也差不多应该开始使用世界最先进的面包制作技术，来开发属于日本人自己的面包了。从这个角度来看，我衷心地希望人们能够重读这本书，以期能开启新的视野，去发现一个新的世界。

平成 17 年（2005 年）的面包产量，换算成小麦粉就是 123 万吨，其中大型企业占了 74.5%，中小型企业占了 25.5%。面包行业的动向经常引发消费者的关注，为了提供更有魅力的产品、培育优秀的人才，中小型烘焙零售店铺就更应该拿出活力和干劲来。我希望面包制作的未来趋势更倾向于向消费者提供他们所期待的国产小麦面包，同时活用能呈现差异化、个性化以及技术实力的自制酵母，开发出能兼顾健康的全麦产品，并且能够有意识地根据未来少子化、高龄化等可预见的趋势去进行商品开发、店铺运营。

最后，向从初版至今 28 年间支持本书的读者们、面包新闻社的各位同仁，以及还在病中疗养的西川多纪子社长表达衷心的感谢。

平成 21 年（2009 年）9 月

竹谷光司

目　录

| 第一章　面包制作原材料 |

| 第二章　面包制作工程 |

| 第三章　面包制作方法 |

第四章 面包标准制法

| 第五章　面包制作中的数学 |

| 第六章　面包的历史 |

| 第七章　面包制作机械 |

第八章　Q&A

VIII

第一章 面包制作原材料

如果将制作面包比作建造一座房子，那原材料就是这座房子的地基，哪怕是很小的房子，地基都非常必要，要建造大房子的话，就更要建造无可挑剔的地基了。面包制作也是如此，只要基础扎实，即使每一天都充满变化，也能烘焙出品质可靠的成品。而且，当遇到新材料、新器械或者需要一些灵感去开发的新产品时，它们也变得不是难事了。这看似好像绕了远路，其实是习得面包制作技术的最佳捷径。

一、小麦粉

（一）小麦粉和面包制作

◆ 为什么用小麦粉制作面包呢？

使用小麦粉来制作面包，大家都视为理所当然。那其他谷物粉呢？比如大米粉、大豆粉、玉米粉等，就不能用来制作面包了吗？环顾整个行业，用小麦粉以外的谷物制作的类似面包的制品，有俄罗斯、德国的黑麦面包，墨西哥的塔可饼等。这类制品虽说被称为面包，但像这种配方中完全不出现小麦粉的种类还是很少的。

那么，人们究竟是利用了小麦粉中的什么成分和特性来制作面包呢？

其中的重要成分是蛋白质部分的麦谷蛋白和醇溶蛋白，碳水化合物部分的葡萄糖以及酶也对面包的色泽、香气、营养价值有重要影响。

小麦粉面团具有加工后可硬化和内部结构可松弛的特性，这在面包制作中也是不可或缺的。

那么，在面包的实际制作工程中，这些成分和特性是怎么被利用的呢？

在搅拌工程中，麦谷蛋白和醇溶蛋白由于水的介入，形成了面筋，它是支撑面团的骨骼。搅拌时混入的空气以及小麦粉中原有的空气会留在面团中，这些空气会成为酵母发酵时产生的二氧化碳的内核。

在发酵工程中，糖是面包酵母的营养源，不足的部分由酶将制粉工程中损伤的淀粉分解成麦芽糖来补充。糖经酵母分解之后形成了二氧化碳和酒精，二氧化碳使面团的体积膨胀变大，酒精让面团变得柔软，更易被加工。

在成型工程中，小麦粉面团加工硬化以及结构松弛的特性会得到巧妙利用。在烘烤工程中，面筋中的水分被排出，排出的水分会膨润和糊化淀粉，此时生面团就能变为面包，而支撑面团的骨骼也从面筋转变为糊化后的淀粉。

面包制作的整个过程，都与小麦粉的成分息息相关。而几乎可以被视为面包灵魂的风味和香气，也是以小麦粉的成分及其分解物为主体来呈现的：包括由糖分解成的酒精、酸和酒精结合产生的酯化物、糖分结合产生的焦糖、蛋白质分解而成的氨基酸与糖发生的美拉德反应的生成物等。焦糖化反应和美拉德反应，还使面包拥有了金褐色的表皮，勾起人们的食欲。

这些都是小麦粉在面团和面包里起到的作用的一部分，当然也是小麦粉用来制作面包的理由。

◆ 何谓优质小麦粉？

制作新的产品时，第一步需要清楚地判断商品特征，第二步就是选择优质的小麦粉了。在有些面包讲座里，我曾提过这样的问题："优质的面包用粉是什么样的呢？"当时，我期待的答案是：

①品质稳定；

②可耐受二次加工；

③吸水率高；

④蛋白质质量高且含量多。

这是已经近乎标准答案的回答，但我得到的第一个回答却是"能制作出美味面包的小麦粉"。说实话，我震惊了，一瞬间不知道如何回应，因为这也不能说不是正确答案，甚至这个答案会第一时间出现很是理所当然。

但是，无论选择多好的小麦粉，如果使用中没有充分活用小麦粉本身的特性，也没有意义。而且，即使再好的小麦粉，也无法用在所有面包的制作当中。所以，重要的是根据面包的特性选择合适的小麦粉。

打个比方，制作吐司面包的时候，面筋较多的面团才能将气体完全细密地包裹，从而做出气孔细小且有一定体积的面包。制作法式面包，相比吐司面包来说，需要的面筋少，这样才能形成它坚硬且酥脆的独特外皮和气孔略粗、具有光泽的面包心。但反过来，如果想做出海绵蛋糕这种能在烤箱内短时间就膨胀的产品，就要尽量选择生成面筋较少的小麦粉。这样成品体积才能变得更大更膨松，食用时口感松软，入口即化。

◆ 面筋形成的关键

在面包制作中，由于配方和制作工程的不同，所生成面筋的量和质也会不同。比如搅拌工程，无论是搅拌不足还是搅拌过度，都会削弱面筋结合的强度。而且，小麦粉中蛋白质的含量不同，最合适的搅拌时间也会发生变化。

当然，含有更多麦谷蛋白和醇溶蛋白的高蛋白小麦粉，搅拌的时间必须拉长。另外，食盐会收缩面筋组织，因此搅拌的时间也需要拉长。而砂糖和油脂，则会阻碍面筋的形成，此时就需要注意调整搅拌的方法、时间以及添加材料的时机。

（二）关于小麦

◆ 小麦的"祖先"

小麦的原产地众说纷纭。一般来说，单粒系小麦被认为源自小亚细亚至黑海沿岸，二粒系小麦则来自埃塞俄比亚、埃及、地中海东岸以及高加索、伊朗高原一带，普通系小麦源自北印度、阿富汗至高加索。发现小麦的时间可追溯至距今约 15 000 年前。

最初，小麦的"祖先"只有单粒的野生斯佩耳特小麦，但之后，发现了野生的二粒小麦。单粒系小麦、二粒系小麦，再加上普通系小麦，三种不同"祖先"

小麦的存在，成为三元说理论的有力佐证。而普通系小麦，最初被推论为二粒小麦和节节麦的杂交品种，将其成功杂交的是木原均博士。

◆ 小麦的形态和构造

小麦的构造大体都是下半部饱满膨胀的卵形，当然根据品种不同也有整体较长或者短似球形的。即使是相同品种，麦粒也会有瘦小的和肥大的之分。

但所有小麦都有其共通之处：麦粒从上至下有深深的沟槽——麦粒沟，麦粒沟背面的膨胀部分里，就是胚芽。将含有胚芽的部分朝下，与之相对的顶端生长着小麦的冠毛。（参照图1–1）

与麦粒沟呈直角方向切开麦粒，进行观察。最外侧是占了小麦13%的表皮，它们保护着生长中以及收获后的小麦内部。当小麦制作成小麦粉后，被称为麸皮（麦糠）的就是这一部分。

典型的普通小麦，此外，还有无麦芒（穗须）的种类

在其内侧，有略带青色的糊粉层。一直以来，这部分被当作麸皮处理掉，但其实这部分富含灰分、蛋白质、矿物质等丰富的营养成分。人们已经多次研究如何更好地去利用这部分物质，并发表了许多成果，也开始进行销售。比糊粉层更靠内侧的部分，是占了小麦85%的胚乳。

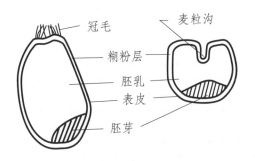

< 图 1–1> 小麦的构造

当然，正是胚乳被制成了小麦粉，并成为制作面包和糕点的原料。但从植物本身来看，它的存在是为了提供胚芽发育所需的营养。

胚芽大约占小麦的2%，对植物而言是最重要的部分。植物从这里生根、

发芽，再次生长成小麦。但是，如果在制作面包的小麦粉里存在胚芽的话，反而会起到负面效果。所以胚芽一直以来也被当作麸皮一起处理掉。

近年来，胚芽由于其丰富的营养价值，特别是富含维生素 E 而备受瞩目，常被当作健康食品和油脂的原料。另外，它也被运用到胚芽面包的制作上。

◆ 小麦的产地和种类

如今，日本小麦（内麦）的年收成量已超过 90 万吨。日本气候中有梅雨季，虽不能绝对地说这种气候适合小麦栽培，但昭和 15 年（1940 年），曾经达到过 179.02 万吨的高收成量。在第二次世界大战后的一段时间里，也一度几乎恢复到这个收成量。

但是，日本现在 85% 的小麦需求要依赖进口。其中，美国占 60%，加拿大占 22%，澳大利亚占 18%。进口小麦的种类按照产地来看，类别如下。

< 美国产小麦 >

在日本，美国产小麦从进口量上看是最多的。通常用来制作面包专用粉的小麦原料——北黑春麦（Dark Northern Spring,DNS）和硬红冬麦（Hard Red Winter,HRW）——是蛋白质含量为 11.5% 的半硬粒小麦（SH），但在日本，它们并不是面包粉的主要原料。

此外，日本也进口被用来制作糕点的重要原料——西部白麦（Western White, WW）。这款西部白麦是出口专用品牌，由美国港的软质白麦（Soft White Wheat）混入 20% 以上的密穗白麦（Club White）制作而成。

< 加拿大产小麦 >

在日本说起小麦，人们脑海里立马浮现的就是马尼托巴小麦。这个名词，大概很多人在开始接触面包前就已经听说过。马尼托巴省是加拿大的小麦产地，小麦也以此命名。目前它更名为：加拿大西部红春小麦（Canada Western Red Spring, CW）

小麦根据容积重量、杂草杂质含量、虫害麦粒数量等分为 No.1、No.2、No.3（1CW,2CW,3CW）三个等级，针对 1CW 和 2CW 内的蛋白质含量，还会再划分三个等级，而日本主要进口的是 1CW 等级内蛋白质含量为 12.5% 以上的产品，这些产品主要用来做面包粉。

＜澳大利亚产小麦＞

之前使用中等平均品质（Fair Average Quality, FAQ）这个名称，随着规格修正，更名为澳大利亚标准白麦（Australian Standard White, ASW）。其中，西澳大利亚产的小麦，主要用来制面，相较于日本产小麦，它的特征是不会有颜色沉淀。其他品种还有蛋白质含量较多的澳大利亚特硬小麦（Australian Prime Hard）、澳大利亚硬麦（Hard Wheat），以及蛋白质含量少的澳大利亚软质小麦（Australian Soft）等。

＜日本产小麦＞

2012 年，日本普通小麦的收成量为 90.22 万吨。收成量最高的是北穗波，达到了 57.6 万吨，接下来是白银小麦，收成量是 5 万吨。因用来制作面包而被广泛熟知的春恋小麦，是第五位，收成量为 3.5 万吨，南之香为 1.1 万吨，备受期待的梦之力则为 9 000 吨。

最近在日本，不只是前店后厂的面包房，连大型的面包工厂也开始盛行使用本国产小麦制作面包，以高超的技术和精细的生产作业流程，用心制作和销售品质优良的面包。可惜的是，依旧有一部分小麦未能达到进口小麦的品质。希望大家能在充分理解日本产小麦特征的基础上，将其特征用心地运用到面包制作当中。

◆ 小麦的产量

世界的小麦产量在 1966 年已经超过了 3 亿吨，1976 年突破了 4 亿吨。之后的 1984 年超越了 5 亿吨，1998 年达到了 6 亿吨。在所有谷物中，小麦无论是栽培面积还是收成量都占据领先地位。以 2008 年为例，谷物（粗粒谷物、小麦、水稻）收成量为 21.8 亿吨，小麦占据了 6.583 亿吨，水稻为 4.443 亿吨。

接下来从不同国家的小麦收成量来看一下。2012 年欧盟国家以 1.32 亿吨领先全球，其次是中国的 1.206 亿吨，印度为 9 488 万吨，美国为 6 175 万吨，俄罗斯为 3 772 万吨，加拿大为 2 720 万吨，巴基斯坦为 2 330 万吨，澳大利亚为 2 200 万吨。

◆ 小麦的出口量

世界小麦的出口量曾长时间保持在 6 000 万吨的水平，1978 年以后增加到 7 000 万吨，2008 年则达到 1.09 亿吨，占小麦总产量的两成左右。在全部谷物类产品出口量中，小麦的出口量大约占了 1/3。在一般情况下，谷物的贸易量较少，而小麦的量之多可以说是异类了。作为小麦出口大国，美国独占鳌头，2008 年出口 3 420 万吨，接下来是加拿大的 1 640 万吨，欧盟 27 国的 1 130 万吨。这些国家占了全球小麦出口量的 56.7%。

（三）关于小麦粉

◆ 制作小麦粉的历史

慕尼黑西北偏西方向约 120km 处，有一个叫乌尔姆的小镇。在那里有个面包博物馆，陈列着古老的面包制作工具，还陈列有石窑、搅拌机、分割器、古老的制粉机器模型等。有些房间的墙壁用几个窗户分隔开，从中可以看到从原始时代到中世纪烘烤面包的情况。地域的差别，也用不同面包、工厂及人偶模型等加以表现。

隔壁的屋子里，展示柜中陈列着像是将小麦研磨成粉的工具。从一端看过去，最初只是在平坦的石头上放置石块，恐怕当时人们是单纯通过石头的敲击来制出粉末。接着是一块有凹槽的石块，在凹槽处摆放了与凹槽尺寸相符的大石块，当时人们应该是利用类似臼和杵的工作原理来制粉。

接下来石臼登场了。由此开始，制粉方法有了很大的变化。也就是说，敲击捣碎的方法开始逐步向研磨碾碎的方法进步了。在 19 世纪后半叶出现冷铸轧辊（Chilled Roll）并且建造出滚轴式制粉工厂前，这种以石臼制粉的方法延续使用了超过 4 000 年。

另一方面，筛子的历史也非常古老，从埃及第三王朝就已经开始使用了。当然，当时只能将敲碎的小麦过筛，仅将粉的部分和麸皮的部分区分开来。进入 17 世纪后，在制粉的过程中也加入了网筛，然后渐渐发展成目前的阶段式制粉法。

18 世纪后，出现了使用蒸汽机械的制粉工厂以及使用升降设备和传送搬运设备的工厂。1854 年，美国设计出清粉机（通过在网筛下向上灌入空气，使得质量较轻的麸皮飘起，进而筛出胚乳的机器）。

使用了清粉机精选的小麦粉，被称为特级粉（Patent Flour），品质优良，广受好评。这个名称从设备获得特许专利以来就存在，现如今仍以此为名。

◆ 食用小麦粉的理由

实际上，亲手接触过小麦粒的人有多少呢？甚至亲眼见过小麦的人可能都不多。那么为什么小麦一定要研磨成粉来食用呢？大米既有直接以米粒状态来食用的米饭，也有制作成上新粉（大米粉）而用到和果子当中的。玉米也是无论颗粒还是研磨成粉都能食用。但只有小麦基本上不以颗粒状态去食用，理由有以下几点。

第一，以粉状食用能够提升消化率。以颗粒状态食用时大概能消化 90%，而以粉状食用消化率高达 98%。同时事实上，麦粒的弹力过强，口感也不好。

第二，小麦中含有的麦谷蛋白和醇溶蛋白，只有在小麦研磨成粉接触水后才能够形成面筋，如果保持麦粒本身的状态，就无法有效地利用小麦中这些特殊的蛋白质。

第三，小麦的胚乳很软，而表皮部分比较强韧，与其只捣碎表皮部分，不如把胚乳也研磨成粉，分离起来就会变得容易很多。再加上麦粒中央有一条凹槽——麦粒沟，即使把表皮去除了，凹槽部分也会残留，因此，把胚乳也碾碎，表皮、麦粒沟和胚乳就能轻易地分离开了。

◆ 小麦粉的分类

在这里，介绍两个小麦粉分类方法。一个是根据蛋白质的量和质去分类，区分成高筋粉、准高筋粉、中筋粉、低筋粉四类，并对应不同的用途。分别用高筋粉和低筋粉去烘焙面包和蛋糕，得出的实验结果已用下页的图片和表格展示出来了。

用高筋粉和低筋粉制作的面包、蛋糕

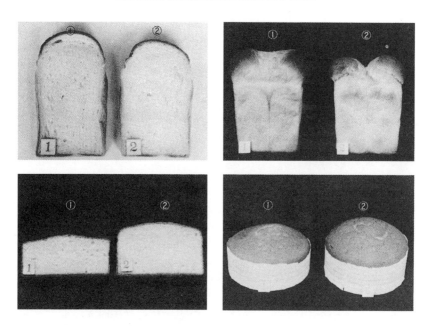

特征		高筋粉①	低筋粉②
面包	吸水	多	少
	体积	大	小
	表皮质地	光滑，伸展性好	表面干燥
	烘烤色泽	深浓，具有光泽	淡，光泽不佳
	气泡孔洞	气泡膜薄，纵向	气泡膜厚，圆形
	口感	柔软，润泽	硬，干
蛋糕	吸水	多	少
	体积	小	大
	表皮质地	粗糙不平	光滑平顺
	烘烤色泽	模糊且光泽不佳	深浓，有光泽
	气泡孔洞	气泡膜厚	气泡膜薄
	口感	硬	柔软，润泽

注：①使用高筋粉；②使用低筋粉。

　　另一个方法是根据等级分类，主要是以灰分的含量（小麦粉色泽的白色程度）来区分成一等粉、二等粉、三等粉和末等粉（参照表1-1，表1-2）。

<表 1-1> 按照蛋白质的量和质分类

种类	蛋白质含量 /%	麸量	麸质	主要的原料小麦	用途	粒度
高筋粉	11.5~13.5	很多	强韧	1CW，DNS,HRW(SH)	面包	粗
准高筋粉	10.5~12.0	多	强	HRW(SH)	面包，面食	粗
中筋粉	8.0~10.5	中	稍软	ASW，日本产小麦	面食，糕点	细
低筋粉	6.5~8.5	少	弱	WW	糕点，炸物	很细

<表 1-2> 按照小麦粉的等级分类

等级	灰分 /%	颜色状态	酶活性	纤维素 /%
一等粉	0.4±	优良	低	0.2~0.3
二等粉	0.5±	普通	普通	0.4~0.6
三等粉	0.9±	略差	强	0.7~1.5
末等粉	1.2±	不良	很强	1.0~3.0

◆ **从小麦到小麦粉**

以下是小麦被买入制粉工厂后，变成小麦粉再售出的流程（参照 13 页的图片）。

1. 原料入场，贮存

在临海的工厂里，连接真空泵的管道将小麦从船里吸入工厂；在内陆的工厂里，则用火车或者卡车运输小麦，在筒仓内贮存。买卖完成后，立刻采集样品，进行品质鉴定。

2. 精选以及调节品质

制粉工厂筒仓里的小麦，会有很多杂质混杂其中。将这些杂质去除，将小麦清理干净然后研磨，称为精选工程。精选后的小麦接下来送往下一道工序：调整品质。小麦含有少量水分，需要在桶中静置熟化，使胚芽软化，外皮变得强韧。

3. 配方调整

小麦是农产品，品种、产地、生产年份等都会影响其品质。为了活用这些品质的特征，并且制作出品质固定的小麦粉，需要将几种品牌或批次的小麦进行配方调整。

4. 碾碎

在这一步中，小麦开始被碾碎成粉。最初的制程叫作"制动工程"，在这个工程里，与其说是制粉，不如说是将小麦碾压成粗大的颗粒。

接下来的粉碎工程中，大量的小麦粉被制作出来，并通过细小的筛网过筛，能过筛的粉就完成了碾碎工序。而超过了尺寸的大颗粒会被送入滚轴机内，或者先进行纯化工程（用清粉机去除麸皮），再送入滚轴机内研磨。通过这个工程的不断反复进行，可以得到数十种不同性质的小麦粉。

5. 完成

经各过筛设备加工出品的40~50种性质各异的小麦粉，贮存在基粉仓（Stock）内，再通过合适的选择和组合，能够混合出1~3类小麦粉（成品），接着为再次确认异物是否去除完全，小麦粉还会再过筛一次。

6. 品质检查

所有成品会标记好品牌放入成品桶内保存。继而接受一般分析、小麦粉面团淀粉黏度实验、二次加工实验等工序，全都合格通过后，才能开始以商品形式进行包装，或者利用面粉运输车出货。

◆ 小麦粉的成分

< 碳水化合物 >

小麦粉内大部分都是淀粉，含量高达70%~75%（参照表1-3）。除此之外，小麦粉中的碳水化合物中还包括2%~3%的戊聚糖，以及1.2%左右的糖类（单糖、双糖）和糊精。

这些糖和损伤淀粉，成为发酵时酵母的营养源。它们被分解成酒精和二氧化碳，面团的体积因此变大，面筋也变得柔软。而健全淀粉则通过加热，在85℃时完全糊化，成为支撑面包的骨骼，具有重要的作用。

< 表 1-3> 小麦粉的成分

水分 /%	13.0~15.0
蛋白质 /%	6.0~15.0
碳水化合物 /%	65.0~79.0
纤维素 /%	0.2~1.0
脂质 /%	0.6~2.0
灰分 /%	0.3~2.0

①入港——从美国、加拿大、澳大利亚运过来的小麦从港口登陆。

②贮存——卸下的小麦贮存在原麦筒仓内。

③碾碎工程——精选、调质后的小麦，用滚轴机进行粉碎。

④筛分工程——滚轴机碾碎后的小麦通过几层筛滤，分离麸皮和小麦粉。

⑤纯化工程——在粉中混入的细小麸皮，通过清粉机去除。

⑥品质检查——分析制成的小麦粉的水分、蛋白质含量和灰分。

⑦二次加工实验——机器分析所无法展示的小麦粉适应性，在实际面包制作中进行检验。

从小麦到小麦粉
——从小麦制粉到出货为止——

< 蛋白质 >

小麦粉最大的特征就是能够形成面筋，其蛋白质中除了能形成面筋组织的麦谷蛋白、醇溶蛋白之外，还有白蛋白、球蛋白和蛋白胨（参照表1-4）。蛋白质的含量，根据小麦的品质不同而有所不同，也会因生产年份、地域、气候等栽培条件的不同而有所差异。而且，在一粒小麦中，根据部位的不同，蛋白质含量也会有差异，由中心向外侧表皮辐射，蛋白质含量会越来越多。

判断小麦粉是否适合制作面包的方法中，有一种是通过检查面筋组织来达到目的。20g 的小麦粉里加入占小麦粉分量 60% 的水，在小的器皿中用小棒将其混合成面团，充分搅拌，大约 10 分钟后，用水揉洗，洗去面筋以外的物质。沥干水后，测量面筋重量，研究其性质和状态。如果面筋多且柔软，则会被选为制作面包的小麦粉（面筋实验）。

< 表 1-4> 小麦粉蛋白质的种类

种类	含量 /%（无水物）	水	稀盐溶液	稀酸，稀碱	其他
白蛋白	0.4	可溶	可溶	可溶	可用盐水萃取
球蛋白	0.6	不溶	可溶	可溶	
麦谷蛋白	4.7	不溶	不溶	可溶	不溶于 70% 的酒精
醇溶蛋白	4.0	不溶	不溶	可溶	可溶于 70% 的酒精
蛋白胨	0.2	可溶	蛋白质分解出的肽键类混合物		

< 水分 >

小麦粉里的水分有两个来源，第一个是小麦本身的水分，第二个是在制粉工厂调节品质时加入的。调节品质时加入的水，虽然有固定成品小麦粉中水分比例的目的，但最大的目的是软化胚乳，强韧小麦表皮，改良小麦的制粉性。

因此，在小麦颗粒比较坚硬紧实的冬天会多加水，而到了夏天则少加水。所以小麦粉的含水量会根据季节变化而不同，而高筋粉、低筋粉、杜兰小麦粉内含水量的不同，也正是由于这个原因。

< 脂质 >

小麦中含有 2%~4% 的脂质，基本上都存在于胚芽和麸皮中，小麦粉里的脂质只有 0.6%~2.0%。过去，脂质被当作小麦粉变质的原因，但最近发现脂质是影响小麦粉二次加工性的重要因素，因而被人们重新审视和进一步研究。脂质的一半是磷脂、糖脂等极性脂，剩下一半是三酸甘油酯、二酸甘油酯、单酸甘油酯等非极性脂。

< 灰分 >

灰分与脂质相同，大多存在于胚芽和麸皮中。胚乳部分，特别是中心部位的灰分量很少，只有 0.3% 左右，而麸皮部分的灰分有 5.5%~8.0%，相比较起来，胚乳部分的灰分只有麸皮的 1/25~1/20。灰分量指标是确认制粉利用率、小麦等级以及小麦粉是否适合制作面包的判定标准。

< 酶 >

从生物体中提取生产的高分子有机触媒（催化剂）就是酶。小麦粉中也含有酶，最为大家所熟知的有淀粉酶（淀粉分解酶）和蛋白酶（蛋白质分解酶）。

淀粉酶里有将淀粉分解为麦芽糊精的 α–淀粉酶，以及将麦芽糊精分解成麦芽糖的 β–淀粉酶。在健全的小麦粉中，α–淀粉酶的活性比较弱，这部分不足的地方，用有机添加物或麦芽来补足。蛋白酶在普通的健全小麦粉里，活性也并不是很强。

◎ **面筋**

　　麦谷蛋白赋予面筋强度，醇溶蛋白因拥有柔软粘连的性质，作为结合剂发挥作用。黑麦也拥有和醇溶蛋白相同的蛋白质，但不含麦谷蛋白，因此黑麦加水搅拌揉合后也不会形成面筋。

烘焙小贴士

◎ **粗蛋白质含量和湿面筋含量**

　　它们是面筋生成量的标准，在制粉生产商的宣传册中，面筋生成量会以粗蛋白质含量或湿面筋含量来表示。简单的换算方法如下：

　　湿面筋含量 = 粗蛋白质含量 ×0.9×3

　　但是，湿面筋含量需要通过手工操作得到，而人为操作造成的差异较大，最近更多是以粗蛋白质含量来表示。

但是，如果遇到雨水灾害或使用了已发芽的小麦制作小麦粉的话，在这种可能混合了胚芽的小麦粉里，淀粉酶和蛋白酶就会过剩，面团就会发黏，导致成品产生许多缺陷。

一般情况下，灰分量越多，酶的含量就越多。越是低等粉，酶的活性就越强。

小麦粉中，还有分解脂肪的脂肪酶、分解有机磷化合物的磷酸酶、进行自然显色的酪氨酸酶、氧化胡萝卜素和脂肪的脂肪氧化酶等。

◆ 显微镜下的小麦粉

粒度

高筋粉和低筋粉粒度上的差异，用手抓取就能分辨，这是因为用来做高筋粉的小麦颗粒比较硬。如果勉强将这些颗粒过度研磨，损伤的淀粉量会变多，同时在碎粉时产生的热能，会导致蛋白质变性，因此不建议如此。

另一方面，用来做低筋粉的小麦质地柔软，比较容易碾得很细。具体来说，一般的小麦粉粒度分布是 $1\sim150\mu m$（$1\mu m=0.001mm$）。$17\mu m$ 以下的细小粒度占 10% 左右，$17\sim35\mu m$ 的粒度在 40% 以上，$35\mu m$ 以上的较大粒度占了 40% 左右。

小麦淀粉

小麦淀粉，主要来自 $7.5\mu m$ 以下的细小颗粒和 $30\mu m$ 左右的大颗粒。比较两者的数量，小颗粒淀粉大概占 76% 左右，大颗粒淀粉不过就占了 7%，如果比较重量的话，大颗粒淀粉则占大部分。但是，小麦粉的粒度并不是 $7.5\sim30\mu m$，因为在小麦粉中，小麦淀粉不是完全以单粒化的形式存在的。

小麦粉的特征，众所皆知是因其有形成面筋的蛋白质存在。但小麦淀粉，在制作面包的过程中，也有非常重要的作用，小麦淀粉在面团中的作用如下：

①和面筋结合，形成面筋的支撑；

②被酶分解，成为面包酵母的营养源；

③适度阻碍面筋的结合，使面团变得柔软；

④受热糊化，吸取面筋中的水分，使面筋停止延展，从而固定面筋。

吸水率

小麦粉根据品牌和等级的不同，吸水率也有不同，而影响吸水率的首要原因是蛋白质，在灰分量一致的基础上，蛋白质的量越多，品质越好，吸水率也就越高。相比没有损伤的健全淀粉，在制粉工程中因机械损伤的淀粉，吸水力强了5倍。另外还有戊聚糖，虽然构成比例小，但吸水量是其自重的5~9倍。戊聚糖中包裹的水分，

< 表 1-5> 小麦粉成分构成比例与吸水率

成分	构成比例 /%	吸水率 /%
健全淀粉	65~71	0.44
损伤淀粉	4~5	2.00
蛋白质	6~15	1.10
戊聚糖	2~3	5.00~9.00

对烤箱内面包的膨发和延展，起到了重要的作用。（参照表 1-5）

颜色外观

小麦粉的种类不同，外观和色泽也不同。等级越高的小麦粉，就越能显现明晰干净的颜色状态。小麦本身的颜色也会造成产品的色差。

◆ **小麦粉的营养价值**

看小麦粉的成分表一栏你会发现，100g 小麦粉中，大约有 366kcal 热量（1kcal ≈ 4.184kJ）。这些热量的来源首先是小麦粉中占了近 75% 的碳水化合物，其次是蛋白质。蛋白质（8.3~12.0g）虽然是其他必需氨基酸的重要供给源，但小麦粉的氨基酸组成和其他的植物蛋白质一样，营养价值比较低，其蛋白价与大豆相同，仅为 56（缺乏的氨基酸为赖氨酸）。

脂肪为 0.9~1.3g，占的量非常小，基本构不成影响，但却是优质且营养价值较高的成分。碳水化合物中的纤维素（0.2~0.3g）因为在体内不会被消化，过去并不受重视。但最近纤维素作为预防疾病的有效成分，以防治便秘、预防肥胖以及调节肠道等功效，被重新审视。在美国非常流行的纤维素面包，就是这一潮流中的代表食品。

小麦粉的无机质部分，有钙、钠、磷、铁等；维生素部分，则以维生素 B_1、维生素 B_2、烟碱酸为多，而维生素 A、维生素 C、维生素 D 基本没有。

究竟是米饭营养价值高还是面包营养价值高，曾成为热议一时的话题。我饶有兴趣地关注这个话题的发展趋势，发现有人说从蛋白质含量来看小麦比较高，有人说从蛋白质的质量来看是大米比较好。像这样多种多样的说法层出

不穷，大家各执一词，最终也没有定论。

我认为，和动物性食品比起来，一般植物性食品的成分更单纯，以氨基酸的组成为例，像鸡蛋和牛奶这样能取得营养均衡的植物性食品，基本上不存在。吃米饭、面包，也一定需要动物性食品作为副食一起食用，才能称得上是一顿营养均衡的正餐。

简单来说，面包里夹入鸡蛋、火腿、汉堡肉、其他肉等一起食用的话，才被认为是一顿营养优质的餐食。

◆ 小麦粉贮藏时，先入库的先用

小麦粉的取用有先入库的优先出库的原则，从制粉工厂获得的小麦粉，要尽快在使用期限内用完。

从小麦粉的质地、风味、适度熟成的角度看，这一点非常关键。水分越少、灰分越少的高级粉类，越能长时间贮藏。而脂肪多、酶活性强的二等粉、三等粉，在贮藏上就要特别注意了。

关于小麦粉的贮藏法，每一家制粉公司出品的小麦粉宣传册内都有说明，我在这里也简单地为大家说明一下：

①必须从先贮存的小麦粉开始使用；

②请在温度20℃、相对湿度65%以下，温差较小的地方贮藏；

③避免与肥皂、消毒药水等有刺激性气味的物品放置在一起；

④地板上必须铺上板架，放置小麦粉时与墙壁保持一定距离，保证空气流通；

⑤小麦粉长时间堆积的话，会形成结块；

⑥要特别注意防鼠患、虫害等，重视仓库的清洁和打扫。

◆ 小麦粉的赏味期限

日本食品产业中心的官网上有关于主要食品的赏味期限的摘录页面。根据摘录内容可知，目前"家庭用小麦粉"标签有义务根据现在的JAS法、食品卫生法、东京都以及其他自治体的条例标明赏味期限。

制粉协会实施的保存实验证明，存放于室内（室温7~24℃，相对湿度32%~81%）的家庭用小袋装小麦粉能够保存1年6个月。为确认每三个月小麦粉品质的劣化程度和变化情况，该协会进行了分析实验（水分、pH、水溶性酸度、色泽、菌群数量）以及二次加工实验（海绵蛋糕面团、吐司、黄油卷）。得到的结果如下：

①在小麦粉保质期内进行分析实验时，表示品质劣化的指标并没有显著的变化，此期间内将其作为小麦粉正常使用是没有问题的；

②二次加工实验中，根据小麦粉的种类和加工品种的不同，加工适应性以及加工制品的品质变化开始显现，与初期有所不同。

结论就是：常温保存时，低筋粉、中筋粉在制造后的1年，高筋粉在制造后的6个月，是品质（二次加工适应性，制品的风味、口感）开始变化的节点。

另一方面，商业用小麦粉因其有多种用途、目的以及加工方式，所以以上的赏味期限并不适用。

虽然面包专用小麦从加工适应性（加工成小麦粉阶段的加工适用性）上考虑，被认为放置一周熟成再使用会更好，但这仅仅是从加工成小麦粉阶段的加工适应性层面出发的（在笔者的实验里，制粉第四天后，小麦熟成程度在二次加工适应性上的差别就基本区分不出来了，二次加工适应性是指制作面包成品阶段的加工适应性）。在口感方面，有技术人员认为，除了小麦以外的谷物在收获当下的风味是最好的，比如美味十足的新米、刚制作而成的荞麦面（"四个当下"：当下收获、当下碾磨、当下制作、当下烹饪）以及刚研磨成粉就制作出的口感顺滑、香气十足的乌冬面。

◎好的小麦粉能制作出好吃的面包

　　正如正文中叙述的那样，各种面包都对应着符合其特征的小麦粉，不能武断地认为只有好粉、贵粉、精白粉才能制作出美味。但是会使用好粉的店铺，绝不只是小麦粉的品质好，而是在所有原材料上都精致到细节，不惜重金，对于制法和制作工程更是会倾注心血。并不是单纯只用好粉，须在面包制作的全过程都倾注心力，才能制作出好吃的面包。相反，对于小麦粉完全不在意的店铺，他们也大多会疏忽在制造和卫生管理上的用心。

烘焙小贴士

◎所谓内麦、外麦、地粉是什么？

　　最近很流行用内麦和自家制酵母作为原料，并且用石窑烘烤面包。这里说的内麦，指的是日本产小麦。过去，内麦大多被认为只用来做面条的，但最近也开发出了春播小麦"春恋""春日之出（はるひので）"、秋播小麦"北海257号"等面包制作适应性很高的产品。另外，还在九州地区栽培了面向温暖地区的面包专用硬质品种"南香（ミナミカオリ）"。虽然目前生产量还很少，但未来的增产还是可以期待的。

　　而进口小麦被称为外麦，面包专用粉的主力主要来自加拿大和美国，最近也开始从法国进口法式面包专用粉。地粉（当地小麦粉）指的是日本县内收获的小麦，由县内的制粉公司研磨成的小麦粉。当然，若小麦粉的加工地不在日本县内，就很难称这类产品"使用了地粉"。

烘焙小贴士

◎美味面包的制作方法

　　在某次聚会里，我们以"美味面包的制作方法"为主题进行了交流探讨。在这里介绍当时的讨论要点：

　　①推敲研究自己能够接受的材料；

　　②吸水尽可能地多；

　　③搅拌时间尽可能地短；

　　④发酵（熟成）时间尽可能地长；

　　⑤成型工程中，尽可能不要接触面团；

　　⑥烘烤尽可能地用高温。

　　当然，根据面包的种类不同，无法做到所有面包完全符合以上要求，但基础的考量是相同的。请大家也试着思考制作面包的基本要点。

烘焙小贴士

二、面包酵母

◆ 面包酵母的效果

东京的青山被称为"面包房的圣地"，那里坐落着众多著名的面包店。当我进入其中的一间面包房一探究竟时，首先映入眼帘的是右侧货架最上层整齐排列的吐司、葡萄干面包等大型面包。下面一层则摆放着油酥类甜面包、黄油卷、甜甜圈、甜面包等小型面包。

虽说有点老生常谈，但我仍要说，以上面包店的产品，几乎全部是由面包酵母发酵膨胀而成的。虽然都是膨胀，但摆放在蛋糕店里的派类产品，是利用水蒸气的作用膨胀的，磅蛋糕是利用泡打粉等合成膨胀剂形成的二氧化碳膨胀的，海绵蛋糕则是利用鸡蛋的起泡性来膨胀的。

当然，像快速面包这种产品，虽然被称为面包，却是没有使用面包酵母的产品，但这不过是个例外，除此之外的面包都需要面包酵母。

如果来店的客人问："面包是什么？"那该怎么回答比较好呢？如果你接下来的人生都打算跟面包一起度过，那请一定要回答好这个问题。

"面包是在小麦粉或其他谷物粉中加入面包酵母、食盐、水等形成面团，经发酵后烘烤而成的食物。"也就是说，小麦粉、黑麦粉等加入了面包酵母，制作成面团后，不使其发酵就烘烤的话，成品不能被称为面包。那么，使用了面包酵母会有什么样的效果呢？我特意带着这个疑问去了一间面包房，不愧是能在青山这样一等一的地方开店的人，店员完美地回答了我的问题："过去面包制作的秘诀，一是小麦粉，二是酵种，三是技术。即使使用的量非常少，面包酵母也是最重要的原料之一。也就是说，面包酵母里的活性酶，分解了面团中的糖分而形成二氧化碳，这些二氧化碳被面筋包裹，再通过烘烤使已经膨胀好的面团状态固定下来，也就形成了面包。"

而这种膨胀的意义在于：

①提高了面包作为商品的价值；

②使面包在直火烘烤下受热良好，有利于食用及消化；

③说到底，风味及香气是食物的生命，而通过面包酵母发酵后产生的酒精、酯等挥发性物质，为面包的风味及香气加分。

事实正如其所言，所以听完这些我感到非常佩服。反过来换作是我，都不知道能不能回答出一半来呢。

◆ 被期待的"面包酵母的样子"

我们经常会有"期待中的人物形象""期待中父亲的样子"等说法，那"被期待的面包酵母的样子"是什么样的呢？我把脑海里浮现出来的形象都罗列了出来：

①拥有优良的保存性；

②有耐糖性和耐冻性；

③没有异味以及其他微生物带来的污染，也不会生成损害面包品质的物质；

④发酵力强，并且有持续性；

⑤易溶于水，能够在面团里均匀地分布；

⑥对小麦粉中阻碍发酵的物质有较强的抵抗力；

⑦对麦芽糖的发酵力强劲。

现在市售的所有面包酵母，虽然说不上能实现所有期待，但它们的耐糖性确实越来越优异，而且还有针对无糖面团发酵力也能保持强劲的酵母问世。如果在这些之上还能开发出有耐冻性的超级酵母，那应该可以改变目前很多面包的制法，也能大幅改善面包企业的操作条件。

◆ **关于面包酵母的使用方法，这里要注意！**

我在德国的面包工厂参观学习的时候，遇到过这种情况：烤箱在陆续出炉长度超过 1m 的圆长条状黑面包，其中一根面包里出现了一个奇怪的东西。负责烘烤的人也觉得不可思议，于是取出来切开看，竟然从面包里取出了整整一块 500g 的鲜酵母。

这也许非常难以置信，而出现这个情况的原因，是因为比起日本的酵母，欧洲的面包酵母含有的水分多很多，用手捏也不会沙沙地碎掉。欧洲人并没有把面包酵母溶化在水里的习惯，还有另一个原因是这家工厂使用的是超低速搅拌机。

东京江户川区的面包房，从诞生之日起，员工就被教育搅拌的时候必须做到以下 4 点：

①面包酵母必须溶解之后再使用；

②溶化酵母的水温，不要过高或过低，以防刺激酵母；

③使用的水量基本是面包酵母的 5 倍以上；

④加水后，至少要等待 5 分钟再搅拌。

后来，和面包酵母公司的人交流后，了解到还有以下 3 点需要注意：

①面包酵母溶解液里，绝对不能加入砂糖、盐、酵母营养剂；

②冷冻的面包酵母，如果是零下 10℃左右的话，可以直接放入搅拌面团的水中溶解使用；

③面包酵母的溶解液请在 30 分钟内使用完毕，如果需要保存，请冷藏。

◆ **面包酵母用量的增减**

大家在阅读面包的配方表时，因为职业习惯，最先注意的肯定是小麦粉的种类。而大部分的人，不会先去看酵母的用量吧。

吐司面包需要的酵母用量是 2%，甜面包是 3%~4%，德式面包史多伦需要

10%。根据面包种类的不同，面包酵母的用量也需要变化，在发酵时间上也有很大不同。

当然，砂糖、食盐、脱脂奶粉等副材料的使用比例也会有变化。一点点了解面包，自己尝试设计配方，决定酵母用量，然后根据预计的时间发酵，最后烤出满意的好面包，应该没有比这更让人愉悦的时刻了。

按照一般制程以及配方对酵母用量进行增减，如图 1-2 所示。

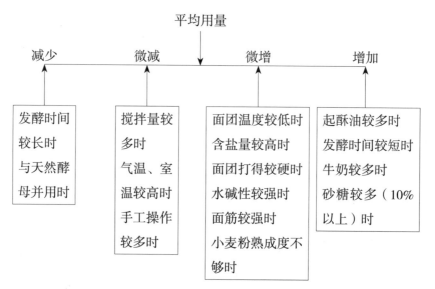

< 图 1-2> 根据制程、配方等增减面包酵母的用量

◆ 占 70% 的水分

鲜面包酵母，目前根据生产厂家自己培育的菌种、培养的原料以及培养方法的差异会有一些不同。因此，在市场销售的各种酵母的成分和特性都略有差异。但它们的平均成分如表 1-6 所示。

有些国家产的酵母，水分可以高达 70%~73%，而日本产的面包酵母在耐糖性和保存时间上有自己的考虑。

◆ 面包酵母的构造

在分类学上，面包酵母和霉菌同属子囊菌或是不完全菌。但在形态上，它是单细胞微生物。和细菌、霉菌的大小比起来，酵母非常大，用 300 倍的显微镜就能很容易地看清。

面包酵母的形状根据种类的不同会有所差异，基本形状分为卵形、椭圆形、球形、柠檬形、香肠形、线形等。从其大小来看，短径在 3~7μm，长径在 4~10μm。一般来说，人工培养的酵母比较大，而野生的酵母比较小。有数据表明，在 1g 鲜面包酵母中，有 100 亿 ~200 亿个细胞。

酵母的构造如图 1-3 所示，在此简单地来说明一下。

<核>

作为细胞的核心，通常一个细胞里存在一个核，一般是球形，履行增殖的职责。

<细胞质>

呈现流动性的胶体状物质。细胞质的死亡指的是细胞质发生变化，无法再恢复原来的状态。

<颗粒体>

微粒体是球形的，由酶等蛋白质合成而成。线粒体是球形或线形的，为细胞供给能量。一般来说，植物细胞内存在叶绿素，但面包酵母中不存在。

<液泡>

细胞中老废物质再利用形成的组织，功能是成为氨基酸的贮藏库。液泡会生长、不断变大，最终占据

<表 1-6> 鲜面包酵母的成分

成分	含量 /%
水分	65~68
固体成分	32~35
（固体成分中）	
蛋白质	40~50
碳水化合物	30~35
核酸	5~10
灰分	3~5
脂质	1~2

摘自日本面包技术研究所的《面包制作原材料》

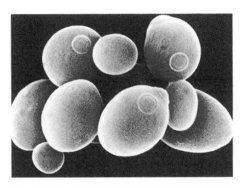

面包酵母在电子显微镜下的照片（1.6 万倍）

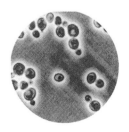

面包酵母在显微镜下的照片（600 倍）

细胞的绝大部分。在干燥酵母中
看不到液泡。

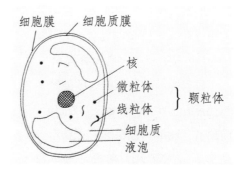

< 图 1-3> 酵母细胞的构造

<细胞质膜>

只会选择吸收对面包酵母必
要的物质。

<细胞膜>

细胞质分泌的纤维素是它的
主要成分。新生的细胞膜比较薄，
然后渐渐加厚，起到保护细胞的
目的。

◆ 通过出芽来增殖

面包酵母通过出芽来实现细胞增殖。与细菌分裂不同，出芽增殖是在母细
胞的一端，生出一个凸起的子细胞，子细胞渐渐地变大，直至最后离开母细胞。

植物以水和二氧化碳为原料，合成碳水化合物。面包酵母没有叶绿素，必
须从外界吸收养分。碳的来源有很多，但实际的制作中人们多会使用废糖蜜。
氮的来源则使用磷酸铵等。

◎巴斯特详解发酵原因

距今 4 000 年前，在古埃及和古巴比伦，人们已经能够
烘烤面包。当时的面包分为通过自然发酵制作的面包和无发
酵面包两种。在很长一段时间内，人们都使用保留一部分旧
面团为种面来制作发酵面团的方法。1680 年，当时不过只是
无名商人的荷兰人雷文霍克完成了显微镜的制作，发现了当时完全未知的微生物，
并且明确了酵母的构造。

但是，之后的很长一段时间，大家还是认为发酵和酵母无关，坚信发酵只是
单纯的化学作用。直到 1857 年，法国的化学家、细菌学家路易·巴斯特证明了酵
母才是发酵的原因。

烘焙小贴士

面包酵母将这些无机物同化吸收，合成蛋白质。影响面包酵母增殖速度的是培养温度、营养供给、氧气供给这三个要素。培养温度在28~32℃为宜，兼顾品质和增殖效率来考虑的话，温度的最高上限在38℃。

这里为了避免误解，再多说一句，面包酵母增殖的最佳环境是温度28~32℃，pH4.0~5.0。而面包面团发酵时，温度范围在24~35℃（参照图1-4），pH在5.0~5.8这个区间。这是基于优化面团的操作性，防止杂菌污染，以及提升面包的风味来综合考虑的。关于面包面团发酵中的面包酵母的增殖问题，已有很多相关研究，其中根据辛普森的研究结果，每添加0.25%的面包酵母，酵母增殖率为132%；添加0.5%的面包酵母，增殖率是112%；添加1%的面包酵母，增殖率是61%；添加2%的面包酵母，增殖率是23%；添加3%的面包酵母，则不见增殖。再结合其他报告一起考量的话，能得出结论：使用面包酵母2%，大约会有30%的增殖。

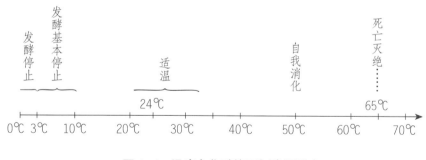

< 图1-4> 温度变化时的面包酵母活动

◆ **面包酵母中的酶**

面包酵母属于出芽酵母。根据分类，清酒酵母、啤酒酵母、红酒酵母也属于这一类。

面包酵母利用小麦粉中的糖以及副材料中添加的糖来发酵，继而产生二氧化碳、酒精、有机酸等产物，给予面团伸展性和弹性，也就是进行所谓的熟成。酵母消耗糖的量根据条件差异有所不同，以1g酵母1小时消耗葡萄糖0.33g为例，气体产生量理论上为249ml，实际测算值为215ml。面包酵母中虽然存在多种酶，但正常状态下只在细胞内作用，基本上不会在细胞外产生作用（参照图1-5）。

　　因此，如果蛋白质和淀粉一开始没有被蛋白酶或者淀粉酶分解成氨基酸和麦芽糖，那也无法受到酵母中酶的作用。

　　接下来跟大家分享面包酵母中主要的酶。

<转化酶>

　　转化酶作用的最合适温度是50~60℃，最合适的pH是4.2，它的作用是将蔗糖分解成葡萄糖和果糖，并且有一部分转化酶在细胞外也能产生作用。

<麦芽糖酶>

　　最合适的温度为30℃，最合适的pH是6.6~7.3，能将麦芽糖分解成双分子的葡萄糖。

<酒化酶群>

　　最合适的温度为30~35℃，最合适的pH是5.0。酒化酶群由多种酶集合而成，能够将葡萄糖、果糖分解为二氧化碳和酒精。

　　另外，在面包酵母中还存在蛋白

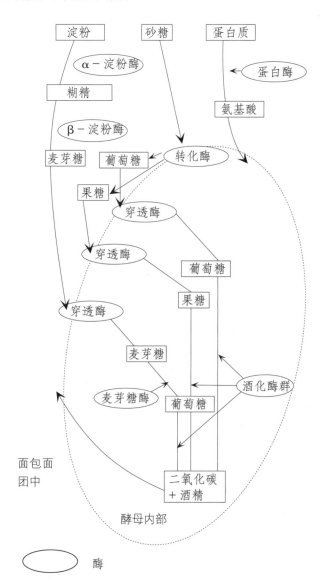

注：面团酵母中的转化酶、麦芽糖酶、酒化酶群基本是菌体内活性酶，只有一部分转化酶在菌体外也能发生作用。

<图1-5> 面团中主要酶的活动

酶、α-淀粉酶等 50 种以上的活性酶。

◆ **不同国家的面包酵母**

面包里有像法式面包、德式面包这种完全不添加砂糖的，也有像甜面包这样，配方中添加了 25%~35% 高配比砂糖的。目前，我们使用的面包酵母，并不能同时适用于这两种配方。有时需要选择耐糖性强的酵母，有时则要选择在无糖配方中依旧有强劲发酵力的酵母。

我调查过世界各国使用面包酵母的倾向，发现在菌体成分上基本没有什么差别。但对比下来，日本菌株比美国、欧洲菌株的海藻糖（2 个葡萄糖经由还原剂结合而成）多，而水分和蛋白质含量稍微少一些。

从这样的菌体成分来看，日本的菌株是一种独特的存在。它其他的特征还有：转化酶活性较弱，出芽率也较低。因此，日本菌株主要着眼于耐久力以及对甜面包的适应性，在耐糖性上有着优异的表现。

美国的菌株，虽然适合制作吐司面包，但耐糖性极弱，不适合制作甜面包。欧洲的菌株恰好处于美、日之间。酵母的转化酶活性强而耐糖性弱的话，通过转化酶作用，糖会急剧分解成葡萄糖和果糖，导致面团中渗透压过高，发酵被抑制。

◎**新机能面包酵母的盛行**

工厂的冷藏库内有多少种类的面包酵母呢？我想基本上只有一种，多的话加上干酵母，就这两种。但如今是能够选择面包酵母的时代。当然，一直以来的鲜面包酵母的性能也得到了提升，但除此以外还有冷冻专用的面包酵母、低温感受性面包酵母（20℃以上和普通酵母拥有相同发酵力，15℃以下发酵速度减半，8℃以下发酵停止）、超耐糖性面包酵母（糖量最多可到 50%）、优化风味的面包酵母等，根据使用方法不同，涌现了很多确实能够提升面包品质的新机能面包酵母。使用面包酵母的基本要素，首先就是使用新鲜的面包酵母，但若用量达到某种程度，在使用上能够做到细致区分，是与其他店铺差异化的第一步。

烘焙小贴士

耐糖性面包酵母的特征

①大部分依赖菌株固有的耐渗透压性。

②日本面包酵母转化酶活性低，只有美国的 1/3，欧洲的 2/3。

③菌体的海藻糖含量高。

④水分含量少。

⑤不容易出芽。

⑥菌体较小。

无糖性面包酵母的特征

①菌体较大。

②氮含量较低。

③容易出芽。

④麦芽糖酶和转化酶的活性较高。

⑤风味好。

⑥贮藏性、耐糖性、耐冻性差。

⑦菌体的海藻糖含量低。

◆ **面包酵母的制作方法**

若要介绍面包酵母的制作方法，可以分成 4 个工序，分别是"酵母种的培养""培养液的调整""正式培养"以及"处理"。首先，酵母种的培养是将

◎**面包酵母也是生命**

"人的用心呵护是花草最好的肥料。" 这是我喜欢的一句话。除草、浇水、施肥，如果能随时用心关注，绝对不会错过最佳的时间点。对于面包面团也是如此。

1966 年，克里夫·巴克斯特在观叶植物龙血树上绑上测谎仪，监测在浇水时和打火机火焰接近时植物的反应，之后通过实验，证明了植物能够感知人的情感和精神。这个说法有令人半信半疑的部分，但我也听说过若给面团听音乐（特别是莫扎特的作品），面团的发酵会变快。即使人们不能真的和面团对话，但用心地对待面团，也是制作出好面包的第一步吧。

烘焙小贴士

在试管中保存的菌株，通过烧瓶培养、桶罐培养，一步一步扩大培养容器，使菌株在容器中增殖，为正式培养做准备。

同时进行的还有培养液的调整——废糖蜜通过离心机除去气体以及杀菌，接着称量溶解其他副材料。所有的准备工作完成后，将菌株移至正式培养槽。根据酵母的增殖情况，废糖蜜和其他副材料会在温度28~32℃，pH4~5的条件下，与丰富的无菌空气通过自动导流装置一起被送入培养容器。经过12~16小时后，酵母会增殖7~8倍。

利用连续真空脱水机进行酵母的脱水制程

烘焙小贴士

◎"Yeast"与"酵母"的不同

　　Yeast 原来是酵母的英文，一般说起 Yeast，多是在烘焙店的操作现场里使用，而酵母这个单词则一般被作为学术用语使用。但是，近年来，人们使用发酵种（面包种）烘焙面包，都会冠以"使用天然酵母"的宣传噱头。而另一方面，到目前为止面包行业里使用的 Yeast 一词，消费者有误解其为非天然物质、安全性低或者化学合成品的倾向。2007 年 3 月，日本面包技术研究所受到日本面包工业会的请求，开设了"专业研讨会"，商讨关于这个问题的处理。结论就是，以目前的科学技术或者伦理上是无法创造生物的，因此合成酵母是不存在的。与此结论相悖的"天然酵母"会给消费者造成误解，因此呼吁面包业界能够自我约束关于这个词汇的使用。日本面包工业会、全日本面包协同组合联合会接受了这个结论，并且制定了不使用"天然酵母"这个词汇的方针，同时发布修改建议，将模糊使用至今的"Yeast"一词改为更为贴切的"面包酵母"。

◎面包酵母和面包的香气

　　即使简单地用面包酵母来概括，根据酵母菌株的不同，制作出来的面包在风味、口感、香气上都会有微妙的差异。最近人们还重新审视啤酒花种、酒种、酸种，也热心研究通过面包酵母能为面包风味带来什么特征。

再通过离心机的作用，经数次冷水洗净，再经过冷却机，借由脱水机保留
65%~69% 的水分后，利用整形包装机制作出成品。成品温度完全冷却至 5℃以
下，在冷藏库保存 2~3 天后就可以出货了。

◆ 用烘焙实验进行品质检验

检验面包酵母品质的方法有很多，现在介绍几种有代表性的方法。

①水分定量法：有固体法和液体法两种。

②二氧化碳发生量测定法：改良梅塞法（Meissl）的重量法和改良沃尔夫法（Wolff）的容量法。

③面团膨胀力测定法：分为普通面团膨胀力的实验和高糖面团膨胀力的实验。

除此之外，还有耐久力测定实验、面团实验、发酵力测定实验（Zymotachigraph）、

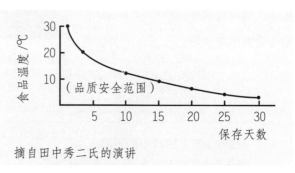

摘自田中秀二氏的演讲

< 图 1-6> 面包酵母保存温度和天数

烘焙小贴士

◎即发型干酵母

最近开始涌现不需要溶于水的即发型干酵母。它比以往的干酵母发酵力强，用量也只是干酵母的 70%~80%。

它在使用上的注意点是：

①不要将酵母直接加入 15℃以下的水或面团中，也就是说，酵母要在面团搅拌中途进行投放；

②投入后需要搅拌 5 分钟左右，若投入后搅拌时间过短，最终会有即发型干酵母的颗粒残留；

③因为即发型干酵母内添加了若干维生素 C 作为保护剂，因此不需要再额外添加维生素 C(请预先确认标示量)。

发酵气体发生量测定实验（Fermograph）等，但若最终没有通过实验来观察面包的体积和品质，也不能称其为完整的面包酵母实验。

◆ **关于干酵母**

鲜面包酵母干燥后，水分仅保留 7%~8% 的产品，被称为干酵母。本来干酵母是以保存为目的制作出来的。和鲜面包酵母除酵母种不同之外，由于经过干燥工程，灭亡的酵母很多（4%~15%），而这些死亡的酵母也给干酵母带来了独有的特征。死亡的酵母在面团中会溶出酵母内的还原性成分——谷胱甘肽、氨基酸、酶等，能赋予面团鲜酵母不能赋予的特性。

使用干酵母，能给面团和面包带来以下影响：

①缩短搅拌时间；

②使面团变得柔软，提升操作性；

③能优化面包着色以及风味；

④减少面包表皮的老化。

如果按所含水分换算，干酵母大约使用鲜酵母 1/3 的量就足够了，但因为考虑到干酵母在干燥过程中活性变低，同时有死亡的细胞，所以一般会把量提升至 1/2 左右。使用上，在 5 倍量于干酵母的温水（41~43℃）内放入干酵母，进行 10~20 分钟的预发酵，然后搅拌均匀。接着放入占该溶液 1.5%~3% 的砂糖，能使酵母溶解加快，发酵力增强。

但是，选择这种方法时，必须在酵母溶解后的 20 分钟内使用掉该溶液。

虽然鲜面包酵母也有类似的倾向，但干酵母更为明显，根据品牌制造商的不同，分为前半段发酵力强劲和后半段发酵力强劲的产品。根据面包制作实际需要按品牌选择也是一种方法。当然，面包的风味也会因此改变，这个因素也需要一起考虑进去。

◆ **"新鲜"是第一条件**

既然面包酵母是生物，就需要注意经常换用新鲜的酵母。保存原则是保持 0~3℃冷藏，温度再高也不能超过 10℃，根据情况不同，虽然冷冻起来贮存效果会更好，但若仅仅是日常使用的话，冷藏就已经足够了。

面包酵母含有70%左右的水分，若直接放置在室温下，会由于呼吸作用而发热，继而丧失发酵力。这个现象会随着温度的上升加速出现。另外，酵母会成为杂菌的优质培养基地，所以取用酵母时保证清洁也非常必要。

烘焙小贴士

◎试着挑战面包大赛吧！

　　最近阅读的行业相关杂志中介绍了许多面包比赛的结果。许多团体、企业举办了这些比赛，比赛的目的有很多，比如介绍新产品，开发面包原料的新用途，提升商品认识度，或者是为了提高面包制作技术人员的经验和技术。这是难得的机会，请大家试着挑战一下吧，以下是参赛的一些注意事项。

　　①照片是重要的评价项目。虽然不需要委托专业的摄影师，但请准备外观和内部能令人一目了然的照片。

　　②面包配方不能以克为单位，请以烘焙百分比来进行标记。

　　③面包工程与其写得很长，不如以条目形式一一列出。

　　④面包配方以百分比表示，但内馅都是以克来表示的。建议两者并用。

　　⑤开发产品的概念也是很重要的评价项目。请将要点总结好，简洁明了地进行叙述。

　　⑥依照比赛的目的进行制作固然重要，但也有必要考虑到商品的命名、销售价格、制品大小、形状等因素。

　　只要挑战过一次，就能切身感受到参赛入选者的辛苦和感动。请您也试着挑战吧！

三、酵母
营养剂

◆ 忘记添加酵母营养剂时

过去的一周，我烤出了连自己都感到震惊的好面包，但唯独今天，面包烤色有点偏红，在烤箱内的膨发也不太够。面包外皮的部分，有像月球表面陨石坑一样的凹陷，四个角也异常尖锐。这到底是配方错误，还是制程错误引起的？我觉得非常不安。切片后观察内部，发现没有光泽，颜色暗沉、偏黄，气孔呈圆形，气泡膜较厚。触碰面包内部，没有过去的柔软度。

你是不是也烤出过这样的面包呢？这个时候，让我们试着静静地从制程一开始反思原因……

若从搅拌机中取出面团时就感觉到面团发黏，排气时回弹也很缓慢，面团很重却没什么弹性，中间发酵后面团也没有什么弹性，从发酵箱中取出也觉得面团表面水水的，样子一点也不精神。

那么，可以很明确地判断出是忘记添加酵母营养剂了。对于黄油卷或者甜面包卷这样高油糖配方的面团，酵母营养剂不一定是必要的，但像吐司面包这类的面团，若忘记添加就会造成很大的问题了。

当然，也有配方里不添加酵母营养剂的制法。不使用酵母营养剂，同样也能制作出面包来，但是必须要有相对应的配方和制程。此外，这样烘焙而成的面包，肯定跟之前做出来的面包多少有点差异。

◆ **辅助面包制作的万能选手**

面包房内排列整齐的吐司面包、甜面包大多都使用了酵母营养剂，使用酵母营养剂有以下几个目的：

①无论是手工制作还是使用机械，制作出符合其操作性质的面团；

②将面团中不太含有的氮元素补充给面包酵母；

③调节制作面包的配方水的硬度；

④调节面团的 pH；

⑤面包制作工程中，伴随操作进行，辅助面筋形成。

目前市面上出售的酵母营养剂种类繁多。选择时要根据工厂的机械设备状况、水质、使用的原材料等进行探讨，在此基础上做决定非常重要（参照表 1-7）。

1. 调节面团的物理性质

小麦是农产品，根据收获的年份、产地、品种以及制粉方式的不同，小麦粉适合制作成面包的性质也有微妙的改变。另外，面包工厂的温度、湿度变化，副材料品质，作业方式等多种原因交织，都会导致面团的物理和化学性状发生微妙变化。而氧化剂和酶制剂的作用就是调节这种变化。

<氧化剂>

目前，日本主要使用 L- 抗坏血酸、溴酸钾。过去，过硫酸铵也会使用，但最近基本不使用了。最近葡萄糖氧化酶等酶制剂也开始被利用起来。

L- 抗坏血酸本来是还原剂，但经由小麦和小麦粉中存在的物质，氧化成脱氢抗坏血酸，作为氧化剂作用于面团。

L- 抗坏血酸运用在短时间发酵的面团中，效果十分显著。如果在长时间发酵法中，可能会使面团过度紧实而失去加工耐性，从而导致面团在通过分割机和整形机时出现问题。

L- 抗坏血酸和溴酸钾有非常多的不同，最显著之处在于相对于溴酸钾的迟效性（起效过慢），L- 抗坏血酸具有速效性（急速地出现效果）。而且溴酸钾随着添加量的增加，氧化力也会增强，而 L- 抗坏血酸的添加量到达一定量后并不会影响氧化力的增减。

L- 抗坏血酸作为氧化剂的改良作用机制如下：

①与面团中的肽和蛋白质的 SH 基发生反应；

②氧化 SH 基使之交叉结合成为 S-S，同时将游离的 SH 基氧化封锁，抵御 SH-SS 交换反应；

③给蛋白质之间的非共价结合、粒子间结合、凝集结合带来影响。

< 酶制剂 >

一般在酵母营养剂中添加的是淀粉酶，即使添加蛋白酶，效能也非常低。在过去，作为含有这些酶的来源，麦芽系的产品被使用的频率较多，但最近开始更多地使用菌系（表 1-8）。因为它们有着不同的耐热温度和最合适 pH，所以使用酶制剂的话，还是有必要一一确认好（参照表 1-9）。

如果说淀粉酶是酶制剂使用中的第一代，那么可以说现在已经进化到第二代，纤维素酶、脂肪酶、葡萄糖氧化酶也开始兴盛起来。纤维素酶在改良面包的体积上有很好的效果；脂肪酶可以分解脂质，有类似乳化剂的作用；葡萄糖氧化酶则作为氧化剂存在。

< 还原剂 >

最近的面包制法中，谷胱甘肽和半胱氨酸，对面团的改良效果做了巨大贡献。这是因为：

①制粉技术的进步；

②面包酵母发酵力的增强；

③制作面包的原材料的精制程度不断进步；

④搅拌机构造的改良和高速化等制作机械的发展，推动了面包面团物性的优化。

这些都能促进面包面团的发酵，相较于面团的硬化作用，面团的松弛软化若不及时，则会使面团变得僵硬紧绷（效果太过，过度发酵）。为了调节这个现象，就需要还原剂。

2. 补充氮素

面包酵母中虽然没有叶绿素，但单从细胞组织来看，也是非常完美的。面

◎麦芽精是什么？

　　一言以蔽之，麦芽精就是将发芽的大麦制成粉末的产物（粉末麦芽精），或在粉末麦芽中加入适量的温水，放入桶中使之熟成，将大麦含有的淀粉糖化成蜜状的产物。从成分上看，它富含麦芽糖和以淀粉酶为首的酶，其效果如下：

　　①促进面包酵母的活性；

　　②增强面团伸展性，提高机械耐性；

　　③赋予面团风味，优化面包上色；

　　④优化炉内膨发，延缓面包老化。

　　很多技术人员因麦芽精呈膏状不易使用，而对其敬而远之。若能精通麦芽精的使用，就能让面包的风味、口感有质的飞跃。这是我希望大家都能试着挑战的面包原材料之一。膏状的麦芽精若不易使用，可以将一周要用的量预先用等量的水溶解，以液体形态使用。但这样不易保存，因此要冷藏保存并且在一周内使用完毕。

包酵母就同花草一样需要肥料，面包面团对面包酵母来说是非常好的营养环境，但其中也有不足之处，比如缺乏氮元素和碳元素。

　　添加铵盐或多少加一些砂糖，就是为补充氮素做的调整。

　　3. 调节水的硬度

　　适合制作面包的水的硬度是 100mg/L 左右。在日本，大多数水的硬度都在54mg/L 以下，差额就需要添加钙盐来补充。若在搅拌时使用软水，面团的吸水量会减少，面团也变得过于柔软且粘黏。虽然能增加面包酵母的活性，促进气体产生，但面团的气体保持力却变差。制作出的面包虽然老化慢，但气泡膜容易变得很厚。

　　再有，用适度的硬水搅拌，能够紧实面团，改良操作性，同时面团气体保持力也变好，在烤箱内的膨发也更佳。面包的气孔、触感、内部结构等的状态也会优化。但是如果使用的硬水硬度太高，面团就会过于紧绷，发酵时间也得延长，虽然内部组织较白，但也有加速老化的倾向。

　　众所周知，α - 淀粉酶的活性会被钙离子抑制，在同一款小麦粉内分别使用硬水和软水，用小麦粉黏度仪做测试，会发现使用硬水的那一方，最高黏度值高出软水许多。

4. 调节面团 pH

综合考虑促进面包酵母活动、防止杂菌繁殖、优化面包风味等方面因素，面团最合适的 pH 是 5.0~5.8，碱性太强，对发酵有明显的阻碍。这时就需要碳酸钙、酸性磷酸钙来调节 pH。

◆ 错误判定用量时

烤制面包时，必须牢记的是好的面包到底是什么样的。观察面包就能判断出面包是发酵不足、过度发酵，还是适度发酵了。若能够区分出来，可以说已经是能独当一面的面包师了。

身为面包制作技术人员，必须有改良面包的能力，但作为面包企业的经营者，更应该有辨别面包的本事。选择酵母营养剂的种类和决定其添加量，都是非常困难的事。

氧化剂、酶制剂的用量与面团、成品的特征关系如表 1–10 所示。

◆ 选择方法和使用方法

选择和使用酵母营养剂时，有以下 4 点必须注意：

①氧化剂的种类和用量必须确认；

②酶制剂是什么类别（酶来自霉菌系、麦芽系还是细菌），效能如何……必须有调查和研究；

③添加量虽然很少，但因为对面团影响极大，必须正确称量；

④使用时必须在小麦粉内均匀分散。

<表 1-7> 各种酵母营养剂的使用目的和效果

种类	材料	使用目的	主要效果
铵盐	氯化铵 NH_4Cl 硫酸铵 $(NH_4)_2SO_4$ 磷酸氢二铵 $(NH_4)_2HPO_4$	酵母的营养源	促进发酵→增大面包体积 通过分解生成酸，降低 pH 来刺激发酵

续表

种类	材料	使用目的	主要效果
钙盐	碳酸钙 $CaCO_3$	调节水的硬度、pH	安定发酵
	硫酸钙 $CaSO_4$		安定发酵 强化面筋→增大面包体积
	磷酸二氢钙 $Ca(H_2PO_4)_2$		促进发酵
氧化剂	溴酸钾 $KBrO_3$ （过硫酸铵 $(NH_4)_2S_2O_8$） L-抗坏血酸（维生素 C）	使蛋白酶不活跃化，氧化	增强面筋→增大面包体积
还原剂	谷胱甘肽	赋予蛋白酶活性	增强面筋的伸展性(缩短搅拌、发酵时间)
	半胱氨酸	还原作用	防止老化
酶制剂	淀粉酶	分解淀粉	促进发酵，改善风味及上色，防止老化 优化面包松软度，改善小麦粉状态，增加发酵性糖类，改善口感
	蛋白酶	分解蛋白质	增加面筋延展度，改善风味及上色
	木聚糖酶 纤维素酶	分解淀粉以外的多糖类，阿糖基木聚糖和面筋相互作用	增加面团安定性和体积，增加面团黏度，改善面筋网络
	脂肪酶	分解脂肪	改善内部组织，提升面团安定性，增加体积，保持鲜度，优化机械耐性
	葡萄糖氧化酶	氧化葡萄糖，S-S 的生成结合，阿糖基木聚糖的分子内结合	强化面筋，消解面团的粘连，增大体积，增加吸水
界面活性剂	甘油脂肪酸酯（甘油酯、二酸甘油酯） 硬脂酰乳酸钙	优化机械耐性抑制老化	优化面团物理性质，防止老化
分散剂	氯化钠 NaCl	增量，调整发酵	称量简易化，安定发酵，防止混合接触后的变化损害
	淀粉	增量，分散缓冲	简易化称量，通过吸湿防止化学变化
	小麦粉		

<表 1-8> 各种 α-淀粉酶的耐热性比较

温度 /℃	不添加小麦粉			小麦粉 50g/470ml		
	酶残留量 /%			酶残留量 /%		
	霉菌	麦芽	细菌	霉菌	麦芽	细菌
30	100	100	100	100	100	100
60	100	100	100	97	100	100
65	100	100	100	83	100	100
70	52	100	100	52	92	100
75	3	58	100	11	69	100
80	1	25	92	3	29	100
85	—	1	58	—	2	100
90	—	—	22	—	—	80
95	—	—	8	—	—	26
最合适 pH	5.5~5.9	4.9~5.4	5.3~6.8			
安定 pH	5.5~8.5	4.7~9.1	4.8~8.5			

<表 1-9> 酶及其最合适 pH、温度

	酶	基质	最合适 pH	最合适温度 /℃
小麦粉以及 麦芽精中	α-淀粉酶	小麦淀粉	4.5~5.5	45~55
	β-淀粉酶	糊精	4.5~5.0	55
	蛋白酶	小麦面筋	3.0~4.5	40~50
	蛋白酶	酪蛋白	5.0~6.0	
面包酵母中	酒化酶群	葡萄糖	5.0~6.2	30~33
	麦芽糖酶	麦芽糖	6.6~7.3	30
	蛋白酶	白蛋白、球蛋白	5.0~6.0	38
	转化酶	蔗糖	4.0~5.0	50~60

注：面团发酵时，在 pH 为 5.2~5.4 的环境下，蛋白酶在 55~60℃就基本失去活性了。但若是细菌性蛋白酶，它在 52℃的高温下依旧具有相当的活性。

<表1-10> 氧化剂、酶制剂的用量与面团、成品的特征

种类	用量过少时			用量过多时		
氧化剂	面团		松弛，粘黏	面团		容易裂，不易滚圆
	成品	外观	在烤箱内的伸展性差，体积小，上色偏红，缺乏光泽	成品	外观	会发生回缩，体积小，表皮易裂，不上色，缺乏光泽
		内部	气孔呈圆形，气泡膜也厚，颜色偏黑没有光泽，触感硬		内部	膜质虽然薄，但气孔不均匀且有空的，有结块的组织出现
酶制剂	面团		缺乏柔软感，操作性不佳	面团		吸水量减少，搅拌时间变短，面团的发酵虽快，但面团发黏
	成品	外观	在烤箱内的延展少，体积小，表皮厚，上色偏白，缺光泽	成品	外观	体积小，上色偏红
		内部	气泡没有伸展开，膜质厚，缺乏面包特有的风味		内部	膜质厚，气泡呈圆形，颜色偏黄、偏暗沉

◆ 诞生于美国的面包改良剂

在美国各地都拥有分厂的大型面包企业，即使使用相同的配方、制程，各分厂烤出的面包品质也不一样。带着这个疑问，人们做了许多调查，最终发现是由于水的不同。

其实就是因为水里的矿物质含量不同，使用硬水的工厂比使用软水的工厂出品面包的品质明显要好。因此，面包改良剂应运而生：以钙盐为主体，添加铵、氧化剂、酶制剂。1920年，美国开始使用改良剂，日本在1935年进口复合面团改良剂。日本自主制造改良剂，是在1940年左右。

◆ 无机物营养剂和有机物营养剂

酵母营养剂（Yeast Food），看英文名称就能看出是"酵母食物"的意思。但至少在日本，酵母营养剂除了作为酵母食物以外，还兼具了面团调整和面团改良的作用。它与美国的面包改良剂其实是同义词。

从作用上为它们分类的话，有如下几类。

①促进发酵（铵盐、酶制剂）。

②氧化面团，改良面团（氧化剂，酶制剂）。

③改良风味和口感（酶制剂）。

④调整水质（钙盐）。

⑤防止老化（乳化剂、还原剂、酶制剂）。

从组成上来分类的话，有如下几种。

①无机物营养剂（无机改良剂）：L- 抗坏血酸（维生素 C）等氧化剂，氯化铵等无机氮素剂，硫酸钙等钙制剂，不含酶制剂。

②有机物营养剂（有机改良剂）：淀粉酶、蛋白酶等酶制剂和酶稳定剂。

③含有无机物和有机物的混合营养剂（混合型改良剂）：在无机物营养剂内加入酶制剂，是特别常见的一种营养剂配方。特别是使用了大量氧化剂、酶制剂的酵母营养剂，被称为速成型营养剂。

④组合酶制剂：以淀粉酶和半纤维素酶为主体，添加脂肪酶、葡萄糖氧化酶的组合酶制剂。因为不需要在标签中标示，使用的人越来越多。

现在生活中崇尚纯天然、无添加的人越来越多，所以不使用酵母营养剂的烘焙坊和制品也变得多起来。但是，单纯地从配方中去掉酵母营养剂是不行的，还要综合考虑面团的氧化力、面包老化等因素，在配方和制程上下一番功夫。近来，面包专用酶制剂的发达程度令人惊叹，已从第一代进入改良面包体积、氧化的第二代。非常期待能够改良风味和面团机械耐性的第三代酶制剂的登场。

◆ 在阴凉处保存

保存场地尽量选择温度稳定、阴凉、相对湿度较低的场所，避免阳光直射。正常的保存条件下，在密封罐中保存 1 年左右效力不会受什么影响，但还是尽量在 6 个月内使用最佳。

如果酵母营养剂因为吸收了湿气结块或者变色的话，可能是内容物之间发生了反应，最好不要再用。

※ 溴酸钾的自主规范

现在，日本以溴酸钾作为小麦粉的改良剂，只被允许使用在面包上，这个使用基准是溴酸含量在 0.003% 以内，以及最终不能残留在商品中。作为加工助剂使用时，标示可以免除。

　　但是 1977 年，在日本厚生部协助癌症研究的筛检技术开发过程中，确认了其有部分变异性的存在。长久以来，溴酸钾的安全性一直备受质疑，面包业界也为了探明真相进行了积极的研究活动。到目前为止，已经确认即使在面包制品和制法中使用溴酸钾，也几乎没有残留，是在严格的制造管理和制品管理下，使用溴酸钾所生产的成品。

烘焙小贴士

◎所谓圆筒形揉圆机是什么？

　　新型的揉圆机一般出现在大型的面包工厂内。目前在日本，大家比较熟知的型号的制造商是佩尼耶社（ペニ工）和押切社（オシキリ），下面就列举说明这类型号的特征。

　　①能够应对的面团重量的范围较广（若面团过小或揉圆距离过长的话，容易损伤面团表面）。

　　②周速度是固定的，因此相对减少了对面团的损伤。

　　③每一个羽状叶片（沟槽）较短，可以自由调节面团卷起收紧的力度（面团多的话，可以分为 20 等分进行操作）。

　　④叶片和滚筒之间的间隙幅度是可以自由调整的。

　　⑤也有所需清洁时间较长的机种。

　　⑥清洁时，若不小心触动了叶片，需要花功夫再调整回来。

　　⑦揉圆机用于排出面团的部件若角度过大，面团容易在行程中滞留。

　　⑧滚筒因为是垂直的，撒手粉时需要花点工夫。

◎何谓汤种制法？

　　将小麦粉的一部分（20%~50%）用热水（80℃以上）搅拌，这部分小麦粉有一些会被糊化，同时，剩下的未被糊化的小麦粉，利用其酶活性，进行长时间的熟成（酶的作用时间），这样淀粉酶会作用于被糊化的淀粉而引起糖化现象，生成麦芽糖，引出自然的甜味，同时给面包带来湿润有弹性的口感。日本面包技术研究所发表的《用于汤种的小麦粉对面包品质的影响》中提到，若想更加强调汤种的特征，制作汤种的小麦粉建议使用拉面专用粉，特别是低直链淀粉小麦更佳（一般的拉面专用粉都是以低直链淀粉小麦为主体）。汤种的比例越少，面包的体积越大。选择用于制作汤种的拉面小麦，根据小麦粉的用量，汤种的加水率上限可达 100%，这能最大限度地引出汤种的特征。选择未经处理的高蛋白小麦粉，能在一定程度上确保面包的体积。这是符合日本人口感喜好的制法，请大家务必尝试。

四、糖类

◆ 砂糖的使用，会给面包带来什么变化？

　　"请描述吐司面包和红豆面包的不同。"如果这个问题出现在面包企业的入职考试中，你会怎么回答呢？这是无论幼儿园的小孩、高中生、接受入职考试的人，还是已经制作面包几年的人，都能回答的问题。

　　不过，也能想象以上所有人的回答都会不同。幼儿园的小朋友可能会很清楚地说："吐司是四方形的，里面什么都没有加；红豆面包是圆形的，里面放了红豆沙。"而参加入职考试的人可能会回答："吐司是主食，有不会吃腻的清淡风味，有均衡的营养价值；红豆面包则根据个人喜好，作为日常点心食用，比起营养价值，更追求美味"。

　　已制作面包几年的人应该会回答："无论是吐司还是红豆面包，制作它们除了基本材料以外，还需要砂糖、鸡蛋、油脂、脱脂奶粉等，在这方面两者没有太大差别。说到配方用量，红豆面包会多一些，特别是砂糖的用量很多，这也是红豆面包之所以成为红豆面包的原因吧。"

　　确实，砂糖在面团中的配方用量是一大特征。吐司面包的砂糖用量在5%~7%时，最能显示砂糖的效果，它成为面包酵母的营养来源。通过发酵，糖被分解出二氧化碳和酒精，二氧化碳使面团膨胀，酒精则使面筋软化。同时，酒精自身带有芳香，又与酸结合形成酯化物，进而更提升了面包的风味。

砂糖经过高温，通过自身的焦糖化反应，以及与蛋白质产生的美拉德反应，让面包形成漂亮的表皮，助其上色，同时提升香气和风味。当然还有增加甜味、提高营养、延缓面包老化等作用。

但是像红豆面包这种砂糖用量在 22%~30% 的配方，则另当别论了。砂糖的确有增加甜味、延缓老化、使口感酥脆等优点，但缺点也很多。糖量高了，面团的渗透压上升，抑制了酵母的活动，也阻碍了面筋的结合，仅仅增强了面团横向的延展力，而使向上生长的力量变弱了。

与吐司面包相比，红豆面包的面包酵母用量大约是其 1.5~2.0 倍，食盐用量大约是其 1/3（砂糖和食盐会同时提高渗透压，抑制面包酵母的活动）。若不能延长发酵时间，或大幅增加氧化剂，就不能期待做出好面包。

另外，下面再列举一些加糖后面团和面包的其他变化。

吸水率

砂糖用量每增加 5%，面团吸水率减少约 1%。异构糖*的 25% 是水，假如要替换 4% 的砂糖，要用 5% 的异构糖来替换。因为其中 1% 是水分，所以虽然会减少 1% 的吸水，不过实际上在计算值中吸水并没有减少。

搅拌

单纯看布氏黏度仪实验中的面团搅拌特性测试，高糖面团需要耗费很长的搅拌时间才能结合，这是因为和亲水性强的砂糖共存，面筋吸水速度变得缓慢。由于搅拌时间变长，面团的延展力也变强，因此在延展力和弹力之间取得平衡就变得很重要。

加糖中种法的主面团揉制中，面团吸水很少，添加了很多砂糖的话，在砂糖完全溶解前，最好进行 4~5 分钟的低速搅拌。

配方用量

砂糖用量越多，气体产生得越多。但砂糖也是有用量限度的，一般会在 0%~35% 的范围内进行配比，但也有像酒种红豆包这样砂糖用量达到 40% 的。

---

*译者注：异构糖是淀粉分解为葡萄糖后再经异构化，将一部分转变为果糖而制成之物，其主要成分为葡萄糖和果糖。果葡糖浆就是异构糖。

对面包酵母来说，最合适的砂糖用量在4%~15%。在研究者的报告中虽然各有不同说法，但这当然与所使用的面包酵母的耐糖性有关，特别是最近有许多耐糖性的酵母被开发出来并且上市销售。技术研究者与其对酵母的最合适砂糖用量进行讨论，不如将砂糖用量与相对应的面包酵母种类进行了解和探讨，这才是更重要的事。

面包的味道

最影响面包味道的材料，不得不说就是食盐，但砂糖的甜味也有重要影响。像黄油卷、甜面包卷就是为了增加甜味而使用砂糖的。也有少数情况，添加砂糖是为提味起重要作用。

面包的老化

砂糖在面团中，由于转化酶的作用，被急速地分解成葡萄糖和果糖，果糖的保水性很强，能够延缓面包的老化。

另外，高糖面团能够早上色，因此要减少烘烤时间以保留水分。

◆ 追溯砂糖的历史

天然甜味剂中，最容易获得的就是蜂蜜。原始时代的人类，一定已经将蜂蜜作为重要的甜味剂加以使用了。

基本上所有植物中都含有砂糖，但作为获取砂糖的原料，甘蔗、甜菜是最有代表性的两种作物。

另外，最近出现了甜叶菊、索马甜等高甜味材料，山梨糖醇、麦芽糖醇为代表的糖醇，还有偶联糖等新糖类的开发也正在兴起。

< 甘蔗 >

甘蔗原产地为印度以及南太平洋群岛，是禾本科的宿根植物。印度在公元前3 000年时就有制糖的传说，而有文献记载的大概是在公元前5世纪左右。之后亚历山大大帝远征印度，将其向西方传播。1492年，哥伦

甘蔗——含有糖分的根茎高度可达3~6m

布发现西印度群岛后，古巴、中美洲等地制糖业兴盛，并且获得美国的协助，发展至今，成为糖的盛产地。

另一方面，制糖技术也传到了东方的印度尼西亚半岛，6~7世纪中国也开始生产。印度尼西亚的制糖业，初期规模很小，但到了葡萄牙、西班牙殖民时代（16~17世纪），西印度群岛的品种被移植过来，获得了令人惊讶的发展，20世纪时已与古巴并列为世界两大产地了。

< 甜菜 >

甜菜原产于里海、高加索地区，是藜科的两年生草本植物。在古代欧洲，被当作家畜的饲料使用。经过了品种和处理方法的改良，初期能提取出4%的糖分，今天已达到20%以上。德国、俄罗斯、美国等为其主要产地，1881年在日本北海道也开始了甜菜糖的生产。

甜菜——含有糖分的是根的部分，为纺锤形

日本关于砂糖的历史，是从754年唐朝僧人鉴真将其传至日本开始的。当时砂糖专门作为药物来食用，成为食品、甜品原料和调味料是在室町时代（1336~1573年）之后了。1543年，从暹罗（泰国）向中国航行的葡萄牙船只飘向了种子岛后，和西欧的交流日渐增多，长崎蜂蜜蛋糕、金平糖等使用砂糖制作的食品也成为珍品盛行起来。

进入17世纪，日本也开始栽培甘蔗，18世纪德川幕府推行生产奖励制度，生产以赞岐、阿波为代表的和糖（本州、四国、九州产）以及岛津藩为代表的黑糖（奄美大岛、琉球产）。

◆ 砂糖的种类

砂糖有非常多的种类，分类的方法也有很多种。按制造方法分类，可分为两种：蔗糖结晶和糖蜜未被分离的含蜜糖，和分离了糖蜜的分蜜糖。从生产量来看，几乎90%都是分蜜糖。另外，也可以按照原料植物的种类来分类，分为蔗糖、甜菜糖、枫糖和椰子糖。

作为精制后的砂糖，蔗糖和甜菜糖基本没有什么区别。

< 含蜜糖 >

在这个类别中，有日本冲绳附近生产的黑糖，中国台湾和菲律宾生产的红糖，北美生产的枫糖，也有在印度、泰国生产的富有独特风味的椰子糖等。

< 分蜜糖 >

可分为耕地白糖、原料糖、精制糖几类。耕地白糖大都是甜菜糖，制作工序均在原料栽培地完成：洗净后煎制，通过分离、干燥、冷却、包装，精制成甜度98以上的糖。原料糖是像甘蔗这样消费地和生产地相距较远，又因在热带地区精制糖贮藏也比较困难，所以一般制作成精制半成品状态出口的糖类。精制糖就是将原料糖进口后，根据消费地人们的喜好精制而成的糖。日本的糖，基本上都是精制糖。

我们日常接触的糖有大粗粒砂糖、中粗粒砂糖、细砂糖等砂糖（结晶较粗的糖），以及上白糖、中白糖、三温糖等绵白糖（结晶较细，在日本也叫车糖）。

还有一种介于分蜜糖和含蜜糖之间的糖，叫和三盆，这是日本独有的砂糖种类。从江户时代诸藩就开始致力于砂糖的制造和开发，特别是四国地区生产的砂糖，结晶细腻，风味馥郁。即使到现在也还在生产，但产量很少，属于高档品。

所谓加工糖，是像方糖、糖粉、颗粒糖、冰糖、咖啡砂糖这样的糖，普遍以耕地白糖或精制糖为原料，根据所适合的不同用途进行生产。

接下来介绍一些与面包制作者息息相关，或者必须作为知识掌握的糖类。

< 液糖 >

在日本，糖类的整体产量波动较小，但其中销售比例增长最快的当属液糖。

液糖有几种不同的制法，可以是在精制过程中提取液糖，也可以是蔗糖再溶解（蔗糖糖液），或由原料糖直接制造，还可以分解淀粉获得葡萄糖，接着将其异构化，制作出葡萄糖和果糖的比例各占一半的异构糖制品。

异构糖的主要优点在于可以通过导管输送及分拨处理，省力、经济，并且能减少损耗。但反过来，因为其水分多，所以运输的成本相对较高，贮藏时间较短，也容易被微生物污染。

＜果糖＞

多存在于水果、蔬菜的汁液以及蜂蜜中，虽然有遇热褐变的缺点，但具有保湿性好、甜度高的特点，还有不改变甜味的同时抑制热量摄入等许多优点。

＜转化糖＞

通过稀酸或者转化酶的作用，蔗糖加水分解而成的含等量葡萄糖和果糖的混合物就是转化糖。甜度高、渗透性强是其主要特征。

＜淀粉糖＞

通过酸或转化酶的作用，淀粉溶液加水分解，就能制作出与淀粉性质相异的淀粉糖。根据糖化方法、糖化程度的不同，淀粉糖的甜度和特性也不同。按照纯度排序，分为无水结晶葡萄糖、含水结晶葡萄糖、精制葡萄糖、普通葡萄糖、液态葡萄糖、麦芽糖浆、麦芽糖糖粉等，按照这个顺序，甜度是依次递减的。

◆ 砂糖的特性

甜度

不同糖类的甜度高低，如果以砂糖是 100 的标准来进行官能测试，一般来说结果如表 1-11 所示。

影响甜度的因素

糖的甜度会因溶液的温度、浓度以及其他一些因素而发生改变，这里为大家举例说明。

①温度：甜度会随温度变化而变化，在高温下果糖的甜度会降为原来的 1/3，葡萄糖降为原来的 2/3。

②浓度：8% 的葡萄糖溶液与 4%~5% 的砂糖溶液有相同的甜度，而 40%~50% 的葡萄糖溶液与 40%~50% 的砂糖溶液几乎甜度是相同的。

③与其他糖类的相乘效果：葡萄糖 10%~30%、砂糖 70%~90% 混合起来的甜度和砂糖 100% 的甜度基本一致。

＜表 1-11＞ 面包用糖、糕点用糖的甜度（15℃，15% 溶液）

糖类	甜度
果　糖	165
转化糖	120
砂　糖	100
葡萄糖	75
饴　糖	45
麦芽糖	35
乳　糖	15

面包的着色

面团烘烤后会呈现金黄褐色，这个颜色不仅仅只由烘烤的温度、时间决定，也会因残留在面团中的糖量而改变。在烘烤完成前仍残留在面团中的糖会发生焦糖化反应，葡萄糖则和氨基酸产生美拉德反应，生成类黑精（氨基酸和糖的复合体）。

另外，也有像甘食（日本某种烤点心）这样的产品，通过碱分解糖，使面包着色。

使用果葡糖浆（异构糖）烤制海绵蛋糕 20~30 分钟，蛋糕底部能观察到褐变现象，这是因为异构糖中的果糖，是对热最敏感的糖类，非常容易上色。

蔗糖比起葡萄糖更不容易烤焦，但加入面包面团中的话，加入蔗糖的面包表皮会更容易上色。这是因为面团中的蔗糖被迅速分解成果糖和葡萄糖，由于果糖的影响所产生的表现。

加入了脱脂奶粉和乳清的面包，表皮的上色效果也很好，这是因为面团中分解乳糖的乳糖酶并不存在，乳糖得以在面团中保留下来。

发酵性

葡萄糖、果糖等单糖类，能在面团中直接发酵。而砂糖要通过转化酶分解，麦芽糖要通过麦芽糖酶分解，否则是无法参与到发酵中的。

浓度为 2%~8% 的葡萄糖比果糖发酵得快，若葡萄糖和果糖同时存在的话，这个差距会更加明显。

面团中的葡萄糖和砂糖之间，基本不存在发酵的时间差，这是由于转化酶在搅拌开始时就同时发挥作用，把面团中的砂糖转化成葡萄糖和果糖。

麦芽糖参与发酵的诱导期较长，大约 2 个小时后才开始发酵，与葡萄糖在一起时，会稍微缩短一些时间。用面包酵母气体生成力测定装置，检测无糖面团和加糖面团的气体发酵力时，其结果如图 1-7 所示。

从此图可知，无糖面团，从使用小麦粉中含有的糖分进行发酵到使用麦芽糖进行发酵之间，有一个数值低谷。加糖面团则借助配方的糖量，将这个低谷填平了。

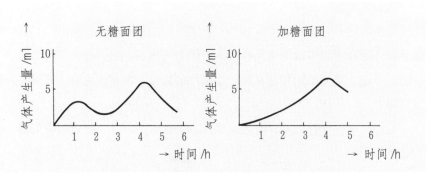

<图 1-7> 无糖面团、加糖面团的发酵状态

溶解性和结晶性

　　糖类基本都能溶于水，但溶解的程度各不相同。以葡萄糖和砂糖举例说明：以 55℃为分界线，在这个温度以下，砂糖溶解得比较好，55℃以上时则是葡萄糖溶解得较好。保持在 55℃的环境下，砂糖、葡萄糖两者浓度皆为 73% 的话，溶解在 100g 水里的量都是 270g（参照表 1-12）。结晶性是与溶解性完全相反的性质，也会受到温度的影响。

<表 1-12> 砂糖和葡萄糖的溶解度

温度 /℃	砂糖		葡萄糖	
	浓度 /%	100g 水中溶解的糖量 /g	浓度 /%	100g 水中溶解的糖量 /g
0	64	179	35	54
20	67	204	47	89
40	70	238	62	163
50	72	260	71	245
55	73	270	73	270
60	74	287	75	300
80	78	362	82	456
100	83	487	88	733

摘自菅野智荣《淀粉糖的种类和性状》

冻结温度和渗透压

对比一定量的异构糖和砂糖，会发现异构糖的防腐效果更强。这是因为异构糖的主要成分——葡萄糖和果糖——的分子量比蔗糖的小，一定量中含有蔗糖两倍的分子量，使得渗透压变高。另外，含有一定重量溶质的溶液，溶质分子小的那一方，冻结的温度更低。

吸湿性

与转化糖、蜂蜜、麦芽糖浆相比，葡萄糖、上白糖、砂糖等结晶糖类的吸湿性较差。而吸湿性强的物质，可以使制品中的水分流失较少，因此能被用在像长崎蜂蜜蛋糕等需要长时间保存的伴手礼食品中。

不可思议的是，相同的上白糖，以粉末形式添加和溶解后再添加，烤制出来的面包的润泽度是不同的——溶解后再使用的上白糖更能增加面包的润泽度。食盐也一样，比起使用粉末状，食盐溶解后再使用，能使面团的搅拌耐性增大，气泡均匀度、体积也会增加，更有利于面包的制作。

◎面包的多加水制法是什么？

烘焙小贴士

过去，英式玛芬和洛代夫面包通常搅拌时会在原吸水量的基础上，增加 10%~20% 的水。最近参加法国人的讲习课程，经常出现 Bassinage 这个单词，这个单词指的就是在搅拌时多加水。Bassinage 是法语中动词"Bassine"（添加）的名词形态。通常法式面包的吸水量在 70%，若再加 10% 的水量，就是特殊型花样面包的吸水量了。而制作洛代夫面包时会再加 20% 左右的水量。加水的最佳时间点通常是确认法式面包搅拌完成之后，此时再进行水分的添加，面包内部就会形成富有弹性的口感。另外，在法式面团中加入 10% 左右的亚麻籽、芝麻、葵花籽之类的种子类原料时，需要在面团中事先加入一定比例的水，防止种子类原料导致面团硬化（种子类原料是干燥而成，会抢夺面团中的水分）。英式玛芬通常在搅拌之后再加入 10% 的水，更能形成独特的口感和内部组织。

五、食盐

在食品制造领域，食盐的使用是关键的一环。特别是在提升面包风味、抑制面团的物理性质、抑制主原料小麦粉中阻碍发酵的物质、调节酶的作用、防止杂菌繁殖等方面，盐有着不可或缺的作用。

◆ **食盐是面包制作的决定因素**

如果面团中不加食盐，搅拌的时间会变短，面团也会异常软塌。若直接进入发酵工程，虽然气体的产生能力会比加了盐的面团好，但是面团内部的联结较弱，气体的保持力也变得特别差。

在成型工程中，面团会有明显的松弛和粘黏，虽然发酵速度较快，但烤箱中面团的膨胀度差，烘烤出来的成品上色不良，品尝起来不仅没有咸味，而且也很难感受到面包独特的风味。

因此，在面包面团以及面包成品中，食盐的主要作用，首先是抑制面团中酶的作用，增加面团的残糖量，同时作用于蛋白酶，使松弛的面团具有弹性，提高气体的保持力。而且食盐还能防止杂菌等的繁殖，长时间发酵时，能够防止异常发酵，避免臭源出现。

还有，小麦粉中存在阻碍面包酵母发酵的微量物质（嘌呤），食盐能抑制这种物质产生作用（参照表 1-13）。

另外，气体的保持力变好，面包内部的气孔会变细，面包内部的颜色也会变得偏白。根据粉质仪实验来看，加入食盐的面团成团较慢，弹性增加，稳定性高。通过面团拉伸仪可知，食盐用量在 2% 以内的范围时，食盐增加，面团的抗张力、伸展性也会增加。这些事实足以证明食盐能够拉伸面筋，增大气体保持力，同时抑制酶的作用。

◆ **食盐的用量**

食盐用量有很多配比，吐司面包一般是 2%，甜面包是 0.8%，红豆面包里加入豆沙中的盐量是 0.3%。根据制作产品的不同，食盐的用量也会不同，即使是相同的吐司，日本关西和东北地区，在用量上也会有差异。此外，受到夏冬季节差别，或者原料之间的平衡度、面包比容积等因素的影响，食盐用量也会有所不同（一般用量参照表 1-14）。

特别是使用了软水时，稍微多加点食盐比较好，在宵种法这样需要长时间发酵的制法里，即使面包酵母的用量多，只要使用了少量的食盐，就能起到稳定面团，改良面包的口味、香气、着色的作用。另外，比容积小或低油糖的面包，在食用时会比较容易感受到盐的风

<表 1-13> 食盐对小麦粉中发酵阻碍物质的抑制作用

食盐 /g	气体 /ml
0.000	69
0.025	107
0.050	155
0.100	199
0.200	201

水 20g，小麦粉 5g，面包酵母 0.6g，砂糖 2g，温度 30℃
摘自中江恒《面包化学笔记》

<表 1-14> 面包、酵母、砂糖、食盐的一般用量

面包酵母 /%	砂糖 /%	食盐 /%
2.0	6	2.0
2.5	15	1.5
3.0	20	1.1
4.0	25	0.8
5.0	35	0.6

注：以小麦粉为 100% 的烘焙百分比来计算。

味，考虑到这一点再决定食盐的用量会比较好。

◈ 食盐对面包制作的影响

随着食盐添加量的变化，粉质仪内的面团的吸水率也有变化：食盐添加 1%，吸水率会降低 1.5%；食盐添加 2%，吸水率降低 2.3%；食盐添加 3%，吸水率降低 3.7%。但这个数据与我们的手感相反，也许是因为人感受到的是面团较强的弹力，但粉质仪测定的是面团的黏弹性。同时，搅拌时间变长，表示面团弹力的区间幅度也变宽，也就是面团弹力变强。顺便一提，制作面条时的吸水率，是单纯以添加 1% 食盐，吸水率减少 1% 来计算的。此外，由面团拉伸仪的测定数据可知，抗张力增加的同时伸展性也在增加，因此食盐成为面包制作的理想原料。

一直以来，酵母营养剂中都会添加食盐，食盐非常适合作为面包改良剂。中种法的中种里添加 0.5% 左右的食盐，能够减少氧化剂的需求量，制作出的面包体积大、品质高。

◈ 制盐方法的推移变迁

古事记和日本书纪中记载了当时的制盐法——留存的海水受到强烈的太阳直射，水分蒸发后，浓稠的盐水粘裹在木棒上，继续通过太阳直射获得最终的结晶物。之后，制盐法经过改良，发展成将海水洒在海藻上，扩大蒸发的表面积的方法。再后来又发展成枝条架式制盐法，用沙子代替了海藻，盐滩也发展成盐田。

盐田法中还有扬滩式（通过人工汲取海水，镰仓、室町时代）和后来的入滩式（利用潮汐的涨退，江户时代），1952 年，开始使用流下枝条架式取代过去使用的盐田法。这种方法，首先让海水流入有一定倾斜度的地面，

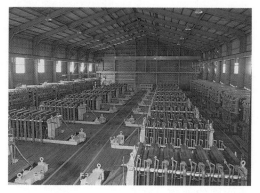

离子交换膜制盐法：通过电力透析海水获得高浓度盐水，之后再煮制浓缩，取得盐结晶。

提高盐的浓度后，让盐水流入竹子或木头制作的高台，再次提高盐水浓度，最终用加热浓缩的办法提取食盐。

1972 年之后，日本的制盐法全面替换成了"离子交换膜制盐法"。这种方法，不会受到气候因素的影响，也不需要占用广阔的土地面积，同时还节省了劳力。

◆ **适合面包制作的食盐**

食盐的主要成分是氯化钠，海水中大约含有 3.4% 的这种成分。其他含有氧化钠的天然物质还有岩盐。在日本，每年的盐消费量大概在 840 万吨，而食用盐大概占了其中的 17%。食用盐一般都是在日本国内生产，而工业用盐的氢氧化钠、碳酸钠、盐酸、氯等原料，是靠进口澳大利亚、墨西哥、中国等地的岩盐和海水盐。

纯粹的氯化钠，不具备潮解性（固体暴露在大气中，会吸收大气中的水蒸气而形成溶液的现象），但食盐中还含有镁和钙等不纯物质，会具有潮解性。制作面包时使用的是普通食盐，氯化钠的含量在 99.5%，另外还含有微量的硫酸钙、氯化镁、氯化钙、硫酸钠等成分。钙能够调节水的硬度，镁可以紧实面筋组织。

理化学词典对其有以下记载，"盐的比重 2.17，熔点 800 ℃，沸点 1 440 ℃，达到熔点后会有明显的挥发性。因为温度变化对溶解度影响不大，饱和溶液即使降低温度，也不容易产生结晶"。所以自古以来盐也作为贮藏食品的手段被利用。

在"日本烟草产业株式会社"的标准中，氯化钠含量达到 40% 以上的固态物被称为盐，共可分为 12 个种类。首先是国外进口的天日盐——"原盐"，被粉碎后就称为"粉碎盐"，经过一次洗涤再粉碎被称为"腌渍盐"。而"原盐"经进一步溶解再加工后，又可分为"餐桌用盐""新烹调盐""厨房用盐""烹饪用盐""特级精制盐""精制盐"6 个种类。另外，还有日本近海海水经离子交换膜法制作出盐水后，经过煮制加工而成的 3 个种类："食盐""粗盐""新家庭盐"。

◆ **10g 是适度的摄取量**

自从有报道指出食盐摄取过量，会引起高血压、脑中风后，很多日本人（特别是中高龄者）开始抗拒对食盐的摄取。日本人的食盐每日摄取量，相较于因纽特人的 4g、泰国人的 9g、美国人的 10g、英国人的 17g，确实明显偏高，特别是在日本东北地区，人们一天能摄取 26g 盐。1977 年，美国议会上院营养特别委员会，为减少成人病将饮食改善作为一个重要目标，提出食盐摄取量每日 5g 的建议。同时，德国也制定了每日 5~8g 的摄取量标准。

在日本，考虑到饮食习惯、饮食形态的差异，将食盐的每日摄取量定在 10g 以下相对恰当。而且以某项实验结果来看，就算极端严格地限制食盐摄入，全部排出体外的盐分也不过 0.4g，而相反就算大量摄取食盐，只要在肾脏机能的工作范围内，基本都能被排泄掉。所以，对正常成人而言，每日摄取食盐 0.5~35.0g 是在身体能够调节的范围内的。

◆ **海洋深层水**

以前，我访问过高知县室户市的"室户海洋深层水水产养殖场"，而且我也曾经用油壶湾的海水制作过面包。对海洋深层水，我有极强的兴趣，所以在此做一些介绍。海洋深层水的定义有许多种，本书指的是海面以下 200m 深度的海水。

海洋深层水在阳光无法照射到的地方流动，它们具有以下特性：

①低温安定（南极低层流域水 0~2℃，北太平洋深层流域水 2~4℃，北太平洋中层流域水 5℃）；

②富有营养（氮素、磷、硅酸等无机营养盐较多）；

③熟成性（长年在 30 气压下熟成）；

④富含矿物质（必需的微量元素如镁、钙等，约 60 种矿物质平衡溶存）；

⑤洁净（没有大陆水含有的大肠杆菌、一般细菌、化学物质的污染，物理悬浮物、海洋性细菌较少）；

⑥有促进面团发酵、使面团更具保水性、柔和风味等效果。就安全性而言，其无毒性已被证明，还含有代谢脂质的成分机能。

　　表1-15引用了日本高知县宣传简介手册上海洋深层水和表层海水的基本数据。

　　面包面团本身营养成分就很丰富，所以面团是否必须含有海水内的微量成分，这一点是有争议的。大海是生命的源泉，甚至还有说法认为羊水的盐浓度就是生命从海中走向陆地时的海水浓度。而作为主食的面包，如果以此为原料，想来也是非常合适的。但附带说明一下，这只是我个人的感受而已。

< 表 1-15> 海洋深层水和表层海水的基本数据

项目	单位或比率	海洋深层水 (320m)	表层海水（0m）
水温	℃	8.1~9.8	16.1~24.9
pH		7.8~7.9	8.1~8.3
盐分	‰	34.3~34.4	33.7~34.8
溶氧量	mg/L	4.1~4.8	6.4~9.5
NO_3-N（硝态氮）	μmol/L	12.1~26.0	0~5.4
PO_4-P（磷酸态磷）	μmol/L	1.1~2.0	0~0.5
SiO_2-Si（硅酸态硅）	μmol/L	33.9~56.8	1.6~10.1
叶绿素 α	mg/m³	痕迹	4.2~50.6
生菌数	CUF/ml	$1.0×10^2$	$1.0×10^3$~$1.0×10^4$

摘自高知县宣传手册《室户海洋深层水》

六、油脂

◆ 油脂的作用是什么？

　　基本上面包都会添加油脂，一般来说，吐司面包的油脂量是 5%，黄油卷是 15%，布里欧修是 60%，配方量有许多变化，而油脂的添加量会很大程度上左右面包的特性及风味。

　　那应该也有不使用油脂的面包吧？看看面包店的陈列，的确是有的。在藤篮里直立摆放的法棍、粗法棍等法式面包，还有在棚架上稳稳当当摆着的黑麦面包，都属于此类。

　　这些面包不用油脂，基本上只用面包酵母和盐就烘烤而成了。法式面包是重视面粉风味的面包，表皮硬脆，气孔不均，具有光泽。大家普遍认为法棍的"食用寿命"在烘烤后的 4 小时内，法国人很为此感到骄傲。而德式面包，只有拥有像猪肥肉那样的内部组织，才被认为是理想状态，面包表皮也是越厚越好，它要展现的是酸种的酸味和黑麦独特的风味。

　　正因为法式面包、德式面包的这些特征，它们不使用油脂。美式风格的面包正相反，恰恰需要油脂来赋予产品特征。你可以试想一下欧洲风格的直接烘烤面包和美式风格的模具烘烤面包之间的差异。这里再为大家列举一些油脂加入面团里所带来的特征：

①使面包内侧、表皮较薄且柔软；

②气孔均匀细腻，有光泽；

③防止面包水分蒸发，延缓老化；

④有油脂独特的香气和风味，也能改良口感；

⑤提高营养价值；

⑥优化面团伸展性，提高气体保持力，增大面包体积；

⑦优化面团机械耐性；

⑧使面包容易切割。

应该还有其他的一些功能，但添加油脂最大的作用是作为面团的润滑剂。

◆ 油脂以膏状为使用原则

凯撒卷使用的色拉油（或者花生油）会在搅拌开始时就一起加入。美式风格的油酥甜面包会先将油脂轻轻打发，再加入小麦粉中。

但这两种情况，可以说是例外。基本上大部分面包，都会将除了油脂以外的材料加水搅拌，搅拌到某个程度，等面筋有联结后再加入油脂，油脂会在面团中渐渐扩散包覆面筋，均匀地、薄薄地分散在面团中。这样搅拌的话，能够缩短搅拌时间，还能强化面筋之间的结合。

将油脂加入面团时，还需要注意以下几点：

①不要将面包酵母和油脂一起接触混合。如果面包酵母表面被油脂包覆的话，会损伤面包酵母的活性；

②油脂原则上以膏状来使用，除非特殊的情况，否则尽量不要使用过硬或者液态的油脂；

③油脂用量很多时，在某个程度提早加入，能让油脂混合得更均匀迅速；

④油脂用量很多时，面团温度、发酵室温度，特别是最终发酵箱的温度，都需要注意。发酵箱的温度，尽量设定为比所用油脂的熔点低5℃；

⑤往普通蛋白质含量的小麦粉中添加3%~6%的油脂是比较合适的，如果

再添加更多，虽然有利于面团的软化，能提高面包的保存性，但会造成气泡膜过厚、气孔粗糙、体积偏小。

◆ 面包制作中使用油脂的历史

作为制作面包使用的油脂，具有代表性的有黄油、麦淇淋、起酥油，以下根据它们的历史演化进行详细的介绍。

< 黄油 >

公元前 2 000 年～公元前 1 500 年记载的印度古籍经典中，出现过类似黄油的东西，当时黄油似乎已经被制作出来了。在欧洲，公元前 5 世纪，希腊著名的历史学家希罗多德，在文献中就记载了黄油的制作方法。

但是，那个时代的人并没有考虑过食用黄油，而是将其当成药膏涂抹，治疗牙痛或者涂抹身体、头发。最早食用黄油的是葡萄牙人，即使是在日常料理中因使用黄油而闻名的法国人，也是直到 6 世纪，才有一部分上层阶级的人开始食用黄油。

而传到日本的，是中国 3~6 世纪时的"乳""酪""酥"和"醍醐"。有个说法认为，"酪"跟黄油相近，"醍醐"则是像奶酪一样的东西。直到现代，在日本仍被使用的"……的醍醐味"等词句，也是由此而来。

但是，后来因日本禁止食肉，或者是受中国饮食习惯变化的影响，这类食品日渐式微。再后来，14~15 世纪，经由葡萄牙人和荷兰人的普及，奶酪作为"牛鱼糕"被日本人广为接受。明治维新后，它连同乳制品、肉制品一起，成为政府奖励的食品之一。

1900 年开始，函馆的特拉伯苦修道院，开始进行小规模的黄油制造，正式规模制造是 1925 年由雪印乳业的前身——北海道制酪销售组合开始的。

< 麦淇淋 >

麦淇淋是 1869 年在法国诞生的。当时的欧洲，由于黄油严重不足，价格飞涨到了令人讶异的程度。特别是法国，黄油严重短缺，法国国王拿破仑三世便开始募集便宜的油脂制品作为黄油的代替品。

在募集下中标的是美奇·摩利士（1817~1880）的麦淇淋。麦淇淋的语源是希腊语的珍珠（Margarite），这是因为麦淇淋在制作过程中，脂肪粒像珍珠一样闪耀。在日本，二战前麦淇淋被称为人造黄油，品质并不好，但到了1954年，成品品质有了显著提升，因为是黄油的类似品，在与黄油竞争中，品质不断得到提升，名称也统一成在各国都共通的"麦淇淋"。

< 起酥油 >

19世纪末，起酥油在美国诞生，由棉籽油搭配硬质牛油制成。当时猪油作为食用固态油脂被广泛利用，但缺点是保存性和顺滑性差，制品品质也不稳定。于是起酥油作为猪油的代用品开始制造。

之后，到了20世纪初，制造硬化油脂的技术日趋完善，人们利用棉籽油、大豆油、海产品动物油等，都能自如地制作出所需硬度的脂肪。这一技术的发展也使起酥油的品质得到了更大程度的提升。

◆ 面包用油脂的特征

< 黄油 >

无论怎么说，黄油的风味是所有油脂中最好的。使用黄油制作的成品，会散发黄油迷人的香气，口感也十分丰润。

黄油的品质由风味、硬度、组织、色泽四点决定。风味上，黄油有其特定的口感和香气；硬度上，要有一定的黏性和支撑力；组织要均匀且顺滑；色泽则以有光泽的淡黄色为佳。但是，冬天因为牛饲料中 β－胡萝卜素不足，所以这段时期生产的黄油颜色会有一些偏淡。

在黄油的种类上，·有欧洲人较常食用的发酵黄油，以及在日本被普遍使用的非发酵黄油。黄油还有有盐黄油和无盐黄油之分。就营养成分而言，黄油的脂肪、蛋白质、维生素A含量丰富，利于消化吸收。吸收率能达到95%以上，和大豆油基本是同一水平。

根据JAS（日本农林规格）的黄油定义，黄油是"从牛奶分离出的奶油状脂肪，通过搅拌操作，聚合成块状的制品"。就其在面包制作上的特性来看，有以下几点需要注意：黄油含有水分，有盐黄油（盐分1.9%）含16.2%，无盐黄油含15.8%，发酵黄油（盐分1.3%）含13.6%。含水量越少的油脂，伸展性越好，很适合制作可颂和丹麦面包一类的产品。特级黄油的特征是低水分、高脂肪。片状黄油因低水分而离水少，所以能改善面团的伸展性。

< 麦淇淋 >

按照 JAS 标准，麦淇淋根据食用油脂的含有率进行判断，符合规格的才能被称为麦淇淋。食用油脂含有率在 80% 以上的叫作麦淇淋，未满 80% 的被称为涂抹用麦淇淋（参照表 1-16）。

JAS 所规定的麦淇淋定义会不断更新修订，最新的定义为：食用油脂（限定为不含乳脂肪或者不以乳脂肪作为主原料的产物，下同）内加入水等材料进行乳化，急速冷冻后混合搅拌，或急速冷冻后不混合搅拌而制成的有可塑性或流动性，食用油脂含量（食用油脂在制品中所占的重量比例，下同）在 80% 以上的产品。

涂抹用麦淇淋为以下列出的，食用油脂含量不超过 80% 的产品。

①食用油脂加入水等进行乳化后，急速冷冻混合均匀，或者急速冷冻不混合的状态下制成的有可塑性或者流动性的产品。

②食用油脂加入水等材料进行乳化后，再加入果实以及果实的加工品、巧克力、坚果类的膏状原料等风味原料，急速冷冻混合制作出的有可塑性的产品。风味原料占的比重会使食用油脂含量降低。若加入巧克力，可可量要限制在 2.5% 以下，可可脂量要限制在 2% 以下。

（2007 年 11 月 6 日）

< 表 1-16> 油脂类的 JAS 规格

起酥油的 JAS 规格

比较指标项	基准
性状	急冻混合制品，有鲜明的色泽、良好的组织，无臭无异味；其他制品，有鲜明的色泽，无臭无异味
水分（含挥发部分）	0.5% 以下
酸值	0.2% 以下
气体量	急冻混合制品，100g 含 20ml 以下
食品添加物以外的原材料	不使用食用油脂以外的材料
异物	未混入异物
内容量	对应其标示量

麦淇淋的 JAS 规格

比较指标项	麦淇淋	涂抹用麦淇淋
性状	拥有鲜明的色调，以及良好的香味和乳化状态，无臭无异味	1. 拥有鲜明的色调，以及良好的香味和乳化状态，无臭无异味 2. 有些制品会添加风味原料，会带有原料固有的风味，但没有夹杂异物
食用油脂含量	80% 以上	未达到 80%，且符合标示的含量
乳脂肪含量	未达到 40%	未达到 40%，且在油脂中未达到 50%
食用油脂含量以及水分合计量	—	85%（添加砂糖类、蜂蜜以及风味原料的话为 65%）以上
水分	17% 以下	—
异物	未混入异物	
内容量	对应其标示量	

精制猪油的 JAS 规格

比较指标项	纯质猪油	调和猪油
性状	急冻混合制品，有鲜明的色泽，良好的组织和香味；其他制品，有鲜明的色泽，良好的香味	
水分（含挥发部分）	0.2% 以下	
酸值	0.2 以下	
碘值	55 以上 70 以下	52 以上 72 以下
熔点	—	43℃以下
Boemer 值	70 以上	—
食品添加物以外的原材料	不使用猪油以外的材料	不使用食用油脂以外的材料
异物	未混入异物	
内容量	对应其标示量	

注：Boemer 值：表示在猪油中混入牛油比例的指标。100% 猪油的 Boemer 值为 73~77。若混入牛油或羊油，Boemer 值会随之变小。

< 起酥油 >

吐司面包内最常使用的油脂。和麦淇淋不同的是，起酥油不含水分，而且不能像麦淇淋那样涂抹在面包上直接食用，起酥油是要打入面团，以加工为用途的。因此，比起自身的味道和香气，起酥油的可加工性（就面包来说，就是制作面包的适用性）才是它的重点。

查询"起酥油"这个词，会找到"使甜品变酥松的材料"或"变得松软"等解释。这些解释，也正是我们使用起酥油的一部分目的。

起酥油的种类非常多，分类方式上也有许多不同角度。根据原料划分种类的话，分为植物性起酥油、动物性起酥油、动植物混合起酥油；根据制造方法来分的话，分为混合型起酥油和全水添加型起酥油。另外，也可以根据起酥油形状分类，根据性状和用途分类，根据是否含乳化剂分类。

就起酥油的特性和品质来说，其可塑性的范围很广，既有能使制品酥脆、易碎的特性，也有能够打入和包裹空气使质地顺滑浓稠的特性。其他品质要素还有安定性、乳化性、分散性、吸水性等。

JAS 对起酥油的定义为：以食用油脂（依食用植物油脂的日本农林规格第二条规定除去香味食用油，来自 1969 年 3 月 31 日农林部告示第 523 号，下同）为原料制成的固态或流动状，具有可塑性、乳化性等加工性能的产品（精制猪油除外）。

< 猪油 >

最近猪油因其浓郁风味被人们重新关注。即使无法与黄油、麦淇淋等形成竞争，但也有企业开始认真研究使用猪油的方法了。虽然猪油的使用一般被视作彰显中华料理风味的关键，但使用的方法比较微妙，蕴含了很多可能。

猪油当年被起酥油取代的原因，前面已经阐述过，猪油缺乏安定性，不易保存，结晶粗大，顺滑性也不好。另外，作为商品，不同季节硬度也不同，不好掌握。若能改善以上缺点，未来猪油的使用范围会大大扩展，令人期待。

JAS 提到的"精制猪油"分为"纯质猪油"和"调和猪油"。纯质猪油是将精制（进行了脱酸、脱色以及脱臭等处理）后的猪油急冻，混合搅拌制成的固态油脂；或精制后直接制成的固态油脂。

调和猪油是以精制后的猪油作为主原料，与精制后的其他油脂按照配比，混合急冻后制成的固态油脂；或精制后的猪油作为主原料，与精制后的一部分其他油脂搭配、混合而成的固态油脂。

◆ 油脂的主要成分和分类

油脂，以带有 3 个羟基的甘油（无色透明液体，是有甜味的药品、化妆品以及炸药的原料）和脂肪酸结合后产生的甘油酯为主要成分（参照表 1–17）。甘油只有一个，与其结合的脂肪酸则很多，在这个结合之上，根据结合位置的不同，甘油的性状也会有所改变。

和甘油结合的脂肪酸有两大特征，一个是为直链型，另一个是碳素分子多为偶数。反应性低下的是饱和脂肪酸，碳素数较多，锁链越长，油脂越硬，熔点也越高。反之，不饱和脂肪酸反应性丰富，一般为液体状。

就油脂的分类方法来说，因总类较多，所以试行了许多不同的分类方法，但原料分类法是古已有之的方法（参照表 1–18）。

另外也有根据性状分类，根据构成脂肪酸的类别来分类的方法。在表 1–18中，干性油是指易在空气中氧化凝固的油脂，常用于涂料和工业。半干性油，具有介于干性油和不干性油之间的性质，食用油一般归在这类。不干性油是指不容易固化的油脂，常用作化妆品的原料。

<表 1–17> 甘油和脂肪酸的化学结构式

甘油 $CH_2-OH\cdots\alpha$　$CH-OH\cdots\beta$　$CH_2-OH\cdots\alpha'$		脂肪酸（一般式） $R-COOH$	
月桂酸	$CH_3(CH_2)_{10}COOH$	棕榈酸	$CH_3(CH_2)_{14}COOH$
肉豆蔻酸	$CH_3(CH_2)_{12}COOH$	硬脂酸	$CH_3(CH_2)_{16}COOH$
油酸	$CH_3(CH_2)_7CH=CH(CH_2)_7COOH$		
亚油酸	$CH_3(CH_2)_4CH=CH\ CH_2CH=CH(CH_2)_7COOH$		
亚麻酸	$CH_3CH_2CH=CH\ CH_2CH=CH\ CH_2CH=CH(CH_2)_7COOH$		
注：以上的化学结构式中，二重结构的亚甲基（CH_2）被称为活性亚甲基，活性特别强，容易释放出氢（H^+）。			

<表 1-18> 油脂的分类

固态脂肪（FAT）			液态油(OIL)					
植物脂	动物脂肪		植物油			动物油		
	体脂肪	乳脂肪	不干性油	半干性油	干性油	陆地产	淡水产	海产
可可脂 椰子油	猪油 牛油	牛乳 脂肪	橄榄油 茶树油 （IV100 以下）	棉籽油 菜籽油 （IV100 ~ IV 130）	桐油 亚麻 籽油 （IV130 以上）	昆虫油 绿海龟 油	鲤鱼油 鲫鱼油	鱼油 鲸油 鱼肝油

烘焙小贴士

◎ 反式不饱和脂肪酸（以下简称为反式脂肪酸）已成为热议话题，它对身体有什么影响？

　　美国从 2006 年 1 月开始，要求加工食品中必须标示出反式脂肪酸的含量。另外，加拿大、法国也有类似的要求。这是因为，在美国等欧美诸国，心脑血管疾病是第一大死因，而引起这一疾病的主因是脂肪，特别是饱和脂肪酸和反式脂肪酸的过度摄取。

　　但是，在日本，脂肪和饱和脂肪酸的摄取量很少，而大部分摄取的是亚麻油酸等多价不饱和脂肪酸，因此我认为反式脂肪酸基本不会对日本人造成影响。

◎ 反式不饱和脂肪酸到底是什么？

　　油脂，是在甘油上结合了三个脂肪酸的三酸甘油酯，脂肪酸中有饱和脂肪酸和不饱和脂肪酸。不饱和脂肪酸内，与双键碳结合的氢，存在相同方向的 Cis 型和相反方向的 Trans 型两种。自然界中大部分都是 Cis 型，但像牛等反刍动物的脂肪中也存在 Trans 型。

　　反式脂肪酸可以认定为有三大来源。第一种是制作麦淇淋和起酥油时，在添加部分氢形成半固体状硬化油的制作过程中形成。第二种是来源于脱臭工程，第三种是来自反刍动物。

　　硬化油在面包的制作性、氧化安定性、伸展性、乳化起泡性、提升口感等方面有很多优点，虽然含有较多饱和脂肪酸的棕榈油、牛油，或是含有较多油酸的橄榄油也可以替换，但是要满足硬化油的全部功能，还是很难。

◆ **油脂的物理性质和化学反应**

油脂的物理性质和化学反应虽然跟面包制作没有直接关系，但想要灵活熟练使用油脂的话，也必须了解相关内容。

立体异构

饱和脂肪酸，全部由一根碳素作为结合轴连接，因此能够自由地旋转。但是当其中出现双键时，就不能旋转了，会成为立体的不同的两个构造。一个是呈现"コ"形的 Cis 型，另一个是与结合方向相反的 Trans 型。这被称为 Cis-trans 异构体或者几何异构体。

天然的油脂内，基本上都是 Cis 型，比较少见 Trans 型。两者在熔点等物理性状上也不同。

烟点和引火点

烟点是指油脂加热后开始冒烟的温度。引火点是指油脂接近火源时能够引火的温度。这一般与油脂的精制、脱臭、氧化程度有关系。烟点是重要的数值，通常食用油脂的烟点在 230℃以上。如果将乳化剂加入油脂，烟点会变低，所以大家普遍不喜欢用加了乳化剂的油脂来炸东西。

乳化

乳化指的是，一般情况下无法混合的两种液体中的一种，通过变成细小的微粒子状，均匀分散到另一种液体里的状态。乳化的形式有两种，一种是水中油型（O/W），指的是在水中溶解油脂。另一种叫作油中水型（W/O），指的是在油中溶解水。

一般麦淇淋、黄油都是 W/O 型，缺点是在口中不易溶化。鲜奶油、蛋黄酱、牛奶、逆向型麦淇淋（与一般麦淇淋相反，用少量的水包覆油脂）等，是 O/W 型，在口中非常容易溶化，但其保存性是个问题。

熔化和凝固

固体油脂变成液体被称作熔化，此时的温度被叫作熔点。反之，液体变为固体，称为凝固，此时的温度被称为凝固点。天然油脂大多是甘油三酯为主的混合物，因此无法像水一样有固定的熔点。油脂的熔点有透明熔点和上升熔点两种。毛细管中固化的油脂在一定条件下加热，油脂从外侧开始软化，油脂开始流动时的温度被称为上升熔点；油脂熔化、变为透明质地时的温度，被称为透明熔点。一般使用上升熔点的情况比较多。

油脂在一定条件下冷却，开始浑浊的温度，被称为浑浊点。继续冷却，由于凝固热的原因，油脂的温度会短暂上升或者静止，这个最高温度或者静止温度，就是凝固点。

黏度

一般食用油脂的黏度用动态黏度来表示，因温度及构成脂肪酸的分子的不同会有差别。举个例子，按菜籽、芝麻、棉籽、大豆的顺序，油脂黏度逐渐降低。而一旦发生热聚合和氧化聚合，黏度就会增高。

油炸用油脂会随温度增高而黏度变高，这就是热聚合。面团进入油里时，油里会出现很难消失的黄色细小的泡泡，那是油脂的热聚合正在进行。如果发展得过于严重，不仅仅是损害炸物的风味，还可能会生成对人体有害的物质。

可塑性

油脂有固体、半固体、液体三种状态。其中半固体状态的油脂展现了优质的可塑性。就像按压黏土一样，用手指按入这种油脂，会留下手指的痕迹，这种现象被视为可塑性。像黏土一样的物质，被称为有可塑性的物质。

像起酥油这样，在操作中适温范围（可塑性范围）较大的被称为横型油脂。像可可脂（巧克力原材料）这样，适温范围较小的油脂叫竖型油脂。

可可脂、麦淇淋、起酥油，在不同温度时的固体脂指数（SFI）的变化如图 1-8 所示。可塑性良好的油脂的固体脂指数在 10%~25%，从位于这个区间的油脂适温范围来看，可可脂大约在 1~2℃，麦淇淋在 10℃，起酥油在 22℃左右。

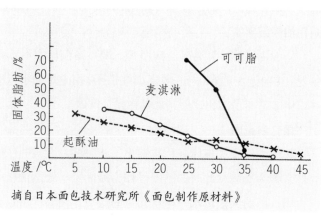

摘自日本面包技术研究所《面包制作原材料》

< 图 1-8> 油脂在各温度时的固体脂肪含量

这就能很清楚地了解到可可脂是竖型油脂，起酥油是横型油脂。

油脂的化学变化分为两类，分别是水解反应、乙醇生成、酯交换等与羧基有关的变化，以及氢化、聚合、自动氧化等与碳氢化合物有关的变化。

氢化

氢化是指在脂肪酸基内进行的，向不饱和脂肪酸的双键部分里添加氢，使其转为饱和结合状态的反应。工业上，氢化被称为"硬化"，因此这类被氢化的油脂也称为"硬化油"。

这样的反应，是在添加了镍等催化剂后，加热搅拌过程中加入氢而产生的。反应过程中途停止的话，不饱和结合的一部分就会成为饱和状态，就能得到相对柔软的脂肪。这被称为部分氢化或者轻度氢化。

若氢化继续进行，熔点上升，碘值减少，进而成为饱和脂肪酸，就可以获得反应性弱且安定性高的油脂。所以说氢化的目的，就在于提升油脂的氧化安定性，并且获得合适的硬度。

水解反应

在构成脂肪的甘油酯中，最薄弱的就是与酯结合的部分。这个部分加入水后会发生分解，还原成脂肪酸和甘油，这被称为水解反应。

引发水解反应的方法，以碱性条件下的皂化反应为首，还有水分解、酸分解、加水解酶分解等。在脂肪酸中，碳原子数量少的低级脂肪酸较容易被分解出来。利用水解反应，可以进行脂肪酸以及肥皂的制作。黄油的腐败臭味，主要原因也是水解反应，光和热对此反应有促进作用。

回味和酸败

生产出的食用油脂，如果容器开封，油脂就会渐渐产生令人不悦的气味，这被称为"回味"。

这个变化，是由于油脂含有的不饱和脂肪酸的双键部分与氧气结合引起的。因此双键较多的油脂有轻微的氧化反应很常见。而与此相对的，所有油脂随着时间推移，会产生强烈刺激性臭味的反应，被称为酸败。

无论是"回味"还是"酸败"，都是空气中的氧气和油脂的反应（参照表1-19）。

因受氧气影响发生变化的不仅有"气味""味道"，"颜色"变化也很常见。氧化的速度受到双键数的影响，假设油酸的氧化速度为1，那么亚油酸的氧化速度就是 10，亚麻酸是 20。此外，还有许多外因也会加快氧化速度，比如温度、光线（特别是紫外线）、铁和铜等金属离子，以及脂肪氧化酶等活性酶。而天然的维生素 E 则作为抗氧化剂被广泛使用。

<表 1-19> 回味和酸败

项目	回味	酸败
油脂的种类	会在特定的油脂（大豆油，亚麻油，鱼油等）中强烈发生	一般的动植物油脂内都会发生
发生时期	自动氧化的初期阶段	在"回味"后发生
发生速度	非常快	迟缓
必要氧量	极少	较多
气味	类似精制前的气味	强烈的酸臭味
过氧化值	在 2 以下也会发生	在 10~20 以上发生
一般化学分析值	没有变化	有变化
抗氧化剂	无效	有效

摘自原田一郎《油脂的化学知识》

◆ 油脂的实验测定值

表示油脂的性状和加工性能、不饱和度、氧化程度等，如下所示。

酸值（AV）

表示油脂中含有的游离脂肪酸的多少。随着氧化反应的进行，该数值会增加，因此能够用于判断食用油脂在当下时间点的优良程度。

酸值用中和 1g 油脂中的游离脂肪酸所需的氢氧化钾的毫克数来表示。目前能够简易测试的配套元件，在市面上也有销售。

只要浸入油脂就能测出 AV 数据的试纸目前也在市面上销售。我建议可以使用试纸。用油烹调的糕点（油脂成分在 10% 以上），可分为 AV 超过 3 且 POV 不超过 30，以及 AV 超过 5 且 POV 不超过 50 两种。

皂化值（SV）

皂化值表示制作油脂的脂肪酸分子量的多少。这个值越大，脂肪酸的分子数量就越多，也意味着脂肪酸的分子就越小。低级脂肪酸（低分子量脂肪酸），较容易发生水解反应。

不皂化物含量

在油脂中没有因碱而皂化的物质的量，相对整体的比例用百分比（%）表示。这是能很好地体现油脂精制程度的数值。

碘值（IV）

表示油脂中双键的数量。这个值越大，表示越容易被氧化。另外，按这个数值标示的油脂有以下分类：干性油（IV130 以上），半干性油（IV100~130），不干性油（IV100 以下）。

羟值

表示油脂中游离羟基的数量。如果油脂中全部都是中性脂肪的话，这个值当然为 0，若有单甘酯或甘油二酯的存在，这个数值就会变大。

过氧化值（POV）

表示油脂中过氧化物含量的数值。主要起判断油脂的初期氧化程度的作用。

稠度

表示可塑性的数值，用锥入度（Penetration）来表示。

熔点（MP）

表示油脂熔化成液体的温度。

色泽

用肉眼或者罗维朋比色计来测定，随着氧化的进行，油脂的色泽也会发生改变。

固体脂指数（SFI）

表示在某个温度下，油脂中的固体脂（结晶，固化的油脂）含量的指数。这个数值有助于方便地了解油脂稠度。数值为 0 的是液体状油脂，10~35 是柔软的固形脂，40 以上的是较硬的固形脂。（表 1-20）

< 表 1-20> 主要的市售油脂的固体脂指数（SFI）

（置于 25℃时）

餐桌用麦淇淋	10.0
黄油	13.0
麦淇淋	15.0
起酥油	20.0
猪油	21.0

引自渡边正男的演讲

◎防止油脂酸败和水分蒸发

　　在德国，很早以前人们就在圣诞节时食用一种叫史多伦的发酵点心。它是在烘烤后的发酵点心上涂抹熔化的黄油，再撒满砂糖和糖粉制作而成的。这种点心通过在面团表面包覆油脂，来防止内部的水分和芳香物质扩散，进而在油脂外部形成糖衣防止了油脂的酸败。这是过去的人们通过经验获得智慧的很好的例子。

◆　脂肪是最主要的热量来源

　　食品中含有的脂肪的热量大约是 9kcal/g，是另外两大营养源——蛋白质和碳水化合物——的两倍。

　　被称为必需脂肪酸的亚油酸、亚麻酸和花生四烯酸，和其他脂肪酸不同，因为它们不能在人体内自行合成，需要每天从饮食中摄取。若以上脂肪酸摄入不足，会造成发育不良，或者引起皮肤炎症。

　　脂肪通过氧化和水解来被人体消化，所以水和脂肪酶是必要的物质。为了发生反应，脂肪需要很好地被乳化，所以熔点对脂肪的消化吸收也有非常大的影响，到了 50℃左右，消化吸收的数值就会发生很大的变化。

　　比如硬化油，熔点 37℃时，消化率在 98%。而渐渐上升至 39℃，消化率则降低到 96%，43℃时为 96%，50℃时为 92%，52℃时为 79%。由此可知，若超过 50℃，油脂的消化吸收率会急剧降低。

　　脂肪能够溶存维生素 A、维生素 D、维生素 E、维生素 F、维生素 K 以及胡萝卜素等，并能够帮助其被吸收。

　　饱和脂肪酸，在血液中会增加胆固醇的含量，是造成动脉硬化和高血压的元凶之一，也与肥胖症的发生密切相关。而同样是脂肪酸，带有双键的不饱和脂肪酸，却能够有效防止胆固醇在血管中的沉积。

◆　重要的温度管理

　　贮藏油脂时，最重要的要素是温度管理。麦淇淋的保存温度在 5℃为宜，开酥油脂则在 5~15℃，千万注意不要超过 15℃。

起酥油、猪油的保存温度并不是很大的问题。但如果储存在低温环境，使用时一定要回复室温。另外，贮藏温度并不建议有明显的上下波动，特别是对于猪油，会造成结晶粗大化、口溶性差等后果。另外尽量避开能氧化油脂的光线，特别是紫外线。

◎日本产面包专用小麦粉有哪些种类？

烘焙小贴士

如今成为大家关注焦点的日本产面包专用小麦粉到底有多少种类，大家了解吗？让我们一起来看看吧：

北海道地方 春日之出（はるひので，春播）、春恋（春よ恋，春播）、春之摇（春きらり，春播）、北之香（キタノカオリ，秋播）、梦之力（ゆめちから，秋播）

东北地方 春之气息（ハルイブキ）、雪之力（ゆきちから）、饼姫（もち姫）

关东地方 玉泉（タマイズミ）、双重8号（ダブル8号）、梦朝日（ユメアサヒ）、梦紫峰（ユメシホウ）、花满天（ハナマンテン）

东海地方、近畿地方、四国地方、九州地方 西之春（ニシノカオリ）、南之香（ミナミカオリ）、丽饼（うららもち）

最近在日本，面包专用小麦的发展取得了长足进步。北联农业协同组合联合会的池口正二郎博士育种的小麦品种春恋（春よ恋）的面包制作性达到了加拿大1CW 水准。东北地方的梦之力（ゆきちから）以盛冈农业高校为中心，地产地销，烘焙出了美味的面包。茨城县筑波市提倡的"筑波面包街"也销售着用梦紫峰（ユメシホウ）制作的面包。依靠育种专家开发出好的面包专用小麦当然是很必要的，而我们这些面包技术人员，也一定要善于利用本地产小麦挑战自我，看看到底能制作出何种程度的美味面包。

注：北海道地方以外全部都是秋播小麦。

七、鸡蛋

◆ **在面包中充分利用鸡蛋的风味**

我在制粉公司的实验室里，会收到很多不同的实验委托。在几年前的春天，就收到过"希望掌握好吃的鸡蛋面包做法"的委托。和周围的同事开始讨论相关问题时，话题从"鸡蛋面包的特征到底是什么"一直聊到"好吃的鸡蛋面包到底是什么样的"。

使用鸡蛋制作的面包，内部呈现诱人的黄色，光泽也更好。同时面包表皮的颜色、光泽也会得到改善。而且，蛋黄里的卵磷脂能延缓面包的老化，营养价值也更高。但只有这些的话似乎有点无趣。

蛋本身没有什么特别的气味，味道比较寡淡。如何活用它的特征，制作出唤起人们食欲的面包呢？我们不妨先从烤制面包着眼，来看看配方和制程究竟有哪些需要注意的。

①鸡蛋大约有 75% 是水分，所以它在面团中的用量至少要达到 10% 以上才能显现效果。

②加入 30% 以上时，面团的结合能力变差，因此全蛋的用量控制在 30% 以内为佳。若还要增加用量，超过的部分可选用蛋黄。

③添加鸡蛋会使发酵时间变长，蛋白质会因变性而产生异味。

④根据鸡蛋添加量减少用水量，大约减少鸡蛋量的六七成即可。

⑤搅拌时，若蛋白与蛋黄没有充分打散再使用，可能会造成蛋黄凝固、胶化而在面团中残留。

⑥鸡蛋能使面团在烤箱内的膨胀力变好，体积变大，所以需要特别注意分割面团的重量以及控制发酵。

⑦使面包更易上色。

⑧油脂用量多时，适当依据比例增加鸡蛋用量。

⑨芝麻、葵花籽等装饰在面包表面时，蛋白可以作为有效的黏着剂。

⑩鸡蛋自身的 pH 较高，若是陈蛋会更高。配方中鸡蛋用量多时，面团会因 pH 升高而延缓发酵。

◆ **营养均衡的理想食品**

鸡蛋被视为一种平价且营养价值高的完美食品，其蛋白质组成较为复杂，被确认的蛋白质就有 13 种以上，其中必需氨基酸含量较多，还富含小麦粉中缺少以及容易日常摄取不足的赖氨酸。

一般来说，早餐的餐桌上必定会有鸡蛋。鸡蛋是日常生活中的常见食材，自古以来对鸡蛋就有着各种各样的说法。

比如"红壳蛋比白壳蛋有营养""蛋黄颜色越深越有营养""生蛋不好消化""比起煮鸡蛋，半熟蛋更容易消化""鸡蛋吃多了胆固醇会上升，会引起动脉硬化""刚产下的蛋比较好吃""受精蛋比未受精蛋有营养"等。各种说法数不胜数，而这其中多是没有根据的臆想或奇谈。

虽然它们大部分偏离了事实，有点离谱，但也让我们来一一解读一下吧。

蛋壳是白还是红，其实跟营养价值没有什么关系。硬要说出区别的话，白壳蛋多是蛋鸡产的蛋，红壳蛋多是肉鸡产的蛋。而蛋黄的颜色，与其说和营养价值有关，不如说和饲料里所含的色素有关，浓重的黄色可能是喂食玉米比较多的缘故，因此增强了蛋黄的黄色。

而煮蛋比生蛋易消化，半熟蛋比全熟蛋易消化，这是事实。特别是在消化时间上会有差别。但是一般情况下，这种差距微乎其微。

蛋的胆固醇含量高也是事实，但是，即使大量地吃鸡蛋，血液中的胆固醇也不会增加。胆固醇有很多种，最近的研究表明，鸡蛋含有的胆固醇跟心脏病并没有关系，因为它是优质的胆固醇。

还有一个离谱的说法，认为蛋的味道和蛋白中的二氧化碳含量有很深切的关系，蛋白中二氧化碳减少、pH 上升时，鸡蛋会变得更好吃。另外，刚产出的鸡蛋，无论煮得多么好，蛋壳都很难漂亮地剥干净。这是因为蛋白中的二氧化碳因加热而膨胀，将蛋白和蛋壳膜挤压在蛋壳处造成的。把这样的蛋白放在电子显微镜下，能观察到其中含有无数海绵状的小气泡。

另外，鸡蛋营养价值高，还因为富含了丰富的矿物质，它几乎含有所有与造血功能相关的物质，所以也被视为治疗贫血的特效药。

◆ 鸡蛋的产量和消费量

如今，在养鸡场饲养的鸡，每年能生产 250 个以上的蛋。但是，这是通过长时间的品种以及生育环境的改良做到的，并不是鸡本来的样子。鸡起初只是在印度和马来西亚的南方热带丛林里生息、一年产蛋 10~20 个的普通鸟类，但如今被人类改造成了生蛋机器。

根据 2010 年的数据可知，当时鸡蛋的世界产量是 6 351.5 万吨，中国是 2 382.7 万吨（占世界总产量的 37.5%），美国是 541.2 万吨（8.5%），印度是 341.4 万吨（5.3%），日本也有 251.5 万吨（3.9%）的高生产量。所以日本的鸡蛋自给率一直维持在 95% 左右的高数值上。

"日本的年人均鸡蛋消费量，从 1995 年的 339 个到 1998 年的 324 个，再到 2002 年的 329 个，虽然多少有些减少的趋势，但消费量仍然在主要消费国中维持领先。"

各国的数据均表明，随着饮食生活的变化，鸡蛋的消费量有逐渐减少的倾向，并且未来预期不会有大规模的增加。

◆ 鸡的品种

在日本，耳熟能详的鸡的名称有白色来亨鸡（White Leghorn）、名古屋九斤黄、洛鸡（Rhode Horn，白色来亨鸡和洛岛红鸡的第一代杂交品种）、洛克鸡（Rockhorn，白色来亨鸡和横纹普利茅斯洛克鸡杂交的品种）等。白色来亨鸡的蛋重量在 58~63g，年产蛋量在 240~260 个。洛鸡的蛋重量为 58~63g，和白色来亨鸡相同，但年产蛋量多达 250~280 个，品质也更为优良。

　　自 1963 年，从美国进口了具有杂交优势的混合种（Hybrid）以来，日本的蛋鸡 90% 都来自进口的种鸡。

◆ 蛋白和蛋黄的比例

　　西点店里制作卡仕达奶油，会选用比较小的鸡蛋，而制作天使蛋糕时，会选用比较大的鸡蛋，因为大的鸡蛋蛋白比例高，小的鸡蛋蛋黄比例高。当然，大鸡蛋的蛋壳、蛋白、蛋黄都比小的鸡蛋要重。

　　鸡蛋重量在（60±3）g，被称为中号蛋。以中号蛋为标准，想要更多蛋白就用大鸡蛋，想要更多蛋黄就用小鸡蛋。

　　这里用图表简单说明鸡蛋的构造。（参照图 1-9、表 1-21、表 1-22）。

　　蛋壳约占鸡蛋重量的 11%，有极强的抗外压能力。它有许多气孔，可以起到呼吸的作用。蛋壳外层是被称为"壳胶膜"的薄膜，能防止微生物的入侵。蛋壳作为天然的包装容器，使鸡蛋成为耐存放的食品。

　　蛋壳膜有内外两层——外壳膜和内壳膜，刚产出的蛋很温热，这两层是紧密贴合的。随着蛋温下降，蛋白和蛋黄收缩，外壳膜和内壳膜自然分离，形成一个空间，这就是气室。气室的大小是判断鸡蛋新鲜程度的标准。

　　蛋白大约占鸡蛋重量的 60%，是有一定黏着性的液体，共分为四重结构，有着大家不太熟悉的名称——外稀蛋白、浓蛋白、内稀蛋白和系带。系带和蛋黄直接连接，但不与蛋壳连接，起到将蛋黄固定在蛋中央的作用。随着鲜度的降低，浓蛋

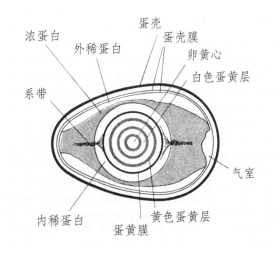

< 图 1-9> 鸡蛋的构造

白的黏着力也会降低。（参照表 1–23）

蛋黄中心是卵黄心，周围由黄色蛋黄层和白色蛋黄层交互包裹，最外侧则由蛋黄膜完整包覆。

<表 1-21> 鸡蛋的比例

全蛋重量 /g	蛋壳 /%	蛋白 /%	蛋黄 /%
40~65	13	54	33

<表 1-22> 除去蛋壳以外的鸡蛋构成

名称	能量		水分	蛋白质	脂质	灰分	重量比
	kcal	kJ	g	g	g	g	蛋黄：蛋白 =31 ： 69
全蛋	151	632	76.1	12.3	10.3	1.0	凝固温度：约 68℃（蛋
蛋黄	387	1 619	48.2	16.5	33.5	1.7	黄）、约 73℃（蛋白），根据加热速度而变化
蛋白	47	197	88.4	10.5	Tr	0.7	

可食用部分约 100g 时，　Tr：所含不足 0.1g
摘自《日本食品标准成分表第五次修订版》

<表 1-23> 蛋白各层的比例

外稀蛋白 /%	浓蛋白 /%	内稀蛋白 /%	系带 /%
23.2	57.3	16.8	2.7

◆ 卵磷脂是天然的乳化剂

在鸡蛋的成分中，跟面包制作相关性最大的是蛋黄中的脂质，在其中还有与蛋白质相结合的脂蛋白、卵磷脂、胆固醇，作为天然乳化剂发挥了重要的作用。若举例只用蛋白的面包，有些英式面包在配方中含有少量蛋白，还有一些低油糖面团，为了增加光泽会在光面刷上蛋白。但无论是哪一种面包，蛋白的用量都不多，若使用过量，反而会起到相反的效果。

蛋白中的蛋白质 75% 是白蛋白，其特征是含有溶菌酶（Lysozyme），溶菌酶可以溶解通过蛋壳侵入的细菌的细胞膜，从而起到杀菌的作用。

碳水化合物占全蛋的比例不足 1%，而且大部分并没有跟其他成分结合，从而成为游离葡萄糖。因此在干燥蛋的加工和保存中，它成为发生褐变的因素。

鸡蛋几乎含有所有的矿物质，特别是硫、铁、磷的含量较多。再来说说颜色，之前已经提到过，蛋黄的颜色区别大多都是源于喂食饲料的不同，是由属于类胡萝卜素的胡萝卜素和叶黄素带来的。除了面包，蛋黄的颜色也能为蛋黄酱和蛋糕等多种食品带来令人垂涎欲滴的色泽。

◆ 蛋壳的内侧和外侧

蛋的表面附着着污染物和多种微生物，微生物的侵蚀从蛋被产下后就开始了，而能抵御这种侵蚀的就是蛋白中的溶菌酶等活性酶。但是，当浓蛋白减少，蛋黄部分直接接触蛋壳时，蛋白就不能再起到防止微生物繁殖的作用，污染会急剧地进行，进而导致腐败变质。

现在的蛋在出货前，基本都会被洗净。污染物和细菌被清洗干净的同时，也会把防止微生物入侵的壳胶膜洗掉。因此在清洗后要在蛋壳上喷上薄薄的一层油雾，以覆盖蛋壳上的气孔。

◆ 关于鸡蛋的起泡性

一提起鸡蛋，大多数读者立刻会联想到蛋糕。的确，虽然蛋最大的特征——起泡性——和面包基本不相关，但在这里我仍希望简单阐述一下。

蛋白霜、天使蛋糕、大纳言（在打发的蛋白中填入红豆馅料，是很受欢迎的伴手礼）等糕点，都用到了蛋白的起泡性。

打发蛋白时，需要注意的是，比起新鲜的鸡蛋，稍微放置了一段时间的鸡蛋，起泡性更好。这是因为没有什么起泡性的浓蛋白，会随着鸡蛋鲜度的降低而减少，变成起泡性能良好的稀蛋白。但另一方面，稀蛋白太多的鸡蛋，气泡会较为粗糙，安定性也不好。

蛋白中只要加入牛奶、蛋黄等带有一些油脂的物质，即使只有一点点，起泡性也会明显减弱。蛋白起泡性在温度 21~25℃，pH4.6~4.9（等电点）时达到最佳。起泡性跟副材料的关系是，加入食盐时起泡性降低，加入砂糖时起泡性增强，变成较为结实的状态。柠檬、柠檬酸也能使气泡变得安定（表 1–24）。

关于蛋白的起泡性如上所述，而全蛋的起泡性，开始是由蛋白发挥作用，接着蛋黄会分散乳化，用较轻的搅拌使大气泡分散成厚且强韧的安定小气泡。全蛋的气泡内脂肪粒子较小，以乳化力较强的脂蛋白为主体，即使受热也相对稳定。合适的温度和 pH 以及副材料对其起泡性的影响，基本和蛋白类似，但搅拌所需时间较长。而最终因起泡性导致的膨胀，蛋白是 7 倍，全蛋是 5 倍左右。

<表 1-24> 影响蛋白起泡的种种原因

主要原因	蛋白起泡		
	起泡性	硬度	安定性
搅拌不足、搅拌过度	●	●	●
55℃以上的杀菌	●	●	●
水	○	●	●
柠檬汁、酒石酸钾	○	○	○
砂糖	●	○	○
蛋黄	●	●	●
牛奶	●	●	●
动物性、植物性油脂	●	●	●
大豆蛋白系起泡剂	○	●	●
植物性胶	○	△	○

○增加　●减少　△不变（引自黑田南海雄的演讲）

◆ **新鲜鸡蛋的判断方法**

由于其构造，鸡蛋在生鲜食品中是比较少见的、具有良好贮存性的食品。从构造机能来看：

①蛋白中的糖蛋白——卵类黏蛋白，起到了抑制微生物的消化酶胰蛋白的作用；

②溶菌酶（G1 球蛋白）具有溶菌作用；

③蛋白中的抗生物素蛋白，能够与微生物繁殖所需的必要维生素、生物素等相结合，从而降低其繁殖活性。

但也因此让人觉得鸡蛋易于保存，从而造成其流通时间变长。那么，究竟产出后多少天的蛋能算新鲜蛋呢？这个时间长短跟存放温度有很大关系。温度

2℃的话为 100 天，5℃为 90 天，25℃的话则为 18 天左右。

　　蛋在新鲜时，能表示其鲜度的指标是哈氏单位（Haugh unit）。哈式单位值是测出浓蛋白的高度和蛋的重量，再根据某个公式计算出的对应数值。刚产出的蛋的哈氏单位值在 90 左右，在美国，这一数值在 60 以上的蛋被归为 A 级。

　　蛋黄指数（蛋黄高度和蛋黄直径的比值）也与蛋的存放天数相关——随着时间的延长，数值会越来越小。但最能明确表现存放天数的，还是哈氏单位。不过在遗传上就拥有良好哈氏单位值的鸡种，随着年龄增长，其数值会变低，这是鲜度之外的因素对哈氏单位的影响。针对这一问题，最近有研究证实，通过限制饲料供应法，在不影响产蛋成效及饲料转化率的同时，可以一定程度上抑制由于年龄增长导致的哈氏单位低下。

　　其他用来判断鸡蛋鲜度的方法还有很多。比如把鸡蛋拿在手里，观察蛋壳表面是否光滑。越光滑说明蛋越不新鲜，而有凹凸的粗糙表面则说明是新鲜蛋。

　　另外，还可以透过灯光等光线来观察蛋，气室变大、蛋黄的位置无法固定，以及有裂纹、有霉斑的蛋就要多注意了。这个方法一般被称为光照鉴别法。

　　除此之外，还有比重鉴别法，新鲜蛋的比重为 1.08 左右，蛋放置得越久，比重会越轻。用比重 1.02 的食盐水（浓度 6% 的盐水相当于比重 1.027）进行实验，如果蛋在食盐水中漂浮，基本能够判定其气室已经变大，近乎腐败了。（比重鉴别法，参照图 1–10）

　　另外，观察气室的大小，打开鸡蛋观察蛋白及蛋黄的隆起部分也是判断的方法，还有检测一般生菌数、特殊细菌等判断方法。

　　鸡蛋得以保持新鲜度，是由于蛋黄被系带和浓蛋白的力量固定在了中心位置，而浓蛋白水样化是由于酶的作用。酶是随 pH 的上升发生作用的，因此防止蛋白中的二氧化碳挥发是保鲜的有效方法，其中以下两个方式最为人所熟知：

检查鸡蛋——不仅检查不良品，也会严格检查鸡蛋性状

①蛋壳表面涂上液体石蜡或水玻璃等；

②在二氧化碳中贮存。

◆ **便利的蛋制品**

敲开蛋壳会有点费事，而且常会有些意外发生，如果打入了腐败的鸡蛋，那之前打的所有的好鸡蛋也就都不能用了。

为了提高效率，也减少损耗风险，蛋制品应运而生。现在，常用的蛋制品有以下几种：冰蛋、液蛋、干燥蛋以及浓缩蛋，而每一种又有全蛋、蛋白、蛋黄的不同分类供选择。

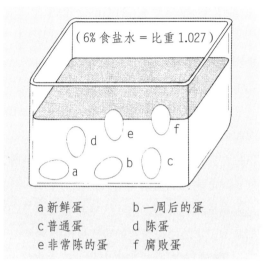

< 图 1-10 > 判断鸡蛋鲜度的比重鉴别法

冰蛋

把液蛋冷冻，在零下 15℃的环境下保存以及流通的蛋制品。冰蛋的贮藏性高，日本最近从中国、澳大利亚进口较多。

冰蛋的缺点是，若是其他国家产的蛋，比起日本蛋种，蛋黄的颜色以及蛋白和蛋黄的比例等有极大不同，需要十分注意。另外，冷冻后蛋白的起泡性、气泡的安定性会变低，蛋黄会发生凝胶现象，使液体部分变少。

因此，可以加入食盐、砂糖来防止蛋黄的凝胶化。而且在使用冰全蛋时，只要将蛋白和蛋黄充分混合，蛋白就能起到稀释蛋黄的作用，也可以一定程度上防止蛋黄的凝胶化。由于冷冻导致的起泡性和安定性降低的问题，可以通过使用乳化剂解决。

冰蛋的解冻方法对品质有很大影响。最好的解冻方法是放在流水下进行。另外，无论怎么做，冰全蛋内比重较轻的蛋黄都会浮在上部，而蛋白沉底。所以，使用前需要将其上下混合。

液蛋

对使用者来说，这是最便利的蛋制品了，但缺点是保存期限短。液体蛋白作为生产蛋黄酱的副产品，本来产量是最多的。但近年来由于混合制品、香肠等食品生产需求的增多，供应量也开始略有不足。

干燥蛋

将液蛋进行干燥处理，大大提高了贮藏性的蛋制品。目前大部分制品均采用喷雾干燥。在全蛋、蛋白、蛋黄的干燥制品中，干燥蛋白是最为常见的。

干燥蛋的优点是贮藏性强、水分少、便于运输，也很卫生。但缺点是加工时比较费事，起泡性和乳化力也不佳。但最近干燥蛋的品质不断优化，日益受到业界瞩目。

浓缩蛋

这是蛋制品中的最新品种，成功克服了其他蛋制品的缺点，也很好地维持了蛋的起泡性和乳化力。制作上基本采取低温浓缩的方式，减少了蛋白质变性。同时通过加入糖分抑制了水分活性，从而提高了保存性能。

敲蛋工厂——洗净并杀菌的鸡蛋在这里被敲开取蛋液，机器也会每隔 2 小时进行清洁消毒

◎**低油糖面包的配方**

法式面包的配方被称为低油糖（Lean）配方，布里欧修的配方被称为高油糖（Rich）配方。前者是源于英语 Lean 的原意（瘦的、贫弱的、无脂肪的），是指面包制作中，砂糖、油脂、鸡蛋等副材料的使用比例低。而相反的，后者源于英语 Rich 的原意（富有的，有钱的，润泽的），指的是面包制作中，砂糖、油脂、鸡蛋等副材料的使用比例高。

说到高级面包，高油糖的面包一般指使用了大量高价原材料的面包，低油糖则是指只使用了小麦粉和盐，制作中使用普通的原材料但需要高度的技术实力来制作的面包。

八、乳制品

乳制品被用作副材料的理由是：强化营养，优化口味和香气，增强发酵耐性，优化上色，防止老化。但也有缺点，乳制品在搅拌时会增加搅拌时间，延缓发酵，使面团松弛，抑制膨胀。奶粉中含有缩减面包体积的成分，如谷氨酰胺、脯氨酸、非极性氨基酸等，它们进入面团结构中，阻碍原先的面筋结构网络继续形成。但这个缺点在慢慢被改良，市面上还出现了专为面包制作开发的乳制品。

虽然所有原材料都有这样或那样影响产品品质的特性，但乳制品格外显著，使用适合面包制作和不适合面包制作的乳制品，制作出来的面包差距会特别大。所以，在制作面包时需要谨慎选择乳制品。

◆ 使用脱脂奶粉制作时

很多乳制品都会被用在面包制作中，其中脱脂奶粉的使用是最多的。我在这里，列举出了一些使用脱脂奶粉时的注意点以及面团特性和成品特征。

①首先是脱脂奶粉的选择。国产还是进口以及制造商的不同，导致对面包制作的适应性也不同。使用大豆制作的脱脂奶粉替代品、乳清粉等产品时，也要首先确认其对面包制作的适应性。

②脱脂奶粉在称量后，要先与砂糖和小麦粉混合，直接溶于水的话容易结块。脱脂奶粉长时间暴露在空气中，会吸入空气中的水汽，并且发生变性和霉变。

③配方水量需根据脱脂奶粉的配方量相应增加，但实际上差别并不大。

④面团搅拌的时间会变长。

⑤发酵会适当延缓，面团会变得松弛且柔软。因此需要增加氧化剂的用量，面团温度、发酵室的温度要相应上升，或者延长发酵的时间。不过，这种松弛的现象，也可以在发酵耐性、加工耐性上成为优点被活用。

⑥面团 pH 会因脱脂奶粉的缓冲作用而不易降低，面包的 pH 也会适当提高。pH 高的面团，发酵风味就会稍欠一些。

⑦成品的表皮颜色、光泽都会更好，味道和香气也会有所提升，营养价值也变得更丰富了。同时，奶粉有一定的保水力，能够延缓面包的老化。烘烤性佳是其最大的特点。

当使用牛奶、炼乳等乳制品作为副材料时，也必须注意。需要牛奶和脱脂奶粉替换时，务必注意牛奶的固形部分在 12% 左右，再加以计算。在欧洲，为了减缓酵母的味道，在面包酵母用量较大的制品里，打面时大多会用到牛奶。

◆ 奈良时代的乳制品

在古代西欧，牛奶是供奉神明的供品。在古希腊，牛被认为是"月神的圣兽"，白色的牛产出的奶被用来奉神。古罗马视公牛为圣兽，加以崇拜。在古埃及，最有名的就是埃及艳后用牛奶沐浴的传说。那时，牛奶除了用来饮用，也用来洗脸。在古印度和中国，也有牛奶和多种乳制品被广泛食用的时期。

在日本，乳制品最初被当作药和营养剂使用。7 世纪孝德天皇时期就有这样的记录。之后，奈良时代出现了与奶酪和酸奶相近的制品，想必那时乳制品已相当普及了。但是，之后就基本没有相关记载了。乳制品再次摆上日本人的餐桌是明治维新之后的事了。明治政府为了普及乳制品花费了不少工夫。但其完全进入人们的生活是在二战之后，这应该与面包的发展有深厚的关系。

◆ 何谓牛奶？

从奶牛身体里直接挤取出来的奶被称为"生奶"。生奶经过杀菌，放入瓶子或者纸质容器内，就变成了"牛奶"。牛奶，完全以生奶为原料，不能添加生奶以外的其他原料，当然，也不能添加水。现在市售的牛奶都经过杀菌，但不是灭菌，所以还是要尽量趁着新鲜食用。

牛奶处理的三大原则是：清洁、低温、迅速。

牛奶的成分

牛奶的营养价值非常丰富。其内容物中，脂肪占 3% 以上，非脂肪固形成分占 8% 以上，这其中蛋白质约占 3%，主要为酪蛋白、乳清蛋白和乳球蛋白。其氨基酸的构成也达到了平衡。

在构成脂肪的脂肪酸里，挥发性脂肪酸、低级饱和脂肪酸较多，不饱和脂肪酸较少。这些粒子非常微小，以乳化的状态存在，比较容易被消化和吸收。牛奶还富含脂溶性维生素，有维生素 A、维生素 E、维生素 B_2。

牛奶中含有的碳水化合物主要为乳糖，乳糖酶可以将其分解成半乳糖和葡萄糖。不过面包面团中不含有这种酶，所以乳糖会留存在面包中。因此，添加了牛奶和乳制品的面包，上色良好，也有特有的甜味。

◆ **关于各种乳制品**

牛奶

牛奶是经过加工和杀菌处理的饮用奶。与生奶相比，经过加热或均质化处理的牛奶更易于吸收，但维生素 C 等会因为杀菌处理而显著减少。杀菌法的种类中，有低温长时间杀菌法（63℃，30 分）、高温短时杀菌法（HTST，72℃，15 秒）、超高温瞬时杀菌法（UHT，135℃，2 秒），此外还有灭菌法（110℃，30 分）等。高温短时杀菌和超高温瞬时杀菌等短时间杀菌法对维生素的破坏较小，牛奶风味也较好。目前市场上销售的多为超高温杀菌奶。

奶粉

目前市场上既有将牛奶直接浓缩、干燥而成的全脂奶粉，也有从牛奶中脱去脂肪后，再将剩下的成分干燥制成粉末的脱脂奶粉。往全脂奶粉中添加 10 倍的水，在营养和口味上，能够复原出近似原始牛奶的状态。

脱脂奶粉的保存性能优良，产量也很大，在面包制作中经常被使用。脱脂奶粉一般通过喷雾干燥低温处理，但面包制作中，使用高温处理的干燥制品更佳。最近，高温干燥奶粉，也就是经过了加热处理的制品被生产出来了，特别适合用来制作面包。奶粉的营养价值和生奶相比基本没有变化，而且其乳蛋白

◎灭菌和消毒

　　从微生物学角度看，根据灭杀程度不同，杀菌操作分为灭菌和消毒。灭菌指的是，将目标物内含有或附着的全部微生物，无论是否病原微生物，都完全杀灭，使其达到无菌状态。

　　消毒原来是防疫上的概念用语，目的是完全杀灭目标物中含有或附着的病原微生物，防止其对人类的感染。这种情况也会残留对健康没有危害的非病原微生物。牛奶或肉制品等生鲜食材进行的大致范围的杀菌，本质上归属于消毒的范畴。

烘焙小贴士

中的凝乳更利于消化。但维生素 A、维生素 B_1、维生素 C 等有一定程度的减少。使用脱脂奶粉时，只是不含有脂肪和脂溶性维生素，但牛奶中的其他成分都还在。一般情况下，因为低水分的原因，奶粉的保存不会有什么问题，但在湿气重的地方开封，奶粉容易吸湿结块，导致霉菌和细菌的繁殖，容易腐败。所以尽量在阴凉、清洁的地方密封保存奶粉，开封后要尽快使用。

炼乳

　　将牛奶浓缩至其 1/3~1/2 而成的乳制品，有加糖和无糖两种。加糖炼乳还分为全脂和脱脂两种，加糖的比例大约是 40% 以上的蔗糖。水分活度在 0.89 以下，使细菌无法繁殖发育。而且，由于加糖后加热浓缩的关系，炼乳中会产生少量的类黑精，展现出浓郁的风味和抗氧化性。当希望在面包内充分体现乳制品风味时，炼乳是最好的选择。无糖炼乳由于不能期待因渗透压达到防腐效果，因此封罐后会在 118℃ 的环境下，对其高温杀菌 15~20 分钟。炼乳更易消化吸收，而且除了维生素以外的营养价值与牛奶基本无异。只是经过高温长时间的加热处理，炼乳会有蛋白质变性和维生素损失的问题。

奶酪

　　奶酪的种类、制法根据国家和地域的不同而不同，目前市面上共有超过 500 种奶酪。奶酪分为天然奶酪和加工奶酪，天然奶酪是在牛奶中添加乳酸菌和凝乳酶（从小牛胃中提取），使其凝固、发酵、熟成而成的。加工奶酪是一种到多种天然奶酪，经调和、加热、杀菌、乳化混合而成，并进行密封包装以增强保存性。产地以新西兰、丹麦、荷兰、瑞士最为有名，日本则主要在北海道和关东地区进行生产及再加工。

鲜奶油

以提升面包的风味和香气、延缓老化为目的，鲜奶油最近用在很多高级吐司中。在日本，鲜奶油的规格是脂肪含量在 18% 以上。咖啡用低脂鲜奶油的脂肪含量在 18%~20%，打发用鲜奶油的脂肪含量为 35% 以上，而西点中大多使用脂肪含量 47% 以上的鲜奶油。

酸奶

本来在面包制作中并不算常用，但因受西点的影响，面包也开始追求清爽风味，酸奶因此开始用于面包制作。就营养价值而言，酸奶富含乳蛋白、矿物质、维生素，特别是蛋白质经过乳酸菌中的酶分解后，更利于消化吸收。酸奶大多是在脱脂奶或者脱脂奶粉溶化的液体中培养乳酸菌，使之凝固而成的产品。

◆ 贮藏时需要低温和密封容器

牛奶、鲜奶油、炼乳等乳制品在新鲜时风味非常好，香气也很足，但它们非常容易腐败变质，并且容易吸收周围的味道而产生异味。因此，必须将其冷藏，并且放在密封的容器内，以防吸附异味。奶粉因为含的水分较少，在贮藏中容易吸湿而结块，进而发霉腐败，所以需要避免开封后裸露放置。

◎烘焙百分比是什么？

通常，我们在学校学到的百分比是将全体相加为百分之百。但是，在面包业使用的烘焙百分比，与一般百分比不同。它是以配方中的小麦粉用量为 100%，其他原料的用量都是相对小麦粉用量而言，比如砂糖 6%、食盐 2%、油脂 5%、水 65%，以此形式来表示，总量合计为 178%，远高于 100%。

烘焙小贴士

这个方法便于制作者预想制品的甜度、咸度等口味，也是变更口味、调整品质时不可缺少的表示方法。有些烘焙店，习惯通过每天的面团搅拌量来进行配方管理，但请试着用烘焙百分比的方式来表示全部的配方，并进行比较。令人意外的是，砂糖用量只有 1% 不同的面团，就能在许多地方看出配方上的差异。

九、水

独立开店时，必须注意的事项多得让人头昏眼花。在这之中，最容易被遗漏的就是对水质的检查。不适合饮用的水不在讨论的范围，但就算适合饮用的水，也有不适合制作面包的。当然，日本的水质比起他国的更为优良，不适合制作面包的水应该也少。但令人意外的是，最适合制作面包的水真是少之又少，即使只以硬度为标准，大部分也直逼下限。将水调整成适合制作面包的质量，是酵母营养剂的任务。无论怎样，水作为面包制作的基本原料非常重要，在使用的时候，切实地了解其性状显得尤为必要。

◆ 面包制作中不可或缺的水

搅拌的时候，首先要用一部分水溶解酵母，剩下的水溶化砂糖、盐、奶粉。接着加入小麦粉，混合搅拌。麦谷蛋白和醇溶蛋白因为有水的存在，形成了面筋。这时，能够自由地调节面团的硬度和温度，就是水存在的意义。面包酵母，以溶解在水中的糖分为营养源，在面团中发挥了重要的作用。酶也在糖和氨基酸溶于水中后开始发生作用。烘烤过程中，淀粉的膨润和糊化也需要水的助力。在这样的面包制作工程中，水的存在是一切发生的大前提。

◆ **硬质面团和软质面团**

在搅拌时，最难掌控的是面团的硬度，也就是对最合适吸水量的判断。制作面包的种类不同，面团的硬度也不同。配方、搅拌程度、发酵时间、机械设备等不同，面团最合适的硬度也会发生改变。制作出好面包需要很多条件，在其中尤为重要的就是面团的硬度。

面团的吸水量，对与面包制作相关的方面，如操作性、制品的柔软度、老化的快慢，都有很大的影响。与吸水相关的更详细的内容会在"搅拌"部分进行讲解，这里仅将吸水过多、吸水过少的面团对制品的影响整理在表1–25。

<表1–25> 吸水量及其影响

项目		吸水过少	吸水适量	吸水过多
面团	搅拌	• 时间缩短 • 面团温度容易上升	操作性良好	• 时间拉长 • 面团温度上升较少
	发酵	• 面团易切断，不容易揉圆	操作性良好	• 面团会粘连，操作性不佳 • 需要大量手粉
成品		• 出品率降低 • 体积小 • 面包缺乏水分，干燥 • 老化加速 • 形状不均匀	外观、内部、口感、保存性都良好	• 面包水分多，口感差（粘牙） • 气泡呈圆形，气泡膜厚 • 体积小 • 形状不均匀 • 容易发霉

◆ **水的成分和制作面包时展现的特性**

水与空气，对生物来说都是很重要的物质。在大自然中，水以雨水、海水、地下水、水蒸气、冰等形式存在。在标准大气压下，水的冰点是0℃，沸点是100℃，这个温度是固定的。一眼看去，水无色透明，都是一样的物质，但其实成分、特性都有非常大的不同。

1.面包用水的硬度

制作面包时，特别需要注意的就是水的硬度，它可以表示什么程度的水是硬水，什么程度的水是软水。日本自来水协会的"上水实验方法"，对水的硬度做出了如下定义：

"水的硬度，即水中钙离子和镁离子的含量，换算成相对应的碳酸钙的含量，并用 ppm 来表示"。1ppm 代表水中碳酸钙含量为 1mg/L。

以前的硬度表示法有：美国硬度、德国硬度及其他。即使都是 1 硬度单位，由于表示方法不同，数值也完全不一样。从 1950 年开始，日本也开始采用以国际标示法为基准，如上述定义的统一标示。

以往的硬度单位与现行标示法的比较如下：1 德国硬度 =17.85mg/L，1 法国硬度 =10.00mg/L，1 英国硬度 =14.29mg/L，1 美国硬度 =1.00mg/L。

关于硬水这一说法的由来，有说法是"洗手时，使手的皮肤变硬的水""煮豆子时，使豆子变硬的水"。与之相反，"使皮肤变得光滑柔软的水"就是软水。广为人知的加茂川的水就是软水，使京都美人的皮肤变得美丽有光泽。

像这样关于硬水和软水的说法我们经常听到，那到底达到什么数值是软水，又从什么数值开始是硬水呢？在世界上也并没有通用的数值基准。这两个人们习惯性使用的词汇，根据国家的不同，含义也有非常大的差异。在这里，分享一下日本，德国以及 WHO（世界卫生组织）的基准。

日本

软水：100mg/L 以下

中硬水：100~150mg/L

硬水：150~200mg/L

超硬水：200mg/L 以上

德国

软水：179mg/L 以下

中硬水：179~358mg/L

硬水：358mg/L 以上

WHO

软水：60mg/L 以下

中硬水：60~120mg/L

硬水：120~180mg/L

超硬水：180mg/L 以上

从德国的自来水硬度分布来看，中位值 179~358mg/L 的水占 41%，软水占 20%，硬水占 27%。软水、硬水这两个词汇，还是相对比较容易区分使用的。

日本 86% 以上的自来水都是 54mg/L 以下的硬度。适合制作面包的水硬度是多少虽不能一概而论，但一般认为用稍硬一点的水较好，数值大概在 40~120mg/L。在此范围内，硬度稍高一些的水，面包制作性良好，成品与预期的偏差也不会很大。表 1-26 展示了使用软水或硬水时面团及面包发生的现象及对策。

日本水的硬度大多集中在 50mg/L 左右，因此酵母营养剂内基本会添加碳酸钙、硫酸钙用来调节硬度。选择酵母营养剂的时候，要先了解水的硬度，尤其是新设工厂时，这是非常必要的操作。尽可能定期检查水质也非常重要，特别是使用井水的工厂，要考虑水质发生变化的可能，一定要进行定期的检查。

<表 1-26> 使用软水或硬水时的现象和对策（面包面团中）

使用的水	软水	稍硬的水	硬水
现象	• 面筋软化，酶的作用活跃，面团粘连黏手 • 操作性差 • 成品有湿重感	发酵顺利且操作性良好，成品状态也良好	• 面筋硬化 • 面团易切断 • 发酵迟缓 • 成品较脆且易干燥 • 老化迅速
对策	• 增加食盐用量 • 增加硫酸钙、碳酸钙		• 增加面包酵母 • 增加用水量 • 提高面团温度、发酵室温度

2. 暂时硬水和永久硬水

水里含有的钙和镁，以碳酸盐和硫酸盐的形式存在。其中的碳酸盐经过加热会发生沉淀从而被除去，因此含有碳酸盐的硬水被称为暂时硬水。但含有硫酸盐的水就算沸腾了也不会软化，只能通过蒸馏或加入软化剂，这样的水被称为永久硬水。

3. 水的 pH

pH（氢离子浓度）在面包制作中，是极具参考意义的数值。原材料的 pH、中种的 pH、面团的 pH、面包的 pH，通过它们的数值能有很多想象的空间。在面包制作中用的水，一般是弱酸性的水（pH5.2~5.6）较好。不太建议使用碱性过强或者酸性过强的水。水的 pH 主要影响面包酵母的活性、乳酸菌的作用、酶的作用和面筋的物理性状。表 1-27 展示了 pH 高低对面团及面包的影响，以及对应的办法。

<表 1-27> 水的 pH 导致的现象以及对策（面包面团中）

水的 pH	酸性	弱酸性（pH5.2~5.6）	碱性
现象	面筋溶解，面团易断裂*	面包酵母活跃，酶的作用明显。收缩面团适度，操作性优化，出品良好	酵母活性受损，面筋的氧化被妨碍
对策	通过离子交换树脂过滤搅拌用水，去除酸性		添加醋

*只用一般的自来水的话不会发生这种情况。

◆ **为何果酱不会发霉？**

　　说起过去保存食品的方法，人们立刻会想起鱼干、葡萄干、葫芦干、萝卜干，以及糖渍或盐渍的贮藏品——果酱、压缩饼干等。无论是哪一种，水分都很少，即使有，也以浓缩液体的形式存在。

　　食品中的水分为自由水和结合水，结合水会和蛋白质及糖紧密结合，在性质上和自由水有很大不同。也就是说，结合水 0℃ 也不会冻结，更不会以溶媒的形式存在。因此，细菌、霉菌不能利用它，它是与腐败无关的水。

　　而相反，自由水 0℃ 会冻结，并且会作为溶媒活动。自由水过多的情况下，微生物的活动比较活跃，酶的分解作用也能被利用，食物的腐败就会加速发生。当考量食品的保存性和微生物的生长条件问题时，用结合水和自由水一起的水

◎酒和水

　　美酒和水就好像发酵面包和无发酵面包的关系。我们是不是都有发酵面包比无发酵面包更美味的误解呢？就跟酒和水的美味不同一样，无发酵的馕、薄煎饼、墨西哥玉米饼也有不同于发酵面包的美味。若能在已经品种繁多的烘焙店中，让客人品尝到这些完全不同的面包风味，应该更能提升店铺的魅力。

烘焙小贴士

量来判断就比较困难，最近基本都使用水分活度（AW）的数值来判断。

水分活度的定义是，食品进入密闭容器的蒸气压 P 和相同温度下纯水的蒸气压 P_0 的比值，即 P/P_0。当水作为食品时，它的蒸气压 P 和 P_0 相同，$P/P_0=1$。一般的食品不仅仅只含水，因此 P 肯定比 P_0 要小。微生物能够繁殖的水分活度，一般细菌的最小值为 0.90，酵母为 0.88，霉菌为 0.80。因此，食品水分活度在 0.70~0.75 时，细菌和霉菌基本无法繁殖，食品也不会腐败，能够得以保存。

◆ 何谓"自来水"？

饮用水判定标准对"大肠杆菌检测"和"一般细菌数"有如下规定：在大肠杆菌检测中，任选 5 份检体（每份 10ml），均为阴性，或者 50 份以上检体，阳性的概率不超过 10%。一般细菌数则规定 1ml 检体中的细菌数不能超过 100。水道法（1957 年 6 月 15 日）第一章第四条，阐述了自来水的水质基准，通过自来水管供给的水，必须符合以下要求：

①不含被病原体生物污染，或者疑似被病原体生物污染的生物以及物质；

②不含氰化物、水银以及其他有毒物质；

③不含超过容许量的铜、铁、氟、酚及其他超过容许量的物质；

④不呈现异常的碱性或者酸性；

⑤没有异味，因消毒而带有的异味除外；

⑥外观需要基本无色透明。

此外，这些条文要求的"通过自来水管供给的水"，是指从给水栓流出的水。而一旦流入储水槽，就不能称为自来水，而要作为"自来水以外的水"认定。要注意的是，自己必须知道所使用的水是"自来水"还是"自来水以外的水"。还有，水中残留的氯浓度，虽然基本没什么影响，但据其与净水厂的距离，也有不能忽视的时候。残留的氯浓度过高，也会阻碍面包酵母的活性，因此有必要确认氯浓度。

即使同样从水龙头流出的水，通过储水槽的水就不是自来水。

第二章 面包制作工程

在这一章，我将面包从面团搅拌到烘烤、冷却的所有制作工程分为 10 个阶段，并用通俗易懂的语言一个阶段一个阶段地为大家说明。先了解面包制作材料、面包制作工程，再去理解面包制作方法以及实际操作，这才算完成了面包的入门学习。未来还有很长的路要走，有更深奥更广阔的世界要探索。我们在学习中，既不能轻视技术，也不能忽视理论，就像行车的车轮一样，只有取得平衡，才能早日成为独当一面的技术人才。

一、搅拌

在目前面包制作的机械化工程中，最能展现个人技术优劣的就是搅拌。认识到这一点，并带着眼、耳、手等五官的感知能力，尽力去寻找面团的最佳状态，这是最重要的。

一点也不夸张地说，面包的好坏，搅拌工程就决定了大半。在面包制作中搅拌的意义，是将小麦粉和水混合，进而促进其结合，形成强有力的面筋，同时与淀粉和油脂形成气泡膜，能够有效保持住面包酵母产出的二氧化碳。

◆ 预先处理是关键

为了完美地完成搅拌，周全的准备工作非常必要，这包括：

①决定制作方法（要考虑制作量、机械设备、器具、劳动力、销售形式、消费者的喜好）；

②决定配方比例（面包酵母、砂糖、盐的平衡，原材料整体的平衡，售价，消费者的喜好等）；

③选择原材料（水的硬度，小麦粉的灰分量，酵母营养剂的种类、用量以及纯度，糖或其他甜味剂的种类，乳制品的种类，油脂的原料、品质等）；

④预先处理原材料。

可以说，对原材料的预先处理是关键。比如，小麦粉要过筛去除异物和结块，同时抱合足够的空气，通过这样的处理，肉眼可见小麦粉的体积就会增大 15% 左右，吸水量也能够增加（虽然现在的小麦粉基本不需要预先处理了，但对于没有添加酵母营养剂的小麦粉，过筛抱合空气对小麦粉还是会带来一定的氧化效果）。

再者，脱脂奶粉比较容易结块，也不易溶解，必须混合分散在糖或粉类中，或者提前将其完全溶解在水中。

油脂打入面团时，适度的软化非常重要，尽量避免从冰箱里取出来直接用，也要避免长时间放置在 40℃左右的环境下。

更需要注意的是，面包酵母需要事先溶化在一部分配方水中，而酵母营养剂需要提前均匀分散在小麦粉中。溶解面包酵母的水，使用的水温不能过高或者过低。

另外，使用全麦粉或者葡萄干时若预先处理，比起搅拌后再操作，随着面包种类的扩展，对成品品质带来的影响更大。

◆ 搅拌的目的

搅拌的目的主要分为以下 3 种：

①均匀地分散和混合原材料；

②往面团内打入空气；

③制作出有适度弹性和伸展性的面团。

在搅拌机中，低速搅拌的目的主要是对原材料进行分散和混合，特别是使面包酵母和酵母营养剂等微量添加物完全地分散，这是面包均匀发酵不可缺少的因素。再者就是原料重量不要超过搅拌机的动力负荷，这是为了防止搅拌最初就进入高速，从而造成原材料飞溅的损耗。

另一方面，中高速搅拌的目的是：让面团中混入空气（以面团中含有的空气为核心，来聚集面包酵母产生的二氧化碳。因此如果混入的空气较少，那气泡的数量也会较少，就会制作出气孔粗糙的面团），并制作出有适度弹性和伸展性的面团。如何将小麦粉含有的蛋白质充分有效地利用以形成面筋，同时保持面包酵母产生的二氧化碳，是制作出好面包的要点。

在搅拌工程中，低速搅拌和高速搅拌的作用是完全不同的。即使将低速搅拌的时间延长几倍，也不可能期待它与高速搅拌有相同的效果。反之，如果在工作中很急躁或太急于求成，过度使用高速搅拌的话，也是绝不可能做出好面包的。

能制作出好面包的最低的搅拌速度被称为临界速度。低于这个速度的话，也是做不出好的面团和面包来的。

在搅拌初期，如果过度地使用高速搅拌，会让小麦粉和水的接触面急剧地形成面筋，阻碍副材料溶于水中，在面团内会留下没有充分水合的部分。也有说法认为水和小麦粉能顺利混合的比例是1∶1，还有一开始只加一半小麦粉的做法。

低速搅拌所需的最短时间，与制作方法及配方有关，可以分为2分钟左右（吐司中种法主面团、波兰种主面团）和必须4分钟以上（甜面包加糖中种法主面团、吐司直接法、液种法）两种情况。

而一时成为话题的连续面包制作法，则在完全封闭的状态下，几乎不混入空气，而只是用小麦粉中含有的空气和氧化剂的作用来替代。

搅拌的目的，像之前陈述的那样，将原材料分散并均匀地混合，通过小麦粉的水合，面筋的结合也随之展开。为了达到这些效果，搅拌机本身必须带有的动作有如下3种：

①搅拌桨在搅拌缸内施与的压缩和摔打；

②拉扯、延展；

③卷入以及折叠。

当然，目前市面上销售的搅拌机基本都满足这些条件，即使是手揉，也必须有意识地带入这三个要素。这个说法反过来也成立，即全部满足这三个要素，或者只满足一部分的作业和工程，都可以称为搅拌阶段。比如丹麦酥皮的卷入操作，以及三折操作后再进行长时间的发酵。

另一方面，在过去的搅拌理论里被视为禁忌的搅拌机作用——切断、摩擦、撕裂，随着机械和化学的发展，也被渐渐导入了搅拌工程中，史蒂芬搅拌机（Stephan Mixer，3000r/min）和特威迪搅拌机（Tweedy Mixer，300r/min）就是例子。这些搅拌机的机械机构和过去的搅拌机完全不同，它们通过切断、摩擦、撕裂等方式促进原材料的尽快水合，期待氧化剂促进面筋结合的搅拌理论也能于此尽快展开。

按现在的分批间歇式系统，混合需要十几分钟到二十几分钟的搅拌机构造，对面包产业的现代化来说是很大的障碍。期待未来，搅拌机能在短时间内达到相同的效果。

◆ 搅拌的 5 个阶段

斯沃特·菲格认为，面团搅拌的过程，根据外观及物理性状可分为 5 个阶段，在日本，这种分类方式也是最常见的。所以在这里做详细介绍。

①抓取阶段（Pick-up Stage）

小麦粉、砂糖、脱脂奶粉等原材料加入水中，只是简单的混合，面团并没有形成联结，处于粘黏的状态，材料分布不均，无论哪一个部分都很容易被抓取分离。

②去水阶段（Clean-up Stage）

进入这个阶段，搅拌机就可以从低速切换到中速。小麦粉等材料抱合水分，终于形成了带有连接力的面团。面团成团，搅拌缸也变得干净。但是，面筋之间的结合还较少，将面团撑开，面筋的膜还很厚，切口呈现粗糙破碎的状态。

③扩展阶段（Development Stage）

随着面筋的结合、水合的进行，面团外观呈现光泽和光滑感。将面团撑展，能感受到面团已带有伸展性和连接性，同时对伸展的抵抗力也较强。面团包裹在搅拌桨上，当与搅拌缸发生接触时，会发出干涩的钝响。

完成阶段（Final Stage）

在扩展阶段的后半程，有一个状态被称为完成阶段。面团虽然挂附在搅拌桨上，但随着与搅拌缸之间的拍打，面团渐渐有黏着在缸壁再被提拉的感觉。而在搅拌缸中拍打的声音也变得较为尖锐，听起来有湿润感。

展开面团，面团很薄很光滑，并且不太粘手。这一阶段根据搅拌机的类型会有所不同，通常不过短短数十秒，能否准确地把握它，是面包制作工程中最重要的技术之一。

④过限阶段（Let-down Stage）

再继续搅拌的话，面团将变得湿黏且没有弹力，展示出异常的黏着性。撑开面团，能感受到面团完全没有抵抗力，伸展得很薄并且有流动性，会像液体一样悬垂向下。这个阶段也被称为搅拌过度阶段。

不过，如果用品质良好的小麦粉制作吐司，稍稍有点搅拌过度的话，只要在第一次发酵和第二次发酵中适当延长发酵时间，也能够制作出安定且品质优良的面包。处于过限阶段初期状态的面团，可以烘烤出内部组织较白、气孔细腻的面包。

⑤破坏阶段（Break down Stage）

实际上将面团打到这个阶段，是基本不太可能的。这个阶段的面团暗沉无光泽，完全没有弹性，非常黏着。除了物理性的损伤，对酶的破坏也非常大。

想撑开这个阶段的面团，是不太可能的。面团到了破坏阶段，也不太可能取用了，不过在这里也稍做简单介绍。

◆ 何谓最合适的搅拌？

有最合适的搅拌状态，也有搅拌不足和搅拌过度的状态。如果认为最合适的搅拌状态是一个绝对状态，那就大错特错了。根据制品、制法、配方以及发

◎基础面团法

它属于搅拌方法的一种，主要在使用高油糖配方又希望制品获得酥脆的口感时使用，别名也称为逆向搅拌法。一般的搅拌方法都是在搅拌后半期加入油脂，但是选择这个方法的话，要像制作黄油蛋糕那样，首先将油脂和砂糖搅打成奶油状，然后加入鸡蛋和乳制品，接着加入粉类，搅拌混合。面包酵母溶液则在粉类稍微混合后加入为宜。这样的话，面筋的结合得以控制在最小的限度，制品就会呈现和蛋糕一样容易咬断的口感。

烘焙小贴士

酵时间的不同，搅拌结束后最合适的面团状态也肯定是不同的。而在面包工厂里，还要加上使用机械、器具的不同，因此即使是制作相同的产品，某个工厂最合适的搅拌状态，也不一定能在其他工厂里通用。

还想特别指出的是，最合适的搅拌并不是绝对的，会因制品、制法而有许许多多的不同。能最终得到最好面包的搅拌，才是最合适的搅拌。最好面包的定义，并不是指有良好的气泡组织。如果遇到需要通过搅拌不足来呈现面包特征的情况，那搅拌不足就是这个面包最合适的搅拌状态。

无论如何，必须要等到面包最终成型和烘烤后，才能知道是否搅拌适度。但若能事先将想呈现的制品、制法、原材料，特别是小麦粉的性质（蛋白质的量和质）等考虑清楚，在一定程度上可以预想到最合适的搅拌状态。

这里必须注意的是，有人有"面团虽然好，但是成品不好"这一类的看法，但其实成品不好的话，首先要怀疑的就是面团是否有问题。

最合适的搅拌

最合适的搅拌状态如之前所述，会因面包的种类而有所不同。对于主要使用高筋粉制作松软面包的情况而言，最合适的搅拌状态是面筋抵抗力从最强到渐渐减弱，开始呈现伸展性的时候。撑开面团，会出现均匀的半透明薄膜，面团状态干爽、操作性佳，烘烤后的成品也很好。

搅拌不足

在这里，原材料混合不均匀的情况不在讨论范围。一般初学者容易在"搅拌不足"的状态就结束搅拌，这样的面团操作性不佳，面包的体积小，内部气泡膜膜质也很厚。

搅拌过度

搅拌的程度随着时代的发展不断变化，这仰仗于小麦品种的改良、制粉技术的进步、面包制作机械的发展以及面包制作技术的飞跃。比起之前，如今搅拌的时间明显地变长了。

虽说如此，但若搅拌时间过长，面团就会缺乏抵抗力（弹力），变得软塌黏手，操作性也变得很差。此外，面包的体积会变小，内部的气泡膜膜质地也会变厚，跟搅拌不足时的状态基本相近。但如果使用了优质小麦粉，搅拌稍稍过度的话，通过拉长第一次发酵和第二次发酵时间的办法，有可能在某种程度上恢复面团状态，并且成品的体积会略有增加。但也有人认为，这种方法会使面包在风味上有些欠缺（图2-1）。

搅拌过度会使面团变松弛、结合力变弱，这是因为由于机械连续操作，面筋的结合被拉扯伸展以致超过了必要的限度，从而失去了弹性，增加了黏着性。另外也要考虑到其他因素，比如酶对蛋白质和淀粉的分解、还原物质的活性化以及面筋的再分解。

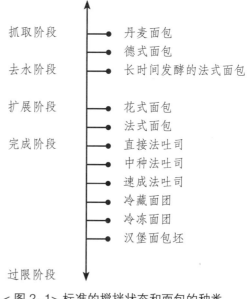

抓取阶段 —— 丹麦面包
—— 德式面包
去水阶段 —— 长时间发酵的法式面包

扩展阶段 —— 花式面包
—— 法式面包
完成阶段 —— 直接法吐司
—— 中种法吐司
—— 速成法吐司
—— 冷藏面团
—— 冷冻面团
—— 汉堡面包坯

过限阶段

< 图 2-1 > 标准的搅拌状态和面包的种类

◆ **影响搅拌时间的因素**

在搅拌面团时，每天、每次的搅拌时间都有微妙的差异。即使是相同面团在相同条件下搅拌，时间也会有所不同。对其造成影响的因素有很多，接下来我将列举其中的主要因素。

< 食盐 >

大家都知道食盐能起到紧实面筋的作用，延长搅拌时间的同时，也能提高面团的安定性。在美国，大多采用后盐法。在搅拌结束前的4~5分钟才添加食盐，可以将搅拌时间缩短20%，大约3分钟。

< 砂糖 >

砂糖能够促进面团产生伸展性，虽然一眼看去面团组织好像联结得更好了，但其实随着砂糖用量的增加，搅拌的时间也变长了。如果问大家"是不是多糖面团的搅拌时间比较长"，肯定大部分人都会认为"甜面团的搅拌时间，应该比吐司面团的更短"。

这是因为使用横型搅拌机时，就机器的回转数和搅拌桨的构造来看，随着搅拌时间的延长，比起收缩效果，伸展效果更为显著，因此可以缩短搅拌时间，这在现实操作中是很正确的方法。但是，多糖面团的面筋形成得比较慢也是事实，这是因为砂糖粒对面筋的形成有阻碍作用。

< 脱脂奶粉 >

脱脂奶粉就算在水里分散开来，也不会马上溶解。这种固体物质在面团中存在，就会延缓面筋的形成。

< 乳化剂 >

乳化剂有很多种类，不能一概而论。但一般使用的乳化剂，都会增加面团的搅拌耐性。

< 还原剂 >

最常用的还原剂是半胱氨酸和谷胱甘肽。无论是哪一种，都能缩短搅拌时间，特别是半胱氨酸，加入 0.002%~0.003% 可以缩短 30%~50% 的搅拌时间。

< 酶制剂 >

淀粉酶类在扩展阶段之前并没有突出表现，但进入扩展阶段以后，会急剧地展示其作用，能够缩短完成阶段的搅拌时间。蛋白酶类可以软化面筋，这不仅仅缩短了搅拌时间，也使之后的搅拌耐性变小。

< 小麦粉蛋白质的量与质 >

蛋白质含量多，理所当然结合的麦谷蛋白和醇溶蛋白的量也会多，搅拌时间也会长。同时，小麦蛋白质的量和最合适的搅拌速度之间有相关性。高蛋白质小麦粉适合用高速搅拌机，低蛋白质小麦粉适合用低速搅拌机，而且，蛋白质质量高的小麦粉，搅拌耐性也会增加。

< 吸水 >

面团质地软的话，我们用肉眼观察就会觉得搅拌已经充分，面团有光滑质感。但实际上，吸水越多的面团，搅拌时间也越需要拉长，最合适的搅拌的时间范围也就同时增加了。相反，较硬的面团一般搅拌结束得较快，最合适的搅拌的时间范围也随之减小。

< 中种量，中种发酵时间 >

中种比例越高，中种发酵时间越长，主面团搅拌的时间就要越短。

< 面团发酵时间 >

速成法可以相应拉长搅拌时间，长时间制法则要稍微缩短搅拌时间。

< 面团温度 >

面团温度越高，搅拌时间越短，耐性也会变小。相反面团温度低时，面团的联结变缓，搅拌时间也相应变长。

<pH>

pH 低的话，搅拌时间变短，搅拌完成阶段的范围也变小。

◆ **何谓最合适的吸水？**

吸水和搅拌相同，能做出最好面包的吸水率，被称为最合适的吸水率。它根据使用机械、器具、制法的不同而有所变化。吸水最大的问题主要是和操作性相关。

太软的面团，会引起机械性的故障。相反，如果太局限于操作性，打出过硬的面团，则问题更大（参照图 2-2）。

◆ **影响面团吸水的因素**

< 小麦粉蛋白质的质和量 >

面包用小麦粉的蛋白质含量一般在 10% 以上（面包用小麦粉被认为至少必须有 9.5% 以上的蛋白质含量），灰分相同的情况下，蛋白质越多，面团的吸水量也相应增加。

< 损伤淀粉量 >

通常情况下，面包用小麦粉大约含有 4% 的损伤淀粉，但过多的损伤淀粉会增加吸水率，进

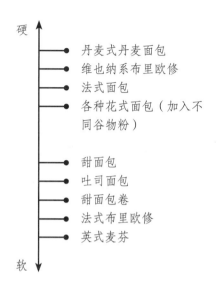

< 图 2-2> 标准的面团硬度

硬
- 丹麦式丹麦面包
- 维也纳系布里欧修
- 法式面包
- 各种花式面包（加入不同谷物粉）

- 甜面包
- 吐司面包
- 甜面包卷
- 法式布里欧修
- 英式麦芬
软

小麦粉主要成分的水合力

成分	构成比 /%	水合力
健全淀粉	60.00~70.00	0.44
损伤淀粉	3.50~4.50	2.00
蛋白质	6.00~15.00	1.10
戊聚糖	2.80~3.20	—
水溶性戊聚糖	0.56~1.32	6.30~9.20
不溶性戊聚糖	1.50~2.50	6.70~8.00

而在发酵途中多余的水就会析出，面团因此容易变得黏手且松弛疲软。如果用损伤淀粉置换健全淀粉，会增加大约 5 倍的吸水量。

< 脱脂奶粉 >

一般认为会增加与脱脂奶粉等量的吸水量，但实际上 1% 的脱脂奶粉，增加 0.6%~0.7% 的吸水量。

< 砂糖 >

使用 5% 的砂糖，会减少 1% 的吸水量。当使用液糖时，必须计算其中的水分含量，然后再求出吸水值。

< 酶制剂 >

随酶制剂添加量的增加，以及纯度和效能的增强，吸水随之减少。根据酶制剂使用种类的不同，在发酵后半程可能会出现面团变软变松弛的情况，所以在搅拌时面团需要稍微打硬一点。

< 制作方法 >

在使用相同配方的情况下，宵种法比中种法吸水少，中种法又比直接法吸水少。这是由于以酶的作用为主的面团会软化，减少吸水是必然的倾向。

< 搅拌量 >

搅拌量较少的话，开始时吸水较多，但后半程多余的水就会分离出来，因此千万不要把水加得太多。

< 熟成时间 >

熟成期长的小麦粉吸水多，这是由于在熟成过程中，小麦粉中的水分减少较多。

< 面团温度 >

面团温度越低，吸水越多；面团温度越高，吸水越少。根据小麦品质实验的结果，面团温度每变动 5℃，吸水率会有 3% 左右的增减。

◆ 配方用水的温度计算方法

制作面包时，需要注意的有温度、时间和重量。在这之中，面团温度特别需要注意。如果面团比预想的温度高，我们可有如下的办法调整：

①使用冰；

②使用冷却水；

③设置搅拌缸的冷却装置。

在这里为大家说明冷却水和温水的使用方法。

配方用水的温度和面粉温度的平均值是面团温度，在这里以 a 式导入。

但是在室温和面团温度差距很大或者搅拌量比较小，室温对搅拌影响较大的情况下，在 a 式中加入室温来计算（b 式）。实际上，这三个主因以外，影响面团温度的还有外部带来的其他能量会产生的摩擦热以及面粉吸水产生的水合热。

我们将搅拌机中混合上升的摩擦热的温度称为 Tm，将 a 式、b 式补充修正为 a′式、b′式，实际上水合热已经包含在 Tm 中。这个补充值，中种的话大概在 2.5~4.0℃（当然是室温低的冬天为 2.5℃，夏天为 4.0℃左右），主面团搅拌时会在 7~12℃，所以有时配方用水的温度会在零下。

比如，希望出面温度在 27℃，室温 25℃、粉温 23℃、预计搅拌面团上升的温度为 9℃时，

$T_w = 3 \times (27-9) - 23 - 25 = 6$

也就是说用 6℃的水搅拌比较好。另外，中种法主面团的水温计算公式如下：

$T_w = 4 \times (T_d - T_m) - T_f - T_r - T_s$（$T_s$ 为中种终点温度）

$$\frac{面粉温度(T_f) + 配方用水温度(T_w)}{2} = 面团温度（T_d）\cdots\cdots a$$

$$\frac{T_f + T_w + 室温(T_r)}{3} = T_d \cdots\cdots\cdots\cdots\cdots\cdots\cdots b$$

（加上搅拌机混合上升温度的修正式）

配方用水温度$(T_w) = 2 \times (T_d - T_m) - T_f \cdots\cdots\cdots\cdots a'$

$T_w = 3 \times (T_d - T_m) - T_f - T_r \cdots\cdots\cdots\cdots b'$

配方用水的温度计算公式

◎使用冰块的配方用水计算方法

烘焙小贴士

　　夏天，根据公式计算配方用水的温度时，经常会得到数值为负的水温。这里就为大家介绍冰块用量的计算方法。

$$冰块用量 = \frac{配方用水量 \times (自来水的温度 - 配方用水的温度计算值)}{自来水的温度 + 80℃}$$

举例：配方用水量 1000g　自来水的温度 25℃

配方用水的温度计算值 −8℃　冰块溶解热 80kcal

$$\frac{1000 \times [25-(-8)]}{25+80} = \frac{33000}{105} = 314.3$$

冰块用量：314.3g

25℃自来水的用量：1000g−314.3g=685.7g

◆　关于小麦粉的水合

　　小麦粉的成分如图 2-3 所示。图 2-4 显示的是面团加入 60% 的水后，面团中水分分布的情况。制作出美味面包的必要条件是，水合完全完成后再烘烤，因此需要注意以下事项。

　　①小麦粉的粒子越大，水合的时间越长，因此需要有相对应的发酵时间。

　　②不加食盐的面团，完成阶段会提前 2~3 分钟。这是因为面团没有收紧，水合也发生过早造成的。加入食盐的面团和砂糖用量多的面团，水合都会较慢。

　　③普通的面团，pH 越低，水合越快。

　　④软水比硬水的水合进行得更顺畅。

　　⑤加入蛋白酶等酶制剂或半胱氨酸等还原剂的面团，水合较快。

　　⑥水在粉类中均匀地分散并混合，是能够完全水合的首要条件。

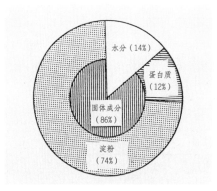

< 图 2-3> 小麦粉的成分（高筋粉）

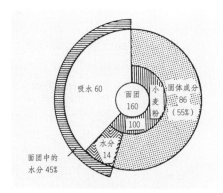

< 图 2-4> 面团中的水分比例
（面团吸水率为 60% 时）

◎ 面团出面温度

烘焙小贴士

　　直接法、速成法、中种法等制法的出面温度，乍一看似乎各不相同，但这些温度也不仅只是依靠经验得来的，而是需要遵从一定的原则。这个原则就是，无论什么面团进入烤箱时，面团温度都需要在 32℃ 左右。

　　在面包制作工程中，面团膨胀的势头最好控制在入炉后的 5~7 分钟之间，而面包酵母最活跃的状态是在 32℃ 左右。以 2 小时发酵的直接法为例，面团出面温度为 27℃，发酵 1 个小时大约上升 1℃，也就是说 2 小时后是 29℃，经过 38℃、相对湿度 85% 的环境最终发酵 40 分钟后，温度会有 3℃ 左右的上升。最终就能确保放入烤箱的面团温度是 32℃。请大家试着确认自己面团结束发酵后的温度。

◎ 知道什么是搅拌过度吗？

　　右页有一张来自日本面包技术研究所的照片，按照从左到右的顺序依次说明。

　　① 在最合适的时机停止搅拌，烘烤出来的面包体积为 2 190cm³。

　　② 在最合适的搅拌后追加低速搅拌 2 分钟，烘烤出来的面包体积为 1 839cm³（−351cm³）。

　　③ 在 ② 的基础上追加低速搅拌 2 分钟（合计低速搅拌 4 分钟），烘烤出来的面包的体积为 1 623cm³（−216cm³）。

　　④ 接着追加低速搅拌 2 分钟（合计低速搅拌 6 分钟），烘烤出的面包体积为 1 571cm³（−52cm³），也就是说，在最合适的搅拌状态后追加低速搅拌 6 分钟，

面包的体积会减少 619cm³（28.3%）。

⑤在这个面团的基础上追加高速搅拌 5 分钟，可以恢复到接近最初体积的 2 167cm³。

在最合适的搅拌状态的面团上追加低速搅拌，导致面包体积减小的现象，被称为"搅拌过度"。读者肯定会纳闷，这个知识点到底有什么用？其实我们都不知不觉进行过这项操作。比如，在面团温度过高或过低时，在面团中打入果干或者坚果时，都会出现这样的现象，虽然对面团造成的负面影响也就如此，但请一定要清楚地知道，搅拌完成后的面团，若再低速进行搅打，会导致出品的面包体积减小。所以请尽可能避免这样的操作。也不要就消极地认为葡萄干面包是因为有葡萄干的重量才会体积缩小，其实还是需要多下功夫，才能制作出理想的面包。

由于搅拌过度导致的面包品质变化

搅拌条件	① L4ML3MH4↓（油脂） L2ML3MH3	② ①+L2	③ ②+L2 （①+L4）	④ ③+L2 （①+L6）	⑤ ④+MH5 （①+L6MH5）
面包体积 （cm³）	2 190	1 839	1 623	1 571	2 167
比容积	5.60	4.56	4.01	3.85	5.56

面包制法：吐司面包，高筋粉 100%，砂糖 5%，食盐 2%，起酥油 4%，粉末麦芽精 0.3%，水 72%，维生素 C0.003%，出面温度调整到 28℃，发酵时间 20 分钟

日本面包技术研究所提供

◆ **面筋的结合**

小麦粉蛋白质的主成分——麦谷蛋白和醇溶蛋白，具有借由水分而形成面筋这个巨大分子的特性。

面筋结合的形式有 4 种：S-S 结合，盐结合，氢结合，水分子之间的氢结合。不过最近酪氨酸交叉结合也成为热议话题。这之中最重要的就是 S-S 结合，即 SS 基和 SH 基的内部转换。在麦谷蛋白和醇溶蛋白里，每隔一段空间就存在着半胱氨酸或者胱氨酸等含硫氨基酸。

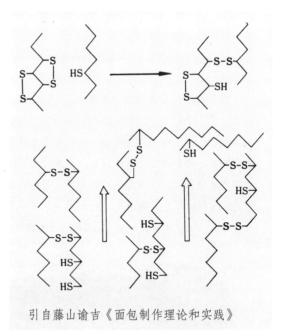

引自藤山谕吉《面包制作理论和实践》

< 图 2-5> SS 基与 SH 基的交换反应

硫被氧化形成 S-S 结合形态，或是被还原形成 SH 基的形态，面筋的强度、面团的联结也随之变化（参照图 2-5）。

过去，面团中的面筋结合，被认为是随着搅拌的进行而徐徐增加。但随着最近可视化技术的发展，往小麦粉中加水的话，能够观察到块状面筋短时间内就会形成，并分散在面团中。

搅拌面团、结合面筋指的就是，分散在面团中的块状面筋分解开，在面团中均匀地分散，并且拉伸延展。

◆ **搅拌机的种类**

现在，日本最常使用的是面向小型面包房的直立型搅拌机和面向中大型面包房的横型搅拌机。这是按照搅拌轴的构造进行分类的，垂直的被称为直立型搅拌机，水平的被称为横型搅拌机。

另外，制作法式面包使用的是安托费克斯型搅拌机（Artfex Mixer）和倾斜型搅拌机。这些搅拌机被称为面筋弱结合型搅拌机，和前面提到的两种面筋结合型搅拌机有非常明显的区别（图2-6）。

还有一种最近常用的搅拌机是螺旋型搅拌机，它以低速为主，能够制作出弹性和支撑性良好的法式面团，因此非常有人气。但制作吐司等类型的面包，容易导致面团过度使用高速搅拌或过度搅拌揉捏，所以要格外注意判断搅拌完成的时间点。

不能漏掉的还有特威迪搅拌机（Tweedy Mixer）和史蒂芬搅拌机（Stephan Mixer）。这两者是与之前的低速、高速搅拌机相对的超高速搅拌机（参见照片）。

◆ **搅拌机的注意要点**

使用直立型搅拌机时，需确认的要点是，钩型搅拌桨的直径、回转数、周边速度（=钩型搅拌桨的回转直径 × π × 回转数）、钩壁间隙，以及最重要的因素——钩型搅拌桨的形状（图2-7）。使用横型搅拌机时需确认的要点是，搅拌器的直径、长度、回转数、周边速度、钩壁间隙。

搅拌桨的型号对直立型搅拌机来说也同样重要，搅拌桨的根数是3根还是4根，形状是直线型还是曲线型，会让所形成的面团有显著的不同（图2-8）。至于最近人们热议的龙爪型搅拌桨，只要将其看作是在直立型搅拌机里加入了螺旋型搅拌机的要素即可。

钩壁间隙，是指搅拌缸和搅拌桨之间的间隙。从面团的物理性状来看，一次搅拌的面团量（搅拌机的大小）和面团的软硬之间存在最合适的数值。钩壁间隙如果太狭窄，搅拌时间就会缩短，同时切断面筋等破坏作用会变强，从而制作出没有弹力、黏稠塌陷的面团。而钩壁间隙太宽的话，面团的搅拌、伸展作用较弱，就会无端延长搅拌的时间，面团也会变得没有伸展性。

此外，之所以前文在列举确认要点时，不仅有周边速度，还将构成其要素之一的回转数单独提出来，是因为即使周边速度相同，大的搅拌机和小的搅拌机回转数也不同。对于横型搅拌机，敲打缸壁的次数也因此不同。

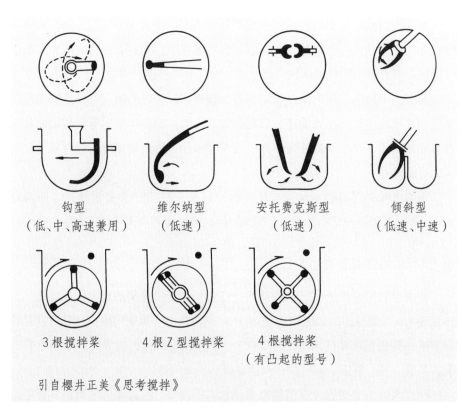

钩型
（低、中、高速兼用）

维尔纳型
（低速）

安托费克斯型
（低速）

倾斜型
（低速、中速）

3 根搅拌桨

4 根 Z 型搅拌桨

4 根搅拌桨
（有凸起的型号）

引自樱井正美《思考搅拌》

< 图 2-6> 多种搅拌机以及搅拌桨的形状

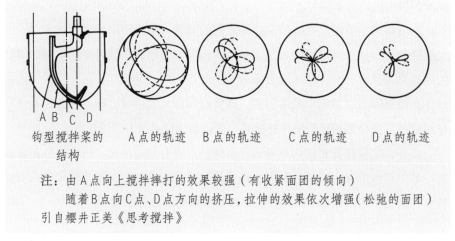

钩型搅拌桨的
结构

A 点的轨迹

B 点的轨迹

C 点的轨迹

D 点的轨迹

注：由 A 点向上搅拌摔打的效果较强（有收紧面团的倾向）
　　随着 B 点向 C 点、D 点方向的挤压，拉伸的效果依次增强（松弛的面团）
引自樱井正美《思考搅拌》

< 图 2-7> 直立型搅拌机和钩型搅拌桨的轨迹

多种多样的搅拌机

横型搅拌机

直立型搅拌机

倾斜型搅拌机

安托费克斯搅拌机

史蒂芬搅拌机

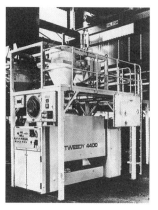

特威迪搅拌机

螺旋型搅拌机

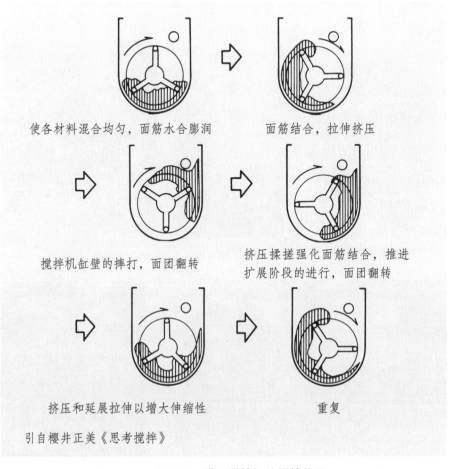

使各材料混合均匀，面筋水合膨润　　　面筋结合，拉伸挤压

搅拌机缸壁的摔打，面团翻转　　　挤压揉搓强化面筋结合，推进
　　　　　　　　　　　　　　　　扩展阶段的进行，面团翻转

挤压和延展拉伸以增大伸缩性　　　　重复

引自樱井正美《思考搅拌》

< 图 2-8> 横型搅拌机的搅拌作用

◆ **粉质曲线的判读方法**

　　粉质曲线是指，通过用布拉班德粉质仪测定面团特性而制得的曲线图，它可以反映出小麦粉的种类、吸水率以及搅拌耐性。粉质仪的揉面钵有大小两种型号，分别对应小麦粉 300g 和 50g。用滴定管向揉面钵中加水，用测力计测定搅拌刀所受的搅拌阻力，观察记录曲线图的装置，调整吸水量以让曲线的中心线顶点达到 500BU（黏度单位）。要获取从顶点开始持续 12 分钟以上的记录。

　　这个曲线的判读方法有很多，可以从上升的形状中观察面团的形成速度，从顶点时面团硬度的持续性来观察搅拌耐性等，然后用数值表现出来。

软化指数（Valorimeter Value）是指用粉质仪所附的测定板测评出的数值，这个值综合地标示了粉质曲线，是粉质测试的代表性数值。如果是高筋粉的话，吸水率、面团形成时间（Development Time）、稳定时间（Stability）的值越大，弱化曲线越平缓越好，而低筋粉反之（图2-9）。

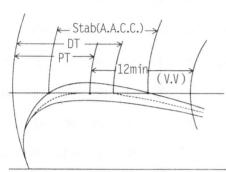

PT（Peak Time）：扩展时间
Stab（A.A.C.C）：稳定时间
V.V：软化指数
DT：面团形成时间

< 图2-9> 粉质曲线的判读方法

◎ 面团的"景色"和"表情"

　　我从入行开始，就受到前辈们的教导："要记住搅拌缸内面团的样子（景色）"，"要记住炉内膨胀良好的面团，最终发酵结束时的状态（表情）"。的确，在搅拌缸内，吐司面包、甜面包、法式面包，它们的面团都各有其特征。这源于它们的配方和吸水量等因素之间的平衡，记住这些状态，就能让调整工程成为可能。经常有运动员谈到会特意去记住理想的姿势和出击的时机，这称为"意象训练"。制作面包也是同理。记住制作出好面包时搅拌缸内的风景，记住分割、成型面团时的触感以及结束发酵时面团的状态……若能够想象出从开始到结束全程的面团感受，那作为面包师，你已经可以独当一面了。

烘焙小贴士

二、发酵

优秀的法式面包的风味和香气就来源于发酵，但在过去一段时期内，大家都认为加入许多副材料的面包才是高级品，或者才是制作美味面包的最好手段。令人欣喜的是，终于在最近出现一股风潮，大家开始重新审视来自发酵的风味和香气。

无论如何，身为发酵食品是面包最大的特征。那么，发酵究竟是指什么？又是为了什么目的而存在？无论是哪位面包师，都把发酵视为面包制作工程中最重要的一环，但同时，在实际操作中，发酵又是最难把握的，或者说因为不好处理，人们也有意回避这道工序。

其他的工程，比如搅拌等，在很大程度上是把科学研究和实践操作两者相结合，在实践操作中，可以非常积极地理解数据、利用数据。反观发酵，在科学研究和实践操作之间，总感觉没有什么联系，面包企业大多是根据自己的情况去理解发酵，相关行业也只是用自己认定的情况去定义发酵。

◈ 何谓适当的熟成？

在面包业界，适当的熟成的定义如下：

　　"面团中含量最多的淀粉，在酶的作用下被适度分解，其中一部分成为面包酵母的营养源——糖，辅助发酵的持续。同时，使面团整体的物理性，如伸展性、黏性和弹性达到良好的状态。"

　　另一方面，蛋白质也同淀粉一样在酶的作用下被分解，使面团更具伸展性，推进氧化作用。乍看虽然矛盾，但也确实同时带来了紧实面团的作用。另外，面团其他成分也同时进行酒精发酵、乳酸发酵、以其他有机酸为中心的发酵，它们所形成的复杂的芳香性物质，产生令人愉悦的香气。

　　当然，面包酵母的气体产生活跃，也需要充分具备包裹这些气体的保持力。

　　相对应的，未熟成或者比较早期的面团，就是指还未达到适当熟成的面团。过度熟成或者过头的面团，就是超过了适当熟成度的面团。这两种程度比较明显时，过度熟成的制品或者未熟成的制品会展示相似的性状。这时可以通过烧制的色泽、味道、香气来判断。

　　最终，为了制作出适当熟成的面团，各个面包制作工程都应有其适当的状态，其状态特征以70%中种法为例，在表2-1有记载。

<表2-1> 各个面包制作工程最适当时间的判断方法

项目		未熟成（快）	适当熟成	过度熟成（慢）
中种完成	面团表面	干燥且有张力	略微湿润，表面脆弱	湿润，黏手
	内部组织	细腻，气泡膜稍厚且干燥	细腻，气泡膜薄，略粘黏	粗糙，气泡膜厚，略粘黏
	抓取面团	有抵抗力，能够延展	抵抗力弱，易断	粘黏，易断
第一次发酵完成	面团表面	黏手	干燥	干燥
	揉圆时	湿重	稍微有弹力，柔软顺滑	弹力强，不容易揉圆，易断
	伸展成薄膜状	能够漂亮地伸展	气泡膜中有5~6层层次	层次厚，易切断
中间发酵完成	面团表面	弹性强，黏手	偏干，有点松弛	没有弹性，塌陷
	成型时	中央有未松弛部分，易切断	排气良好，有弹性	气体保持力弱，粘黏

　　对于烘烤完成的制品，未熟成、适当熟成以及过度熟成的制品，其外观、内部、风味、香气也有所不同（参照表2-2）。

<表2-2> 最终成品的判断方法

项目		未熟成	适当熟成	过度熟成
外观	表面颜色	颜色偏红，偏深	色泽丰富明亮，金黄褐色	颜色浅
	表面质地	厚，硬	薄，脆	断裂且底部隆起
内部组织	内部颜色	略微暗沉	白且有透明感	有透明感但暗沉
	气泡组织	气泡膜厚，呈圆形延展差	延展好，气泡膜薄且均匀	气泡膜虽薄，但不均匀且粗糙
	触感	沉重，扎实	松软，顺滑	虽然松软，但部分区域有硬块
风味，香气		寡淡，稍微有些甜味	柔软芳醇的香气，化口性好	有酸味、异味，酸气强

◆ 影响气体产生的因素

影响面团中气体产生的因素，首先是面包酵母的量和质，然后是糖的用量以及种类。此外还有酶的力量、损伤淀粉量、面团温度、面团硬度、酵母营养剂的种类和用量、食盐用量、面团 pH 等。这些因素并不是各自产生作用，而是在面团中相互交融产生二氧化碳。

比如，即使面包酵母用量很多，没有糖的配合，也只有前半段会急剧产生气体，而整体的气体产生量和用少量面包酵母时的差别并不大。

面包酵母根据其种类，可分为前半程气体产生量较强和后半程气体产生量较强，以及前后平均等产品。根据面包制法的不同，要对此巧妙地区分和利用。比如弗莱希曼（Fleischmann）的干酵母，就属于后半程发酵力较强的面包酵母，若将其用于短时间制法，就不能期待制作出良好的成品。而乐斯福公司的干酵母则与之相反。

在糖的种类和用量导致的影响上，葡萄糖和蔗糖的影响是最重要的，其次是果糖和麦芽糖。糖量和气体产生量并不是直线式的关系，糖量在 10% 以内时基本是正比的关系，而用量越多时，发酵力则越弱。含糖量少的面团里，添加氮化合物和无机盐类会有显著的效果。

是否含有淀粉酶也对无糖面团的气体产生量有重大影响，但对加糖面团来说基本没有影响。面团温度越高,发酵越快,温度每上升 1℃,发酵时间大概缩短 20 分钟。相反面团温度每降低 1℃,发酵时间就必须延长 20 分钟。酵母营养剂的种类是无机性的还是有机性的也很关键。淀粉酶活性强的酵母营养剂,在发酵后半程可以提供糖分。

在发酵前后,含有铵盐的酵母营养剂会提高面包酵母的活性。虽然不能完全不加食盐,但盐量太多也会抑制酶的作用,减少气体的产生。面团的 pH 越低,气体的产生量越多,但 pH 到了 4.0 以下,气体产生量反而会减少。

◆ 影响气体保持的因素

要想制作出理想的面包,需要面包酵母产生旺盛的气体,同时面团要有保持住气体的组织。影响气体保持力的因素中,小麦粉蛋白质的质和量是最重要的。

蛋白质的质量越好,含量越多,气体保持力就越强,但也需要适当的搅拌来达成。三等粉的蛋白质即使再多,气体保持力也比较差,低筋粉即使是一等粉,气体保持力也弱。而其他的因素也在互相作用,包括面团的氧化程度、油脂量和油脂种类、加水量、面包酵母量、乳制品、鸡蛋、糖类、食盐、酶制剂、氧化剂、面团 pH 等。

为小麦粉带来最大气体保持力的是搅拌时间,其长短会根据面包种类、小麦粉蛋白质的量、发酵时间的长短有所变化。在面团的氧化程度上,氧化程度

◎什么是醒发前排气（つっこみ）？

烘焙小贴士

去酒店系统的面包房参观时,我们经常看到从搅拌缸取出的面团会在操作台上放置 5 分钟左右,之后才会小心地折叠再转移到发酵箱内进行发酵。这种把面团静置 5 分钟再进行折叠的操作就是醒发前排气。这个操作的意义在于,让搅拌时间较短的面团通过这一步进行更好地联结,也能让容易松弛的面团加工硬化。从广义上说,这就是排气工程。排气的时间点越往前移,越能影响面团的联结状态,而往后移,则会给面团的加工硬化带来影响。这个方法能让没有添加酵母营养剂的面团形成良好的弹性。

太低的面团会比较松弛，气体就会飞散流失，而过度发酵的面团组织容易被破坏，气体保持力也变得低下。

各种油脂中，起酥油的气体保持力是最好的，色拉油等液体油脂相对较差。为了让油脂能均匀地分布于全部的面筋，至少要添加 4%~5% 的油脂。

在加水量方面，适量是最好的。但比起柔软的面团，较硬的面团气体保持力更好。虽然柔软的面团中淀粉的水合程度比较高，酶的作用也比较活跃，相对地面团物理性较差，因此也很难长时间地保持住气体。面包酵母量多的情况下，酶的力量也会同时变强，因此会呈现和大量使用酶制剂相同的现象，气体保持力会随着时间的推移而减弱。

使用乳制品时，一方面是乳制品的蛋白质和小麦粉蛋白质会产生物理性的结合，增强面团的气体保持力。但同时因缓冲作用，会减缓 pH 的降低，反而会损及面团的安定性。蛋黄中的卵磷脂有乳化剂的作用，食盐能强化面筋且抑制酶的作用，因此两者对面团的气体保持有积极作用。另外，面团温度越高，气体保持力越弱，也越不安定。

面团 pH 在 5.0~5.5 之间时，会表现最好的气体保持力，在 5.0 以下时，气体保持力会急剧下降。这是受面筋蛋白的等电点（5.0~5.5）所影响。适量添加氧化剂，也能使面筋的网状组织密集，从而增强气体保持力。被添加或因发酵生成的酸类、酒精类，能够软化面筋组织，形成伸展性良好的面团，但如果过量添加，面筋组织会弱化，造成气体保持力低下。

无论如何，气体产生力和气体保持力理应是平行进行的。哪一方过强或过弱，都不能制作出好的面包来。气体产生和保持的顶点，最理想是在面团入炉后的 7 分钟之内达到，管理好这一工程也是制作出好面包的关键。

◆ 面团在发酵中的变化

面包酵母的变化

为了能够有效地发挥面包酵母的功能，充足的水、适当的温度、pH、营养素（必要无机物）、可发酵碳水化合物都非常必要。在满足这些条件的面团中，面包酵母作用于可发酵物质，带来降低面团 pH、软化面筋等结果。

在发酵当中，面包酵母会有某种程度的成长、增殖，其用量越少，增殖率越高，用量越多，增殖率越低。同时，面团中的乳酸菌在繁殖中，也会和面包酵母争夺营养物的摄取，因此也会给发酵带来阻碍。

蛋白质的变化

小麦粉里主要含有麦谷蛋白、醇溶蛋白、球蛋白、白蛋白、蛋白胨这五种蛋白质。制作面团时，通过往小麦粉中加水、用搅拌机等机械施以混合作用，麦谷蛋白和醇溶蛋白结合形成面筋。这是面包制作工程中蛋白质发生的最重要的变化。

在发酵中，由于酵母产生气体，使面团的气泡膜伸展，因此发生 SH 基和 SS 基的交换反应。这与搅拌作用相似，所以长时间发酵的面团会需要稍微搅拌不足。

面团内含有的蛋白酶，是来自小麦粉和酶制剂，这种酶会分解蛋白质，使面团软化并增加伸展性。另一方面，在面团中，与酶作用同时进行的是氧化作用，面团由此又产生了抗张力。因此发酵中的面团内同时发生着相反的现象。

因蛋白质分解而产生的氨基酸，会和糖一起发生美拉德反应，使面包表皮呈现金黄褐色，产生面包独特的香气。氨基酸也会成为面包酵母的营养源，被加以利用。但是，用发芽小麦或者虫害麦粒来制作小麦粉的话，蛋白酶的活性会异常地强，这样的小麦粉制作出的面团黏着性强、缺乏弹性，软化也非常急剧，无法制作出正常的产品。

一般市售的小麦粉中，蛋白酶的力值基本不用在意，但由酶制剂而来的蛋白酶，其纯度、力值等，根据使用的方法不同，会给面团和成品带来很大的影响，因此必须十分注意。

淀粉的变化

面团发酵过程中，健全淀粉基本上没有什么变化，但损伤淀粉在常温下受到淀粉酶的作用，会液化以及糖化成糊精和麦芽糖(参照图2-10)。

小麦粉的损伤淀粉量，根据小麦的种类、质量、制粉条件、小麦粉等级的不同而不同，平均值在4%左右。一般损伤淀粉的量，以麦芽糖值为参考标准。

麦芽糖值是在面团发酵阶段，展示小麦粉能提供多少必要糖分的指标。调整成pH4.6~4.8的小麦粉悬浊液中，在30℃、60分钟的条件下反应产生的还原糖，以麦芽糖形式进行表示的数值。

但是这个值不仅受损伤淀粉量的影响，也会因淀粉酶活性的不同而有所改变，因此在淀粉酶的活性固定的情况下，麦芽糖值越高，损伤淀粉的量就越多。淀粉酶的活性强时，面团在搅拌

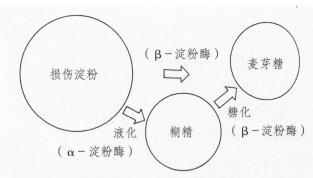

注：α - 淀粉酶在结合处随机将葡萄糖切断成 1~4 个分子。
β - 淀粉酶在同一处从顶端开始将葡萄糖每 2 分子均匀切断。

< 图 2-10> 损伤淀粉的液化、糖化

和发酵中就会将损伤淀粉液化、糖化。

健全的小麦粉中，含有充分的 β - 淀粉酶，而 α - 淀粉酶不足。如图 2-10 所示，β - 淀粉酶也能作用于一部分损伤淀粉，但不如 α - 淀粉酶那么强烈。因此，酵母营养剂中一般都会添加 α - 淀粉酶，以提高面团的伸展性，增大面包的体积，改良上色、气孔组织。作为酵母营养剂的淀粉酶，根据加入的原料差异，耐热性也会有不同，因此确认好原料性质就很必要（参见"面包制作原材料"章的表 1-8"各种 α - 淀粉酶的耐热性比较"）。

糖的变化

面团内有葡萄糖、果糖、蔗糖、麦芽糖以及一些乳糖存在，酶则有转化酶、麦芽糖酶、酒化酶群等。面包酵母含有的酶基本上都是菌体内的酶，转化酶是唯一的例外，它在菌体外发生作用，会以相当快的速度将分子量大的蔗糖分解成葡萄糖和果糖。

这些分解而来的葡萄糖和果糖，以及小麦粉中的葡萄糖，经由面包酵母内的酒化酶群的作用，分解成酒精和二氧化碳，在决定面包的风味以及外观上，发挥了重要的作用。

另一方面，来自损伤淀粉的麦芽糖，通过麦芽糖酶的作用，分解为双分子的葡萄糖，最终再生成酒精和二氧化碳。而面团中含有的来自乳制品的乳糖，

无法被面团中的酶分解，因此在发酵过程中基本上没有变化，但在烘烤阶段会发生美拉德反应和焦糖化反应，从而影响面团上色。当然，在添加了乳糖酶的面团中，它们会被分解成葡萄糖和半乳糖，也会受到酒化酶群的作用。在含有乳酸菌的面团中，经长时间发酵后，乳糖会有所减少。

所有这些糖类和酶类，并不是在搅拌一开始就同时发生作用，而是遵循一定的法则依序进行。在含有葡萄糖、果糖、蔗糖、麦芽糖的面团中，首先发生反应的是葡萄糖，而几乎同时，蔗糖被转化酶分解，生成葡萄糖和果糖。因此最开始，葡萄糖和蔗糖会暂时减少，果糖增加。接着果糖减少。反应进行2小时后，麦芽糖也通过麦芽糖酶的作用开始分解。麦芽糖发酵较为迟缓的原因是：

①葡萄糖、蔗糖的存在，会阻碍面包酵母对麦芽糖的分解作用；

②麦芽糖要通过淀粉酶的作用才能在面团中生成；

③面包酵母的麦芽糖发酵力是随着发酵的进行慢慢活化的。特别是市售酵母的麦芽糖发酵诱导期较长。

虽然糖的分解意味着直接产生二氧化碳，但将面团中的二氧化碳产生量图表化的话，会呈现一条发酵曲线。

这条发酵曲线的横轴是时间，纵轴是单位时间内的二氧化碳产生量。当然面包酵母量、糖量、酶的力量、氯化铵等氮化合物，以及面团的硬度、pH、温度等也都会导致气体产生量的变化。

面包酵母量多或面团温度高时，气体产生量的峰值就越大、到来得越早，但曲线下降也快。糖量较多时，气体产生量的峰值就越大，这个峰值保持时间也越长。pH5.0左右时，气体产生量是最多的，比pH5.0的数值高或者低时，气体产生量都会降低。

另外，残留糖是指发酵结束、进入烤箱时，残留在面团中的糖。残留糖的量越多，面包内部就越甜，表皮的上色也会更好。

面团膨胀

根据布鲁汉斯（E.M.BRUHANS）和丁.克拉普（J.CLAP）1942年提出的理论，面包酵母产生的二氧化碳，不会立刻形成面团中的气泡，而是暂时环绕住面包酵母细胞，扩散在水性悬浊液中，呈现溶液的状态。接着才会形成二氧化碳，并且在面筋薄弱处形成气泡。

pH 的降低

面团 pH 降低被认为是以下的反应所致：

①脂质的氧化；

②酒精的氧化（醋酸）；

③面包酵母形成的二氧化碳的溶解（碳酸）；

④经由乳酸菌生成的乳酸；

⑤其他由于发酵生成的酸类；

⑥酵母营养剂中氯化铵（NH_4Cl）、磷酸二氢钙（$Ca(H_2PO_4)_2$）的添加。

酸生成反应（酸发酵）

面团发酵时，来自小麦粉、面包酵母以及空气中的乳酸菌、醋酸菌、酪酸菌等，会生成各种有机酸，从而降低面团 pH。

①乳酸发酵（温度越高、糖越多就越活跃，是厌氧型发酵）

葡萄糖经由小麦粉、空气、面包酵母中含有的乳酸菌，生成乳酸，呈现舒爽的酸味。乳酸菌对于营养的需求形态与人类所需的 5 大营养素相同，可以理解为它基本就存在于人的饮食中。

②醋酸发酵（酒精越多、温度越高、氧越多则越活跃，是好氧型发酵）

酒精通过小麦粉、空气中含有的醋酸菌等生成醋酸，呈现刺激性气味。

③酪酸发酵（乳糖越多、温度越高、时间越长、水分越高则越活跃，是厌氧型发酵）

乳糖通过小麦粉、空气、乳制品中含有的酪酸菌等形成酪酸，会释放异味和异臭。

这些发酵都具有重要的意义，它们在发酵的速度上也各有不同，这同样是非常重要的关键点。这些有机酸的发酵中，乳酸较多，其次是醋酸，酪酸只有微量。这些有机酸发酵的平衡，也会因发酵时间、面团硬度、面团温度不同而有所改变。市售的酵母中据说有 $10^{6\text{-}8}$ 左右的乳酸菌加入其中。最近人们开始重新审视发酵种，未来将更积极地利用对面包制作、风味、老化有优化意义的乳酸菌，以提高面包的品质，随着研究的不断推进，相信会出现更高品质的产品。

无论如何，面团的 pH、有机酸含量都要适当。pH 太低，酸味和酸气都会过强，随之产生刺激性气味和异臭。面包所带有的独特芳香，其来源如前所述：

以乙醇为首的高级酒精和乳酸、醋酸、琥珀酸、丙酮酸、柠檬酸等有机酸，以及酯化物、羰基化合物等，它们共同形成庞大的基础，面包的香气就是由这些物质复合而来。

◆ **发酵的定义与面包**

发酵是指什么？腐败又是指什么？这两个词汇，其实指的是同一种现象。只是根据结果不同，为人类带来有益物质的被称为发酵，相反生成有害物质的被称为腐败。

无论哪一种，都是有机生物化学的学术用语，是指有机物被酵母菌等微生物中的酶分解，或因化学变化生成酒精类、有机酸类的反应。这里引用化学词典中的发酵定义：

"这个词汇在化学中没有明确定义，出处来自拉丁语的 Fervere（沸腾），指酒精发酵时自然产生气泡的化学变化。现在，一般是指经由溶液中的酵母、细菌、霉菌等微生物的作用，以糖类为主的复杂化合物发生分解，或是氧化还原反应，生成酒精、酸、酮等多种简单物质的变化，并伴随连续不断的发热和气体生成的现象。根据生成物的种类，可分为酒精发酵、醋酸发酵、乳酸发酵、酪酸发酵等。另外，发酵也可分为厌氧型和好氧型，厌氧型发酵在游离氧不存在的条件下依旧可以进行（如酒精发酵、乳酸发酵）。好氧型发酵要在游离氧存在的情况下进行（如醋酸发酵、柠檬酸发酵等）。自古以来，发酵现象就被

◎**第一发酵箱的重要性**

若被问起在零售面包房内最有必要的机械，我肯定会说第一发酵箱。它是相较于冷冻冷藏发酵箱、冷冻冰箱和压面机，更需要被优先准备好的机械。为什么零售店铺总是会省略第一发酵箱呢？我想应该是来自"做什么都能卖掉"的时代遗留下来的旧思维。无论如何，面包都是发酵食品。既然是发酵食品，那么其发酵温度和时间管理，就是关系到面包品质最重要的因素。如果我的读者中还有未设置第一发酵箱的，那么请您务必在下次的设备投资中把它列为首位吧。

烘焙小贴士

利用在面包、酒精类饮料、酱油、味增的制造中。"

以上是一般发酵指代的内容，而我们制作面包时的发酵，是指面团中的糖经由面包酵母的转化酶、麦芽糖酶、酒化酶群等作用，分解成为酒精和二氧化碳，并且由于其他多种微生物酶的复杂作用，生成各种糖、氨基酸、有机酸、酯化物，从而制作出拥有芳香气味的面团。

面团发酵的目的如下：

①通过面包酵母生成的二氧化碳，使面团膨胀；

②促进面团的氧化，优化气体保持力；

③经由酶作用、面团膨胀的物理作用、代谢物的作用等，使面团熟成；

④发酵生成的氨基酸、有机酸、酯化物汇集，为成品带来独特的风味和香气。

那么，我们来想想除了发酵，还有哪些实现发酵目的、助长其作用的方法？与目的②相当的有抗坏血酸，溴酸盐等氧化剂的使用；目的③可以通过超高速搅拌或者借助半胱氨酸等还原剂、麦芽精等实现；目的④可以通过液种发酵、酸种（酸性）面团、啤酒花种、酒种等发酵种完成。

人们利用这些取代发酵的方法的组合，开发出了比目前制法时间更短的制法，如连续面包制作法、克莱伍德法等。但即使是技术、机械以及化学方面都更精密的现在，也没有开发出超越自然发酵的方法。

但是，省力和节能也是如今企业的诉求，将来面包的制法或许会向短时间法的方向发展，不断研究发酵、了解发酵就变得更为必要了。

◆ 实践性、经验性的发酵调整方法

搅拌、发酵、成型等制作工程的推进中，最重要的就是面团整体骨架和弹性的平衡。也就是说，技术人员需要用手触碰面团并且不断调整面包制作工程，以使面团从搅拌到成型都维持在柔软顺滑且有些许弹力的状态，这确实很费心思。下面介绍一下我自己对调整方法的心得。

右图的横轴 X 代表熟成（骨架），纵轴 Y 为氧化（弹性），中间 Y=X 的直线为发酵，发酵可以通过调整配方和工程来推进。调整、促进熟成的因素有还原剂，酶制剂（蛋白酶、淀粉酶），加水量，麦芽精的种类和分量，发酵温度等。促进氧化的因素有氧化剂，酶制剂（葡萄糖氧化酶、脂肪氧化酶），面

包酵母量，发酵温度和排气等。但实际上所有的原材料、工程、作业，对哪一方都会有很大的影响。因此要调整配方的种类和用量、工程时间的长短、作业的强弱，才有可能维持理想的发酵状态，这也是技术人员需要具备的能力。

同样地，如果把中间 Y=X 的直线视为熟成，X 轴便可视为伸展性，Y 轴为抗张力。使面团软化、伸展的原材料、工程、作业为一组因素，给予面团硬化、弹性的原材料、工程、作业为另一组因素，使两组取得平衡的方法如下。

· 熟成（伸展性、骨架）：麦芽精、砂糖、脱脂奶粉、油脂、水、搅拌
· 氧化（抗张力、弹性）：面包酵母、酵母营养剂（主要为无机添加剂）、发酵时间、排气、揉圆、成型

取得平衡的面团是否就是好面团还需要探讨，但最近也常见到超出正常体积的面包。面包的体积与面包的口感、风味有密切关系，要不忘初衷地制作出适合其配方和成品体积的面包。

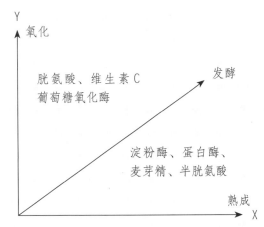

◎发酵食品在面包上的利用

　　除了面包以外，在这个世界上被称为发酵食品的还有很多。清酒、味啉、红酒、味增、酱油（白酱油）、酸奶、可尔必思等，数不胜数。这些食物能不能为面包调味或提味呢？面包制作也要考虑生产方式，我认为未来会朝短时间发酵的方向发展。乍一听好像很令人怅然，但其实对比 100 年前的酒种和啤酒花种制法，目前面包制法的时间之短令人惊讶。随着时代的发展，开发出适合这个时代生产方式和口味、口感的面包制法，是这个时代的面包技术者的使命。请大家一定试着挑战看看，但也一定不要使用过量，谨记提味的前提是无损于面包风味。

烘焙小贴士

三、最后加工

现在，在面包企业中，最需要人手的就是最后加工（装饰）、包装、分类管理这三个部门，但这些工程也正在渐渐地被机械所替代。

在手工作业中，用手感知面团的熟成情况以使烤出的面包品质稳定，在揉圆和成型阶段进行微调，都是指这个阶段。即使改成了机械作业，如果没有时常关注面团性质以调整操作，想获得品质稳定的产品也是很难的。

之前也讲到，为了制作好的面包，正确地管理温度、时间、重量是最重要的。但接下来，在之前讲述的三个因素上还要加上"机械"这一项，因此要改为新说法：为了制作出好的面包，对温度、时间、重量、机械进行正确管理，是最重要的。我们为了制作一个面包，到底要用到多少种机械，又到底要如何正确地认识和操作呢？

的确，在分工明确的企业中，了解每种机械的构造，并不是简单的事。但未来，成为面包技术人员的必要条件就是要自如熟练地使用机械，在更好地了解机械上多下功夫，以积极钻研的态度，致力于面包制作的研究。

最后加工的制程，一般是对分割、揉圆、中间发酵、成型、入模这五个工程的总称。无论处在哪一个工程，最重要的是不要伤到面团。在分割时，正确地分割面团；在揉圆时，用适合面团物理性的强度来揉圆；在中间发酵时，避免面团干燥或过度粘连，为面团接下来的成型工程，如伸展和包覆等，做好物理耐性的准备；成型时，均匀地排气；入模时，选择合适的模具、比容积、入模方法。这些都非常地重要。

更为重要的是，这些工程都是在室温下进行的，要避免过冷或过热的场地以及过度通风的环境。综合考虑面团和操作员两者的因素，这些工程的理想温度、相对湿度大约为 26℃、65%（25~28℃，65%~70%）。

（一）分割

分割大致可分为手工分割和使用分割机的机械分割。这两者最大的区别是：手工分割是定量分割，对面团造成的损伤小；而机械分割为定容积分割，对面团造成的损伤较大。要将一批面团分割成小份，需要一定的时间。最初分割和最后分割的一个面团，在面团的熟成度、面团的比重上当然都会有差异。

定容积分割时，由于面包酵母产生气体，体积会因此增加，面团的伸展抵抗也随之增加，越是分割到后面的面团，重量就越轻，面团的损伤也就越大。

◆ 不损伤面团的方法

想制作出好的面包，需要适度的发酵，而在最后加工阶段完成成型又不伤面团，也是非常重要的。减少面团损伤的条件总括来说就是，在面包制法中，比起直接法，中种法的机械耐性更强，在搅拌时稍微搅拌过度以及让面团出面温度低一些为好。

就小麦粉而言，蛋白质含量高、质量好的为佳，吸水量也要适宜，稍微硬一点的面团损伤较小。从分割机的构造及其调整来看，比起活塞式分割机，用于分割法式面团的加压式分割机对面团的损伤更小。活塞式分割机由于活塞柱的压力大，分割重量更准确，但对面团的损伤也更大。

无论如何，为了不伤害面团，最重要的是经常观察和触摸面团，并以对面团损伤最小的状态来操作机械。

就像有句话所说的，"花草最好的肥料，是人类的关心"，若能经常关注面团的状态，就绝不会损伤面团。

◆ **分割面团的注意事项**

①在分割时，秤和分割机必须要设置正确。称量不足的后果自不必说，如果称量过多，就算是1g，日积月累也会对企业的利益造成很大的影响。

②手工分割时，基本上不会造成面团损伤，但需要注意缩短分割时间、冷却面团以及表皮张力的问题。

③机械分割时，根据分割机构造的不同，成品会有很大的变化。对面团而言，最好的选择是用于法式面包的加压式分割机。活塞式分割机，不仅对面团损伤较大，而且也经常发生分量分割不均的情况。

④将面团从分割机移动到揉圆机的过程中，要使用干燥传送装置。这不仅是为了尽量调整面团因搬运或分割机损伤而产生的水分，也能减少面团在揉圆机内的粘连。

◆ **分割机的清扫和检查**

为了提高分割机的精度以及延长分割机的使用寿命，对分割机定期上油、清扫、检测非常重要。有些英国的面包企业，会在一条生产线上准备两台分割机，每隔两小时就做一次彻底清扫。

◆ **不损伤面团的速度**

分割机的一次分割冲程，一般在12~17为佳，比这个快或者慢，都会对面团造成较大的损伤。因此分割机会有不同的分割量，以便根据生产线的能力，来调整冲程数和分割量。分割机每小时的运作能力，可以用以下的公式来进行推导：

分割机每小时的运作能力 = 分割量 × 每分钟的冲程数 × 60分钟

◆ **分割机的种类**

1. 活塞式分割机

这是在中大型企业中最普及的型号。有 2、4、5、6、8 等分割量可供自由选择（图 2-11）。

2. 法式面包用加压式分割机

将完成发酵的面团先进行大分量分割，在经过短时间的发酵后，放入定容积分割机，首先加压使面团在分割机中均匀延展，之后根据分割种类调整基盘数量，等分成 8、16、32 份。

这种加压式分割机受到瞩目的理由之一是，根据实验报告可知，施加 $5.5kg/cm^2$ 左右的压力，面团中的二氧化碳会溶入面团的水分中。而溶于面团水分的二氧化碳，会在烤箱中汽化，从而有助于面包的膨胀。也有人说如果不正确使用加压

活塞式分割机

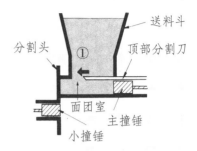

(1) 用顶部分割刀分离送料斗和面团室内的面团。

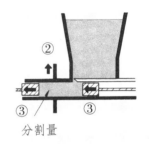

(2) 移动主撞锤和小撞锤，使面团室内的面团向分割量的空间内移动。

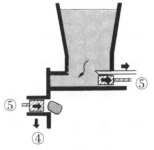

(3) 用分割头切断面团，用小撞锤将面团敲落至干燥传送带上，同时让顶部分割刀和主撞锤后退，将送料斗内的面团导入面团室。

< 图 2-11> 活塞式分割机的制程缩略图

法式面包用分割机

站立式分割揉圆机

式分割机，会导致"乱贯"（分割重量参差不齐）更加严重。在欧洲，操作人员会在加压式分割机的旁边放置与分割盘的形状相同但略小（分割盘的七八成大小）的发酵盘，这是为了让发酵面团的形状和分割盘的形状相同，防止乱贯现象的发生。

3. 小型面包用分割揉圆机

与法式面包用的加压式分割机几乎相同，可以视为是在分割机中内设了揉圆机。

4. 自动包馅机

这种由日本人发明的自动包馅整形机，能够一气呵成地完成一连串操作，包括分割、揉圆、包馅，是非常独特的机器。正如之前所述，它超越了过去在成型工程上对面团物理性的判断基准，未来也会不断地改良。作为优化面包业界生产线的有力手段，自动包馅机正受到越来越多人的瞩目。

（二）揉圆

揉圆也和分割一样，分为手工揉圆和使用揉圆机的机械揉圆。手工揉圆对面团损伤小，而机械揉圆比机械分割带来的面团损伤还要大。不过，在中间发酵的时间方面，手工揉圆需要的时间比较长，使用揉圆机的则比较短。

手工揉圆时，可以根据面团熟成的程度相应地调节揉圆的强度及所需的中间发酵时间长短，以烘烤出品质稳定的制品。比如对于过度熟成的面团，揉圆时手法应较为松弛，同时缩短中间发酵时间，对于未熟成的面团则以相反的操作来处理。

◆ **要注意手粉的用量**

这里虽然简单地用了揉圆这个词汇，但把揉圆认为是将所有面团都成型为球状那就是大错特错了。虽然是要根据面团的实际熟成度来调整，但考虑到接下来需要成型的形状，并且配合其目标形状来进行揉圆是非常重要的。比如法式面包的短棍会稍稍揉成椭圆形，长棍会揉成更长的椭圆形。而制作吐司的话，考虑到整形机的加压程度和卷折数，与其揉成球状，不如揉成橄榄球状更好。

检查揉圆机时需注意之处，有防止面团打滑的圆柱形沟槽、侧翼及二者的间隙，包覆材质的种类和状态。最需要注意的是手粉的用量。如果为了给予面团最大限度的吸水量，而在揉圆机和整形机上使用过量手粉的话，浪费是一方面，更要紧的是，与面团熟成没有关系的小麦粉卷入面团中，会使成品的风味和香气大打折扣。

另外，揉圆机本身有其机械容许的面团量，比这个量小，面团还没有揉圆就直接出来了，比这个量大，对面团本身损伤也很大。而且同样是揉圆，分割后的揉圆和成型时的揉圆，在意义和目的上也是截然不同的。所以不能漫无目的地去揉圆，而是要一边思考揉圆的目的，一边进行操作。

◆ **揉圆的目的**

揉圆的目的有 4 个：

①整理由于分割而变得杂乱的面筋结构；

②将分割后不规则的形状整理成固定的球状，方便下一步的操作；

③面团的切面有一定的黏着性，将其揉进内部，在面团表面形成薄薄的表皮以减少黏着性；

④包覆中间发酵时产生的二氧化碳，形成不使其外漏的组织结构。

◆ **防止粘黏的方法**

为了减少揉圆机内的粘黏，必须维持住面团的最合适吸水率，以及手粉的最低使用量。另外还有以下的方法可以帮助改善：

①在面团中使用乳化剂；

②维持面团最合适的发酵状态，无论是发酵不足还是发酵过度都会导致面团粘黏，特别是发酵不足的面团问题更多；

③干燥传送装置越长，面团表面的粘黏则越少；

④在揉圆机侧翼部分涂装氟层等加以改良。

◆ 无法揉圆的原因

加水少、明显过硬的面团以及发酵过度的面团，会在揉圆机内无法揉圆，另外还有以下的情况：

①手粉、分割油使用过少或过剩；

②超出了揉圆机指定的面团量范围，特别是面团量过少的时候。

◆ 揉圆机的种类

1. 伞形揉圆机

它是目前日本最常使用的型号，有适合大型面团、倾斜角度较缓的美式机，也有适合中小型面团、倾斜角度较陡的欧式机，伞形揉圆机的长处在于随着面团揉圆操作的进行，周速度会变缓，相对不会造成面团收紧过度（参照图2-12）。

2. 锥形揉圆机

和欧式伞形揉圆机相同，锥形揉圆机适用于中小尺寸的面团，而且比伞形揉圆机适用的面团量范围更广。但是随着面团揉圆工程的推进，周速度会变快，容易造成面团收紧过度，相比之下伞形揉圆机造成的面团损伤更小。

3. 输送带式揉圆机

它多在小型面包生产线上使用。在干燥传送装置上，倾斜角度较小的侧翼会对应分割机的分割量移动。相较于铁制品，它对面团造成

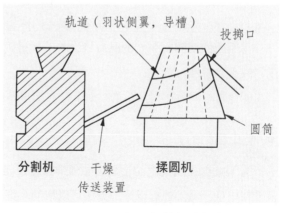

< 图 2-12 > 揉圆机的相关名称

的损伤小，并且侧翼的数量多，能够揉圆的面团数量也多。这种揉圆机优点较多，但问题在于机械需要的操作面积也大，而且由于摩擦导致输送带的温度上升，大多需要搭配冷却装置。

4. 整合型揉圆机

这是德国开发的产品，适合小型硬面团的揉圆。这个机械几乎模拟了手工揉圆的操作，在输送带上并排数列的面包卷面团，与之对应的帆布从上向下按压，进行圆周运动来揉圆面团。揉圆结束后，帆布升起，输送带往前推进，并将还未揉圆的面团推送到帆布下。之后不断重复此操作。虽然面团的损伤是最小的，但是面团的硬度和面团重量的适应范围也有限。

伞形揉圆机

（三）中间发酵（松弛醒发）

中间发酵是为了缓和由于分割和揉圆引起的加工硬化的工程。通过松弛面团来缓和结构，对不含面包酵母的面团也同样有必要，这是属于所有小麦粉面团的特性。具体来说，是通过面团的恢复、发酵、膨胀，使下一步的操作更为容易。

圆筒形揉圆机

◆ **面团大小也是重要因素**

一般认为中间发酵的条件和第一发酵箱相同：温度28~29℃，相对湿度70%，放置15~20分钟（膨胀倍率1.7~2.0）。但实际上中间发酵常在室温下进行。

大型工厂较多使用带有温湿度调节的高架发酵箱。中间发酵时的面团大小也是需考虑的重要因素。相同的面团，大面团的中间发酵时间应较长，而小面团的中间发酵时间则较短，是因为其恢复力比较快。另外，操作时也需要把成型所需的时间考虑进去。

◆ **中间发酵的目的**

中间发酵的目的有以下 3 点：

①整理面筋构造的同时，也产生适量气体，为接下来的成型工程做准备；

②缓和由于分割、揉圆而硬化的面团；

③使面团表面形成薄薄的表皮，以防止成型时出现黏着。

高架发酵箱

◆ **中间发酵箱的种类**

中间发酵箱有箱型、旋转型、传送带型、带型等，其中使用最多的是箱型和能够充分利用空间的高架发酵箱。高架发酵箱又分为带状、托盘状、杯状等，在此基础上，还有反转式和非反转式之分。

此工程最需要注意的是发酵箱的清洁。面粉浮尘以及老面团比较容易积存在机械中，引起害虫和霉菌的滋生，而且还有老面团混入新面团的风险，所以必须每天用心地清扫。

（四）成型

成型和之前的所有工程一样，分为手工成型和使用整形机的机械成型两种。和其他工程不同的是，机械成型不一定比手工成型来得差。的确，面包大师的成型工程，一定是机械成型无法比拟的，但仅就吐司面包而言，若对速度、均匀性、形状等综合而论，肯定是机械成型会更胜一筹。

如果选择手工成型，想用擀面杖快速、均匀地排气而不损伤面团，并且能够对应面团熟成度去成型，需要训练几年，甚至几十年。而在这一点上，用整形机成型时，只要找出符合这个面团恢复力的滚轴速度、输送带速度、卷链的长度和重量、展压板的高度和压力、导板的间隔等具体数据即可。不过，找出这些匹配最合适条件的数据也并不是简单的事。

◆ **成型的基本事项**

为了制作出气孔漂亮的面包，要用整形机进行适度地排气，同时不损伤面团也非常重要。面团条件和整形机的适应关系如下。

①面包制法：中种法需要的滚轴间距比直接法更小。

②吸水：柔软的面团通过狭窄的滚轴会更容易黏着，而硬的面团更容易有损伤，因此需要足够的时间进行中间发酵。

③搅拌：搅拌不足的面团容易断裂，搅拌过度的面团会稍有黏着性，也会有延展过度的倾向。搅拌过度的话，适当拉长第一次发酵的时间，会在某种程度上改善面团状态。

④面团温度：低温或高温都会使面团的操作性变差。需要兼顾和面包酵母膨胀速度的平衡，比 26~27℃稍低一些的温度是最佳的。

⑤中间发酵：时间过短的话，面团容易断裂；时间过长的话，面团容易黏在滚轴上。

⑥氧化程度：未熟成的面团在第一次发酵时比较松弛，通过整形机能够延展，但多少会有一些黏着性。而过度熟成的面团比较硬，也比较脆弱，容易被切断。

⑦酶制剂：麦芽精、蛋白酶、淀粉酶等酶制剂的过度使用，容易使面团有黏着性。

⑧面团改良剂：硬脂酰乳酸钙（CSL）、单酸甘油酯、卵磷脂等乳化剂能够缓和面团的黏着性；另外，磷酸二氢钙可以使面团干燥，提高其机械操作性。

◆ **整形机的大小以及速度**

大型生产线使用的整形机和家用的整形机，在滚轴的直径、回转数、输送带速度等参数上都有不同。那到底以什么为标准决定这些配件的大小和速度呢？在此简单叙述一下理论依据。

①伴随着生产线的大型化，面团通过滚轴的速度也需要加快。这个情况的应对方法有提高滚轴转速和扩大滚轴直径两种，周速度用下面的公式来表示：

滚轴的周速度 = 滚轴圆周（滚轴直径 × π）× 回转数

一般大型整形机滚轴的周速度为每分钟 50~130m，小型整形机滚轴的周速度为每分钟 30~80m。

②越大型的整形机，滚轴的直径就越大。滚轴的直径除了影响周速度，还会影响从滚轴中带出的面团的形状和厚度。直径小的滚轴，面团会呈现椭圆形且被薄薄地延展开，而直径大的滚轴，面团会呈现圆形，面团也会越厚。

③滚轴是一对两根，将从这之间通过的面团薄薄地延展开。日本产的整形机几乎都是两根滚轴等速，理论上来说这样的弊病比较大，两根滚轴之间多少有点速度差会比较好。

④最近的机器一般会在滚轴上用氟树脂加工，以减少面团损伤和粘黏。

⑤滚轴回转大多会安装在第二组延展滚轴上。比如，滚轴的间隔定为 4mm，回转间隔定为 3.5mm，那么面团通过前的间隔为 0.5mm。但由于面团通过时存在抵抗力，所以间隔可能需要开到 4mm。

另一方面，若其他面团通过的滚轴间隔是 3mm，回转是 2.5mm 时，面团通过前的滚轴间隔即使同样是 0.5mm，也会由于面团的抵抗力需要开到 3mm 的间距，给予面团的影响也会不同。加入第二组延展回转滚轴的优劣，目前大家还有分歧。

⑥虽然关心这一点的人较少，但是卷链的长度和重量，也必须依据面团的量来做调整，当然，大的面团需要的卷链较重较长，小的面团需要的就比较轻和短。

⑦过去人们使用展压板时力道较强，以使面团呈现均匀的棒状，且收口也倾向尽量收紧，但近来，人们使用展压板时力道没那么强了。

⑧导板和展压板相同，大部分的使用情况都是轻轻地接触面团。

◆ **整形机的 3 种功能**

整形机的功能分为以下 3 种。

①伸展以及延压：通过操作滚轴排气，将面团薄薄地延展开。

②包卷：使用卷链将面团卷起。

③压缩以及展压：通过展压板，使卷起面团的间隙更紧密，并封住面团末

端开口。

◆ **整形机的种类**

①直线型整形机

②直角型整形机

③反转型整形机

除此之外，还有各种类型的整形机，现在日本主要使用的是直线型整形机和直角型整形机。

直线型整形机

面团通过扁平滚轴和延展滚轴被薄薄地压平，接着直接前进，通过卷链被卷起，再被展压板展压（参照图2-13）。

直角型整形机

面团经过扁平滚轴、延展滚轴后，移动到与原先方向呈直角的输送带上，之后通过卷链被卷起展压。

它的输送带呈交叉状，使面团前进方向转了90°的理由是：经由滚轴排气的面团，其气孔顺着前进方向形成椭圆形，如果直接通过卷链切片，截面就会呈现椭圆形的长端切面，气孔也就比较粗糙。但通过滚轴后，将面团90°回转的话，切面就呈现椭圆形的短端切面，气孔也就比较细腻。

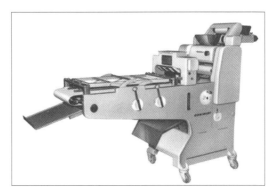

直线型整形机

直角型整形机

法式面包专用整形机

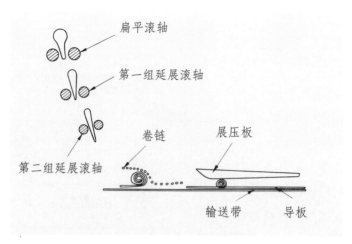

扁平滚轴

第一组延展滚轴

第二组延展滚轴

卷链

展压板

输送带　　导板

<图2-13> 整形机的构造及其名称

（五）入模

◆ 多样的入模手法

　　意外的是，这个是大家都会经常忽略的工程。用不同的入模手法，气孔会有很大的变化。无论是 U 字型入模还是 M 字型入模，都需要正确的入模方法。

　　①直接入模法：整条填装入模的方法，不需要多余制程，从整形机出来后就直接入模。

　　②交叉型入模法：一般用于普尔曼方形面包的入模，其特征是面包气孔细腻，内部组织色白。这一类方法中有 U 字型入模、N 字型入模、M 字型入模等。

　　③扭转入模法：花式面包经常使用的入模方法。根据面团的发酵状态，调整扭转的力度是关键。这种入模法的特征是面包拥有韧性的口感，且较不易从侧面塌腰。

　　④螺旋型入模法：面包会呈现与交叉型入模法比较相近的气孔组织。用螺旋型整形机自动整形后直接入模。

　　⑤其他：山形吐司面包比较常用的入模手法有车轮型入模、涡旋型入模、并排入模等。

◆ **模具和面团的比容积**

过去的山形吐司比容积约为 3.4，普尔曼方形面包比容积约为 3.6，但最近由于烘烤的内部传热性变好，以及客人注重商品的性价比等原因，面包比容积呈现重量变轻、模具变大的趋势。按照现在的平均数据，山形吐司大约在 3.8，普尔曼方形面包在 4.0 左右。虽然也能见到比容积在 5.5 左右的制品，但有可能因此出现塌陷以及气孔粗大的现象，所以若是比容积过大，需要稍微下点功夫，比如将面团过两次整形机比较好。

模具的形状随着时代的进步也在不断地发展，过去的气孔走向是纵向的，所以模具比较喜欢采用高度较高的。但如今人们比较喜欢细腻均匀的气孔，加上内部传热性和热效率变好的原因，面包师们慢慢转向使用接近正方形的模具（还有一个原因是：制作三明治用的面包供应也增多了）。

为了决定比容积，首先要测量模具的容积，计算方法有如下几种：通过模具的尺寸来计算；将模具注满水，通过测量水的重量来计算；往模具中填满菜籽，再将菜籽倒入圆筒量杯中测量等。制作方形吐司时，由于面包模具的容积（cm^3）÷ 面包面团重量（g）=3.6~4.2，从这个公式中就能得出适宜的面团入模量（g）= 面包模具容积（cm^3）÷ 3.6~4.2。

◆ **烘焙模具的材质和表面处理**

吐司模、烤盘、甜点模具的材质，最具代表性的有以下 4 种：镀锡铁片、镀铝钢板（不锈钢、铝板等）、冷轧钢板以及热轧钢板。

热轧钢板虽然方便硅树脂涂层加工，热吸收率良好，但因为需求量太低，钢铁厂已经基本停产了。

现在一般使用的是镀锡铁片、镀铝钢板和冷轧钢板，其厚度在 0.4~1.0mm，经冲压加工后，通过折叠或者熔接的方式调整强度，制成模型。表面处理的方法一般是使用硅树脂涂层加工或者氟树脂涂层加工。

硅树脂涂层加工

这是指将硅的有机化合物——硅树脂——烧制在镀锡铁片或镀铝钢板的表面。在发售、宣传时，厂家通常会强调其特征是不用涂抹脱模油。但为使面包表面呈现光滑平整的状态、优化脱模、提升外层表皮的触感，近来面包师们也会在使用前涂刷油脂，并根据具体的使用场景来调整油脂的用量。使用这种模具时，要注意避免模具被金属等利器划伤。

氟树脂涂层加工

也有模具以氟树脂涂层加工来代替硅树脂涂层加工，比起硅树脂模具，它的脱模性维持得更长久。另外虽然这种模具也有不需要涂油的特征，但为了优化面包表皮的触感，使用时也会涂抹少量油脂。在使用上的注意事项和硅树脂模具相同，要避免被金属划伤。特氟龙涂层加工也是氟树脂涂层加工的一种。

◆ 烘焙模具的空烤

硅树脂涂层加工和氟树脂涂层加工的模具，只要薄薄涂上一层脱模油就可以使用了。

没有硅树脂涂层和氟树脂涂层的模具，如果是新制模具，要为了以下3个目的事先进行空烧：

①优化脱模性；

②延长模具使用寿命；

③提高热吸收率，优化成品的上色。

模具进行空烧的方法如下：

①用布擦拭模具，去除油分和污垢，不要用水洗；

②不涂抹油脂，冷轧钢板用280℃，镀锡铁片用230℃的高温空烧1个小时；

③冷却到60℃以下后，薄薄地涂上一层脱模油，再次烘烤；

④再次冷却后涂上油脂保管。

以上操作分4个阶段进行，但涂油后空烧，模具会覆盖一层油脂氧化（炭化）后形成的薄膜。因为最近大家不是很喜欢这种情况，所以目前普遍的操作是将未涂油的第一次空烧时间拉长，然后冷却到60℃以下再薄薄涂上一层脱模油。

关于这些模具的耐久性，冷轧钢板寿命为2年，镀锡铁片为3年，镀铝钢板为3~4年。氟树脂涂层的话，用大概3 000~5 000次就需要进行再加工了。硅树脂涂层的话，普遍情况下，平均使用1 200次就需要再加工了。一般能够进行3~4次的再加工，在材质报废之前，可在保持卫生的状态下继续使用。

四、最终发酵

最终发酵，又叫作二次发酵或者最后发酵，它是面团熟成的最终阶段。

◆ **因成品而异的最终发酵条件**

一般情况下最终发酵的发酵箱条件是：吐司、甜面包等在38℃、相对湿度85%的高温高湿发酵箱内醒发，甜甜圈则需要较为干燥的发酵箱环境（干燥发酵箱，温度40℃、相对湿度60%），还有高温低湿发酵箱（馒头等一般使用50~60℃的高温干燥发酵箱），法式面包和德式面包等直烤类面包一般就在温度32℃、相对湿度75%的低温低湿发酵箱内醒发。

但是根据成品的种类和制作方法、原材料的不同，最终发酵的条件也不同。比如丹麦面包、可颂面包、布里欧修等大量使用油脂的制品，最终发酵的温度比所用油脂的熔点低5℃较为理想。也就是说，制作布里欧修时，使用的黄油熔点若是32℃，那发酵箱温度调整为27℃是理想温度。

最终发酵需要的时间，受到面包种类、面包酵母量、面包制法、面团温度、发酵箱温度、发酵箱湿度、面团熟成度、面团硬度、成型时排气程度等因素的影响，短则 30 分钟，长则能到 90 分钟，甚至 4~5 个小时。

但是同一种面包，最终发酵时间会拉长，是因为发酵不足。这主要是由于面团熟成不够，面团温度低，或者第一次发酵时间短等不当的操作造成的。这样的面包，一般来说品质也不会好。

◆ **困难的最终发酵**

①比容积：比容积小的面团炉内膨发好，比容积大的面团膨发得差一些。因此，比容积小或者说面团量相对模具比较多的面团，最终发酵的时间就比较短，炉内膨发也很强，应早一点进行烘烤，而比容积大的面团，就晚一些放入烤箱。

②小麦粉蛋白质的质和量：蛋白质优良且含量高的小麦粉，炉内膨发较强，但是蛋白质含量越多，弹力就越强，所以最终发酵必须发到位。

③面团熟成度：面团熟成不足或过度，炉内膨发都会较差。判断好最适当的熟成度是非常重要的。

④烤箱特性和温度：相对于通过内壁、顶部散发出的强烈的辐射热进行烘烤的固定烤箱，煤气烤箱是通过热气流进行烘烤的，因此炉内膨发就比较强，若使用的是煤气烤箱，早一点结束最终发酵会比较好。

⑤面包制法：70% 中种法的面团炉内膨发比直接法的强，100% 中种法的面团炉内膨发比 70% 中种法的强。

⑥需要的口感：想要易咀嚼且轻盈的口感的话，可以拉长最终发酵的时间，并在高温的烤箱中烤制。

⑦面团中揉入葡萄干、玉米粒等：应早一点结束最终发酵进入烘烤。如果按一般时间发酵的话，内部会比较粗糙，葡萄干等也会因有重量引起面包塌陷。

◆ **不良成品的常见成因**

①最终发酵温度过高：面团在 31℃ 左右进入最终发酵箱，如果发酵箱温度在 40~42℃ 的话，面团中央部分和外侧的温度差异就很大，会形成不均匀的内部组织。而且，这还会导致面团在从发酵箱拿出到放入烤箱的过程中，表面急速地形成干燥表皮。比起配方中的糖量的问题，成品上色偏白的原因更多是由

于最终发酵的温度过高了。

②最终发酵温度低时：虽然最终发酵需要的时间变长，但令人意外的是炉内膨发会变好。当然，由此最合适的入炉节点的时间范围也变宽了，这对于只有单人操作的零售店铺来说，是值得研究探讨的方法。

③相对湿度高时：理论上相对湿度100%虽然好，但实际上由于面团温度比最终发酵温度低，面团表面会有水蒸气凝结，最终造成面团过湿。相对湿度过高的话，面包表皮会变硬，会形成斑点和褶皱，也容易形成表皮大气泡，上色也会变深。富含浓郁油脂的面团，面包表皮会有变硬的倾向，所以将相对湿度控制在低一点（60%~70%）比较好。

④相对湿度低时：面团表皮的水分急速蒸发，会形成表皮裂纹。这样的面团，体积较难变大，而且容易开裂。表皮也会由于糖化不足而导致上色不良，也容易颜色不均、缺乏光泽。

⑤最终发酵不足：面筋的伸展不够充分，会导致面团体积小，容易引起龟裂；内部组织紧密，气泡也不规则；面包表皮的着色也较浓，色泽泛红；食用时也品尝不出面包的风味。

⑥最终发酵时间过长：面包的支撑力变差，由于异常的面包体积，会形成腰部塌陷的现象。更严重时，面团在烘烤中会出现塌陷，面包体积因此变小，由于糖分不足，上色也差，内部组织粗糙，香气也不佳。

◆ **最终发酵节点的判定方法**

对于最终发酵的结束时间，常用的判定方法有：

①通过形状、透明度、气泡大小、触感等判断；

②是最初的面团体积的3~4倍；

③以烤后的面包体积为参照，面团膨发到一定比例的高度为止。

甜面包、黄油卷、甜面包卷等一般通过触感、气泡大小、面团膨胀倍率、发酵尺（根据分割重量，将发酵结束后面团的大小用纸模做出来的测量工具）来判断。

使用模具的方形吐司，一般要膨胀到模具容积的七成半至八成。整条成型的吐司或者山形吐司，从发酵箱中取出的标准是中种法面团发到模具以上

1cm，直接法面团则发到模具以上 1.5cm。

当然这必须以最合适的比容积为前提。以前方形吐司需要组织细密紧实，山形吐司需要在炉内膨发得很大才会被消费者青睐，但最近大家更倾向于喜欢方形吐司气孔组织大、内部导热性好，而山形吐司则炉内膨发不需要很大，但看起来匀称。

◆ 最终发酵的目的

在成型时，受到加工硬化的面筋缺乏伸展性，如果直接烘烤，面包体积会小，口感也会硬。因此，最终发酵的目的是再次让面团发酵膨胀，使面筋柔软，以制作出内部导热好、炉内膨发好的面包。最终发酵的目的有以下几点：

①使成型时排气的面团，再次膨胀出海绵状组织；

②通过发酵生成酒精、有机酸以及其他的芳香物质；

③生成的有机酸和酒精作用于面筋，增加面团的伸展性（有助于炉内膨发）；

④通过面团温度的上升，使面包酵母的酶活化。

◆ 温度、湿度、空气循环

①温度和湿度的供给装置：最终发酵条件的难点在于湿度的供给。最近人们为了调节温度而加热空气，通过温水喷雾来调节湿度。温度上则是利用蒸汽加热管来加热空气。

②最终发酵箱的隔热和外部空气的影响：发酵箱的顶部、侧壁需要隔热是毋庸置疑的，连同发酵箱底部也是需要和外界充分进行热隔绝的。此外，发酵箱的内壁若直接就是工厂的墙壁，那发酵箱会直接受到外部空气的冷热影响，也是不好的。

③最终发酵箱内的空气循环：为了让发酵箱的上层、下层以及低温面团的周边空气、面团之间的直流空气达到温度统一，发酵箱内的空气要从顶部进，在接近地面的地方排出，并以 10 分钟内全部空气能够循环替换一次的量进行循环。但是如果循环过强，面团表面容易干燥，也会出现弊端，所以需要细微地进行调节。

◎发酵的温度、相对湿度

　　操作室室温：26℃，65%

　　第一发酵箱：27℃，75%

　　最终发酵箱：38℃，85%

　　温度和相对湿度被认为是最影响发酵的因素。这里是以吐司面包为例，会发现其中存在着不可思议的规则性。若能记住这3种温度和相对湿度，即使是在制作特殊面包的场合，也能够想象出那个面包的状态，从而达到某种程度的预想效果。

◎稍纵即逝的最终发酵

　　最终发酵的结束节点稍纵即逝，想着再等两三分钟，但其实一不小心最佳时间点就过去了。我想这是大家在最初制作面包时经常有的体会吧。发酵中的面团的膨胀不是直线上升的，请不要忘了它是加速变大的。至于为什么，回答不出来的人，请再将这本书从头读起吧。

◆　最终发酵箱的种类

　　根据企业规模，发酵箱有许多不同的选择。下面以零售面包店使用的小型发酵箱开始，按顺序加以说明。

　　①棚式最终发酵箱（橱柜式最终发酵箱）

　　一种小型发酵箱，易于使用，多见于零售面包店。因为需要一盘一盘取用烤盘，热损耗比较大，能效也低。

　　②手推架式最终发酵箱

　　拥有能够直接推进推出的推架，是较

橱柜式最终发酵箱

手推架式最终发酵箱

为大型的发酵箱，在零售面包店和规模稍大的面包店都有使用。

③滑轨式最终发酵箱

在手推架式最终发酵箱的活动地面上铺设滑轨，以使发酵箱能够轻巧地移动，因此多用于大型工厂。

④吊轨式最终发酵箱（单轨道式最终发酵箱）

仍使用滑轨式的设计，但去掉了地面滑轨，改为在发酵箱的顶部铺设轨道，再挂上吊架而成。虽然操作起来很轻巧，但不足在于，如果遇到发酵时间不同的情况，没有办法进行调整和替换，会产生不少问题。这类发酵箱有手动和自动之分。

⑤托盘式最终发酵箱

与高架发酵箱相同，通过在托盘上放置烤盘或者模具进行发酵。

⑥托盘架式最终发酵箱

以推架式运行，在推架上自动搬入搬出模具，一般在大型工厂内使用。

⑦传送带式最终发酵箱

在机械操作中，启动和停止时引起的问题最多。除此之外，这种发酵箱是故障最少的，有隧道型和螺旋型之分。

◎英文 Retail bakery 是什么？

面包会在各种不同规模、选址、商业形态的店铺中销售，下面介绍这些店铺的商业形态所对应的业界用语。

Retail 在字典里的含义是"小型买卖，现制现售的，零售的"，和其相反的业态被称为 Wholesale（批发的，大规模的）。在面包业界，从制造到销售都在同一店铺完成的被称为 Retail bakery，而这其中，规模特别小、以家庭劳动为中心的面包店，被称为 Home bakery（家庭面包房）。在 Retail bakery 中，路面店被称为 Window retail bakery，选址在大型超市和百货店的店铺被称为 Instore bakery。最近在便利店里也有通过烘焙冷冻面团提供现烤面包的店铺，这样的便利超市，被称为面包便利店。

烘焙小贴士

◎烘烤方法 1

烘焙小贴士

　　烘烤方法有很多种，也无法断言到底哪种是正确的。这里笔者做好被批判的准备，介绍自己的方法，还望各位读者指正。

　　吐司面包： 用固定式烤箱的情况下，放入一堆面包模具的话，内部温度会下降 30℃。举例来说，我们可以在模具放入烤箱前，先将烤箱温度设定为 250℃，将模具放入烤箱后，再把温度设定成需要的 220℃。也就是说，尽可能将面团放入高温的烤箱中，后续再降到需要的温度。如果是烘烤 38 分钟，会维持出炉后 10% 的烧减率。过去也会强调在前半程加强下火，中程增强上火，隧道式烤箱另当别论，对于固定式烤箱，不仅仅只是进行上下火的调节，整体环境温度也非常重要。另外，为了让表皮有光泽、薄且光滑，进入烤箱时加入少量蒸汽是很必要的。熟练使用蒸汽也是制作好面包的重要一环。

　　甜面包： 高温短时（220℃、10 分钟），以上火为主进行烘烤，下火仅是略微存在即可。烘烤时间基本上需要 10 分钟，但也能缩短到 8 分钟。和吐司面包不同，下火太强的话，甜面包的口感容易发干，让人敬而远之。特别是酒种红豆面包，若下火太强会损害酒种的风味。

五、烘烤

烤箱的历史可以追溯到古埃及时期，人们利用通过岩石蓄热的太阳能进行烤制。由美索不达米亚的烤饼、薄饼，可见其烘烤方式是在瓮的底部加热，将面团贴在瓮的内侧上部烤制。内燃式烤炉渐渐进化成外燃式烤炉，现在还演化成能够连续烘烤的隧道式烤箱和托盘式烤箱。

如之前所述，面包的定义是"将小麦粉等谷物加水后制成面团，利用酵母菌等发酵，再烘烤而成的食品"。从搅拌到出炉，以直接法制作的吐司面包为例，大约需要四个半小时，最终的制作工程就是烘烤。

通过烘烤，原本白色湿润、无法直接食用的面团，变成令人充满食欲的、黄金褐色的、带有丰富风味和口感的面包。当然，大前提是到最终发酵为止，面团状态一直良好，烘烤工程是集所有工程之大成，只有完成烘烤才能决定面包的最终价值。

面包体积的两成、香气风味的七成都来自烘烤工程，而这个工程中尤其重要的是烤箱，它是生产能力的基准，其他工程需与烤箱的能力相协调。烤箱如何有效地使用，决定了工厂的生产效能。

◆ 烘烤的方法

　　烤箱的使用方法当然需要根据烘烤制品的不同做调整，同时，根据面包配方、面团重量、成型方法、期待的气孔组织、口感等需求，烤箱在使用方法上也有所变化。以吐司来举例，烘烤方法有：固定温度；前半程高温，后半程目标温度；前半程低温，后半程目标温度；高温短时间；低温长时间等。许多方法都可供人们采用，但到底哪一种方法比较好，不能一概而论。

　　不过，一般来说，方形吐司烘烤时一般采用前半程尽可能高温，后半程温度降低的办法。另外，若是使用以电力作为主体热源的烤箱，会分别设定上火和下火来烘烤，一般会采用前段下火比较强，中段上火、下火都强，后段上火、下火都减弱的方法。

◆ 烤箱的温度和湿度

　　烤箱的理想温度，是让面团的炉内膨发在最初的25%~30%的时间里完成，接下来35%~40%的时间内面团着色和固定，最后30%~40%的时间面包表皮形成并完成褐变反应。

　　但是，低油糖配方或者发酵过度的面团用高温烘烤较好，而高油糖配方和发酵不足的面团用低温烘烤比较好。烘烤时烤箱内温度和湿度的平衡也很重要，如果可以顺利达成的话，会有以下的结果产生：

　　①面团表面均匀齐整，面包表皮也会较柔软；

　　②能够辅助热传递；

　　③引发对流、搅动；

　　④面团表面的蒸汽由于冷凝作用，延缓了面包表皮的干燥紧缩；

　　⑤凝聚在面团表面的水分汽化时，从面团处夺去汽化需要的热量（539cal），延缓了面团温度的上升和表皮的形成，优化了炉内膨发；

　　⑥淀粉的糊化使面包表皮产生光泽，美拉德反应使表皮上色更好。

　　德式面包、法式面包在烘烤中理所当然要使用蒸汽，其实所有面包在烘烤时都需要蒸汽，只是用量有差异。

蒸汽的量，最好是刚好能够在面团表皮上薄薄形成水层（凝结）。蒸汽的温度太高的话，在面团上就无法达成凝结效果，对面团表面的浸润效果也变差。

蒸汽有湿（Wet）、柔（Soft）、干（Dry）、硬（Hard）四种模式，是按蒸汽的压力和温度由低到高来排序的。面包烘烤适用于 Wet 模式，即蒸汽压力为 0.25kg/cm^2，温度为 104℃，在饱和状态下，使蒸汽从上方以 1~2m/s 的速度喷出是最合适的。

◆ 因烘烤不当造成的不良成品

若全部工程都顺利进行，当然是最理想的，即使失败了，只要是烘烤以外的工程，都还有修复的可能。只有烘烤工程无法重来或者修正，所以最需要集中精神去对待。

经常有人说面包师只会搅拌的话，不算能独当一面，但如果连烘烤也能完全掌握，那就是优秀的通才了。接下来举例说明烘烤不当引起的成品不良。

①温度过高时，面包的体积较小，烧减率也小。而且，虽然表皮的颜色浓郁，但口感会过于湿润。如果是甜面包，还容易产生斑点，出现烘烤不均以及表皮和内部剥离的情况。

◎犹豫时该如何做？

烘焙小贴士

　　制作面包的话，很多时候会出现判断上的犹豫。要不要再加 1% 的水？要不要再延长 1 分钟的搅拌时间？后面是不是再等 5 分钟排气？是不是再等 1 分钟入炉？是不是该出炉了，还是再等等？总之做面包就是一连串的犹豫迷茫。这时如何判断？就像在山崖边跌倒时，是倒向山体一侧，还是跌进山谷，结果是截然不同的。犹豫的时候，好好考虑这个面包的特征和本质再来判断是很重要的。比如，说到加水，吐司面包多加一点会比较安全，但甜面包少加一点会比较安全。再以搅拌为例，做吐司的话，搅拌时间长一些比较安全，黑麦面包则是搅拌时间短一些比较安全。只要是人，就经常会有犹豫迷茫的时候。这个时候往更安全的方向去选择，是制作出安定成品的次优对策。希望大家能够不断优化对策，成为 1 分钟都不用犹豫，直接下判断的技术人才。

②温度过低时，面包体积会偏大，烧减率也会大，上色淡且缺乏光泽，面包表皮很厚，口感干涩粗糙，风味也不好。

③内部蒸汽过多时，炉内膨发虽好，但表皮会很厚，且容易在面包表皮形成水泡。

④内部蒸汽过少时，面包表皮会出现裂纹，表皮和内部容易剥离，而且，面包上色暗淡，也没有光泽。和温度过高时发生的情况相似。

另外，希望大家还能注意以下几点。

⑤入炉前，面团的面筋还在伸展，因此需要避免强劲的冲击（特别是最终发酵过度的面团）。

⑥若使用隧道式烤箱，在清空烤箱后、开始下一次烘烤前，必须放入空模具或是装入水、沙砾的模具，这样可在给予炉内蒸汽的同时，吸收炉内多余的热量。如果没有这样做，那前端的制品容易上色过重，或者呈现烘烤过度的样子。

⑦入炉前，如果面团干燥或接触到冷空气、水雾的话，容易使面包表面形成白色的斑点。

⑧在注入蒸汽的烤箱内，放入涂了蛋液的面团，面包上色会变得模糊、不鲜明。

⑨面包出炉之前，若在烤箱内受到冲击，面包正中会出现白色轮状痕迹。

◆ 运用物理震击的品质改良法

过去，面包和蛋糕在出炉时需要避免冲击，大家都认为要尽可能轻柔小心地接触，这是为了避免面包以及蛋糕烘烤后的凹陷、缩塌、侧面塌陷等现象必须要做的事。但在 1974 年，日清制粉技术团队发现了烘烤制品的品质改良法，颠覆了这一常识。

这个方法非常简单，只要对出炉的制品施以震击即可。可从上往下摔落、敲击，无论什么方法都可以。只要能让紧闭于面包内部的蛋白质和淀粉膜中的高温气体、水蒸气、空气，在出炉受冷开始收缩之前，受到外部冲击，使气泡膜破裂。通过这样的方法，制品中的高温气体和外部的低温气体进行置换，从而让吐司的气孔组织更细腻，也能防止侧面塌陷。这个方法发挥在蛋糕类上的效果更甚于面包。

◆ 烘烤的目的

烘烤的目的，可以总结成以下 5 点：

①使发酵形成的二氧化碳和酒精汽化，形成面包的体积；

②使淀粉糊化，制作利于消化的面包；

③给面包表皮上色，提升口味和香气；

④使面包酵母停止产生气体，同时使各种酶的作用失活；

⑤蒸发淀粉糊化后的剩余水分，制作出口感良好的面包。

◆ 烘烤反应的主要因素

烤箱内面团变成面包的过程，被称为"烘烤反应"。虽然对此还有很多部分尚未探究出来，但理解这个反应的基本原理，对烤出好面包来说非常重要。

淀粉

淀粉占了小麦粉的七八成，通过烘烤变成糊化状态，对面包的物理构造和老化速度有很大的影响。特别是热量、水、淀粉酶的作用以及健全淀粉和损伤淀粉的比例，与吸水、二次加工性、糊化状态、烘烤色泽、出品率等有很深的关系。

蛋白质

面团中的气泡内部处在加压状态，为了制作好的面包，需要制作出有弹力和伸展性的面筋膜，以能结实地保持住二氧化碳。

在发酵工程中，淀粉粒子间有面筋联结着、包裹着，当面团制作成型、进入烘烤，通过在烤箱中急剧地热膨胀，面筋成为支撑面包的骨骼。而当面团温度上升超过 75℃后，蛋白质发生热变性，此时由于淀粉的糊化，支撑面包的骨骼由面筋变成糊化后的淀粉。

酶的作用

面团中存在的 α - 淀粉酶，主要作用于损伤淀粉，而健全淀粉由于热与水的作用发生糊化后，α - 淀粉酶也能作用于健全淀粉。谷物中的 α - 淀粉酶的最适温度是 60~70℃，到 80~85℃的话就失去活性了。

另一方面，霉菌中的 α - 淀粉酶的最适温度为 50℃，到 60℃时则失去活性。

淀粉糊化的温度大约在 60℃，因此极大地限制了霉菌中 α – 淀粉酶的作用。烘烤初期，特别是入炉后的 7~8 分钟内，急剧地炉内膨发非常必要，为此 α – 淀粉酶作用于淀粉的反应也尤为重要。

α – 淀粉酶根据其来源，按照细菌、麦芽、霉菌的顺序，耐热性逐渐变弱。面团中含有的酶如果全部来自霉菌的话，耐热性很弱，会影响炉内膨发。

水

面团中的水分，一般占 43%~48%，在烘烤中会有两个重要的变化。一个是面团中的自由水和蛋白质中的水分，大约在 60℃ 前后，由于淀粉的糊化作用开始移动。这是面团向面包形态转化的基本变化。

另一个是吐司面包中，8%~12% 的水分会从面包表皮蒸发掉。蒸发过程从入炉的瞬间就开始了，不仅是在烘烤工程，冷却时也在失水。温度超过 100℃ 时，随着水分的变少，面团表层部分开始形成面包表皮。这一现象是在表皮向内 10mm 为止的部分发生的，而更内侧的部分，水分即使移动，也与上色没有关系。

面包表皮的形成，代表着面包最终构造的形成、上色以及风味的形成。这个风味在烤制完成后，与水分的移动方向相反，会由外向内移动浸透，与面包内部组织的发酵气味融合，形成面包独特的风味。酶发生作用虽说也需要水，但除了面包表皮以外，比起水分不足带来的影响，因受热造成酶失活的影响才更大。

热

从烤箱向面团的热传递，主要是通过辐射进行，而面团表面向内部的热传递，则通过传导进行。由于面团内部是网状构造，热传导比较困难，面团内部和外部的温度上升曲线有显著的差异。面团各部分按时间推移的温度变化如马斯顿（P.E.Maraton）和万南（T.L.Wannan）的报告所示（参照图 2-14）。

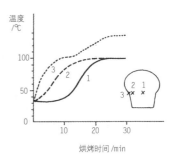

< 图 2-14> 以 235℃烘烤时，面团各部分随时间推移的温度变化

由这张图，可以知晓以下几点。

①烤箱内面包温度的上升分为 3 个阶段: 初期是缓慢上升, 中期是急剧上升, 到了后期温度上升又变得缓慢。

②表面和从表面向内 3mm 为止的部分, 与面团其他部分的温度上升的模式是不同的。

③初始的迟滞期的上升曲线倾斜度虽然不同, 但到了中间的上升期, 面团内所有位置的曲线倾斜在本质上是一致的。这与后面会说明的酶作用有很重要的关系。

◆ 烘烤反应的主要变化

面团构造的变化

面团温度上升时, 淀粉也开始糊化, 分为第一次糊化 (60℃左右)、第二次糊化 (75℃左右)、第三次糊化 (85~100℃) 3 个阶段完成。为了让淀粉完全糊化, 一般需要其 3 倍的水量。

但是面团中存在的水, 几乎和淀粉等量, 不足以使其完全糊化。因此, 面团中产生的淀粉膨润, 虽然足够使双折射现象消失, 但淀粉粒子的形态仍保留了下来。和淀粉膨润同时发生的, 还有蛋白质的凝固, 大概从 70℃开始。

由于淀粉膨润夺去水分, 也促进了面筋的凝固。

面包表皮的形成和着色

面包表皮水分的损耗比面包内部水分的损耗要显著得多。内部大概能保有 40%~45% 的水分, 而表皮的部分只能保有 20% 以下, 最外侧的甚至只有 10% 以下的水分。面团在 pH5.0~5.5、温度 160℃以上时, 美拉德反应开始显著进行。

面团外层变硬、变脆并着色的现象被称为表皮形成。但这个现象, 不是由于面团表层水分蒸发的热损耗, 而是因为面团的热吸收变得更多才形成的。褐色表皮所没有的面包香气, 主要来自面团发酵生成的酒精、有机酸、酯、醛、酮等芳香生成物, 但烘烤后的面包风味主要来自美拉德反应产生的强烈香气。

面包表皮外部在 153~157℃时生成糊精, 对面包光泽有很大作用, 也会引发糖类的焦糖化反应和氨基酸的美拉德反应。其反应速度, 由于面团 pH 和各因子的平衡有很大不同。过度发酵的面团会上色偏白, 是由于面团 pH 低下、残糖量不足导致的, 而速成法中, 若氧化剂过度使用, 也会让面包不好上色。

◎以烤串店为范本展示香气

　　烘烤时挥发性物质的逸散，不仅仅在面包房，在烤串店和鳗鱼店也经常发生，意外的是面包房没有好好利用这个特色。的确环境也是实践的难点，但还是希望从烤箱内散发出的香气，能够飘散在店铺内。

　　此外，拥有中央工厂的 Instore bakery 经常会在店铺中展示性地烘烤酥皮类点心，接着再大量烘烤质朴的大型面包，让店铺（大楼内）都飘散着面包的香气。视觉上的冲击只能影响 4~5 个人，而嗅觉上的强烈攻势可以波及 100 人甚至 1 000 人。不仅仅是形状，风味和香气也是面包的卖点。

体积的增大

　　大家可能认为，面团放入热烤箱时，在炉内延展阶段，会短时间内就形成面包表皮。但实际上，因为炉内蒸汽接触了冷面团（32℃），面团表面会结一层薄薄的水膜，从而延缓表皮的形成，结果使面团在炉内的膨发（体积）也变大了。

　　这层薄膜状的水因烤箱释放的辐射热而汽化，这时会从面团表面夺取汽化需要的热（每汽化 1g 水，25℃左右需要 583 cal；每汽化 1g 水，100℃左右需要 540 cal），另外，发酵生成的酒精在蒸发时也会夺去周围的热量，这些都阻碍了面团表面温度的上升。

　　由于这些原因，烤箱内初期面团表面温度的上升比我们想象的要来得缓慢。这个时期占烘烤时间的 1/4 到 1/3。在面团内部，面包酵母的活动还在持续，随着面团温度的上升，其气体产生也变得活跃。再加上已经产生的气体的热膨胀和面团水分中溶解的二氧化碳的游离产生的膨胀，还有面团中水蒸气和空气的膨胀。而面筋的软化和淀粉的糊化更是促进了这些膨胀。

水分的分布和移动

　　在恰当的烘烤时间内制作出来的面包，其内部的水分分布基本上是均匀的，面团中的水分也是如此。如马斯顿（Marston）和万南（Wannan）的报告所示，表 2-3 展示了面包各部分的水量。这是山形吐司用 235℃烘烤，分别经过 22 分钟、30 分钟、38 分钟烘烤，再放置 10 分钟冷却后测定的数据。另外，面包从烤箱取出后，水分会急速地发生移动，面包表面也会持续蒸发水分，从而促进了面包的冷却。

<表2-3> 烘烤时间不同所影响下的面包含水量 /%

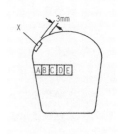

烘烤时间	在面包中的位置（下图）					
	A	B	C	D	E	X
22分钟	18.7	44.1	44.9	44.8	45.0	6.0
30分钟	14.3	43.5	44.8	45.1	44.6	5.4
38分钟	15.0	41.7	45.5	45.1	45.0	3.7

◆ 烘烤中发生的物理、化学、生化学反应

物理反应

①从最终发酵箱到炙热的烤箱，因环境温度、状态的差异，面团表面形成薄薄的水膜。

②溶解在面团水分中的气体开始游离、逸出。

③面团中含有的酒精等低沸点物质开始蒸发，发生气体的热膨胀以及水分的蒸发。

化学反应

①面团接近60℃时，面包酵母开始死亡。

②从这个节点开始，淀粉开始第一次糊化，随着温度上升，发生第二次、第三次糊化。同时，面筋的水分被淀粉夺去，接近74℃时开始发生热凝固。

③随着烘烤的进行，表皮部分超过160℃后，糖和氨基酸发生美拉德反应，形成美拉德生成物——类黑精。

④在这个节点前后，糖通过分解重组而形成焦糖，淀粉的一部分转化为糊精。

生化学反应

接近60℃时，越是高温，酶的作用越活跃，挥发性物质也随之增加，面团变得柔软，即面筋通过蛋白酶的作用软化，淀粉通过淀粉酶的作用液化、糖化，使面团整体变得柔软，有利于炉内延展。

以上这些反应是烘烤反应中最重要的。另外还需要注意的是，在面团阶段，面筋是支撑面团的骨骼，但是经过了烘烤工程，用以支撑的骨骼变成了糊化后的淀粉，这一变化也正是面团变成面包的过程。

◇ **热传递**

烤箱内面团或面包的热传递，是由辐射、对流以及传导来达成的。这三种形式到底哪一种担当了最重要的作用，是由不同的烤箱类型来决定的。

比如，固定式烤箱一般是将热量积蓄在炉床、顶部、内壁等固体物质后，主要通过辐射这一方式来加热面团。这种情况下，比起砖制壁，当然是热传递良好的钢板壁能更迅速地进行辐射。

另一方面，直接加热式烤箱，因为烤箱内空气的热保有量较小，对面包烘烤的作用也比较小。因此，通过燃料获得的高热气体，直接加热面团和模具的时候，为热传递起主要作用的是对流。

以上是针对辐射为主的间接加热式烤箱和对流为主的直接加热式烤箱进行的说明。强制对流附带间接加热的烤箱，则是两者的混合型。当然，无论哪一种情况，面团、模具与炉床的接触面上也进行着热传递，同样对面团的炉内延展和内部导热做了贡献。

不过，通过传导进行烘烤的情况极少，大部分的热传递还是辐射式，其次是对流式。辐射和对流的比例，根据烤箱的结构不同，9：1~1：9都存在着。

◇ **烧减率（烘烤损失）**

烧减率是以入炉前的面团重量为 A，出炉后的面包重量为 B，用以下公式求导出的：

$$烧减率 = \frac{A-B}{A} \times 100\%$$

求得的数值，是表示烘烤程度的重要数值。根据烘烤方式的不同，这个数值也有很大的差异。以方形吐司为例，一般（9±0.5）％比较多。整条成型的吐司或者山形吐司会比方形吐司的烧减率多 13%~15%。

由于烘烤而重量减少的原因，主要是通过发酵生成的挥发性物质的逸散以及水分的蒸发。

即使烘烤同样的制品，通过高温短时间烘烤和低温长时间烘烤，在数值上的差异也很大。

烧减率是烘焙制品一向就有的数值，与通过烘烤色泽判断烘烤状态相同，通过烧减率进行烘焙管理也非常重要。

为了在设定时间内达到所需要的烧减率，必须非常注意对烤箱的控制，需要确认以下几点：

①调整温度和时间；

②均匀地进行热分布；

③适度增加蒸汽，调整烤箱湿度；

④把握好上下火的平衡；

⑤防止热损失。

◆　热源和加热模式

过去烤箱的燃料，用的是柴火、石炭或焦煤等，最近基本上改用燃油、电气、煤气。燃料变化的同时，加热方式也变化了。

过去的内燃式烤炉，一般是将柴火或煤炭放入一个火炭台里燃烧后取出，再利用这个火炭台的余热烘烤食物。这之后，随着燃料转向石炭和燃油，出于操作性和出烟状况的考虑，把烘烤面包的烘烤区域和燃烧燃料的燃烧炉分开了，这种外燃式烤炉成为主流。除此之外，还有将水或甘油等液体放入管中密闭，将这个密闭管道绕满烘烤室，再加热其中一端来进行烘烤的方法（蒸汽管式）。

以上加热模式是间接式加热。相对于此，煤气开始使用后，通过完全燃烧烘烤室进行的直接加热普及开，温度的调节变得容易，热效率也提升了20%。

◆　烤箱的分类

烤箱的分类法，有以下几种：

①根据热源（燃油、电气、煤气）区分；

②根据加热方法（直接、间接）区分；

③根据烘烤形态（机械形态、运行形态，比如隧道式烤箱、托盘式烤箱、旋转架式烤箱等）区分；

④根据烤箱材质（砖、石板、铁）区分。

把这些加以组合才会形成一个完整的烤箱。下面通过烘烤形态的分类来加以说明。

固定式烤箱（Peel Oven）

这是一种加热台固定不能移动的烤箱。上下火能简单地进行调节，但另一方面，它的前端、内部、中央和侧面会产生温度的分布不均。在法国、德国等，会常用带着加湿装置的固定式蒸汽烤箱，在日本烘烤法式面包时也会使用这种烤箱。Peel 指的是面团入炉和面包出炉时使用的长型木质面包铲。

固定式烤箱

抽出式烤箱（Draw Plate Oven）

它的加热台能够全部从烤箱内抽出，不会出现烤箱深处的制品容易烤过头的缺点，但因为高温的加热台全部暴露于操作间，操作间变得很热不说，热损耗也非常大。

回转式烤箱（Rotary Oven）

这种烤箱没有烤制不均的缺点，热损耗也小。但相对于其烘烤能力来说，加热台面积过大，作为商用烤箱，在欧洲也只有小部分店家会选择。因为没有烘烤不均的问题，目前也用于面包制作实验中。

抽出式烤箱

轮轴式烤箱（Reel Oven）

通过在直立式轮轴上放置托盘进行烘焙的烤箱，特征是加热台面积小。通过托盘的运行进行热对流，能够让制品更好地受热。但另一方面，烤箱上部和下部容易有温差。

旋风式烤箱*

＊译者注：旋风式烤箱常见于家庭和小型商用烘焙场景，不仅通过加热器加热，还通过风扇在烤箱内进行热风循环，从而使烤箱内温度一致，热量分布均匀。但此类烤箱环境较干燥，适用于烘烤甜品和酥皮类产品。

托盘式烤箱（Tray Oven）

将两个轮轴式烤箱的滑车，加上链条以支撑托盘的烤箱。只需要隧道式烤箱六成的占地面积即可。由单卷到复卷（30 托盘以上）时，其所需的安装面积还可以继续压缩。

隧道式烤箱（Tunnel Oven）

1910 年开发出来的烤箱，目前在大型工厂处于重要位置。特征是可以根据不同的烘烤阶段调节上下火，也能够细微地调整烤箱温度。其占地面积都是加热区域，面积能够 100% 有效利用。但是它需要较大的占地面积，而且入口和出口是开放式的，这也是今后要面临的课题。

旋转架式烤箱（Rack Oven）

从欧洲引进的烤箱，这种烤箱能将从发酵箱出来的面团直接进行烘烤和冷却，省去了转移烤盘的操作，能够节省人力，适用于中型规模的工厂。

托盘式烤箱

螺旋式烤箱

隧道式烤箱

旋转架式烤箱

◎烤箱小一点比较好

　　店铺在开业之际，购置烤箱时，考虑到安全问题以及销售良好时的生产情况，经常会选择大型烤箱。就设备投资而言，的确理应这样考虑，但我认为烤箱还是小一点比较好。烤箱的烘烤能力足够，人们就容易产生惰性，从而一下子打很多面团并全部烘烤出来，结果只能卖不够新鲜的凉面包。若烤箱烘焙能力不足，即使卖得再好，也只能少量备料、少量烘焙。乍一看好像效率很低，但从另一个角度来思考，面包正是因为新鲜出炉才卖得好的。而且就算很有效率地搅拌、烘烤的那些店家，也会有面包卖不出去的时候。使用小烤箱的话，面包师只要在客人买不到面包前做好计划增量即可。若采购的烤箱烘焙能力小，并不是无谓的投资或无计划的结果，而是一种可喜的误算。

烘焙小贴士

螺旋式烤箱（Spiral Oven）

　　最新型的烤箱类型，热源多采用煤气，能够有效使用占地面积的同时，热效率也很好，故障率低，大型工厂多采用这类烤箱。

◆ 烤箱的周边设备

　　以下这些都是装置于烤箱前后的设备，在小型工厂，或许也有些是不太常用的，下面依其名称和设备的作用进行说明。

　　①入模装置（Panner）：使面团入模的装置。

　　②加盖装置（Lidder）：给吐司模具加盖的装置。

　　③入炉装置（Loader）：将吐司模具在烤箱前排列入炉的装置。

　　④出炉装置（Unloader）：将吐司模具从烤箱内取出，送入下一个工程的装置。

　　⑤去盖装置（Delidder）：取掉模具盖子的装置。

　　⑥脱模装置（Depanner）：将吐司从模具中取出的装置，或者是将甜面包从烤盘上取走的装置。

　　⑦集合装置（Grouper）：装设于烤箱入口或面包冷却架入口，移动面包时，可将大量面包集中一并转移至下一个工程的装置。

◎请再注意"一点点"

再多烤一会儿，却一不小心就烤过了，你是不是也有过这样的失误？"黄油卷烘烤8分钟后，看上色大概已八成，那再烤2分钟"，这个判断是错误的。面包的话，烘烤全程的后半程，关系到上色的三四成，也就是说，当烘烤了8分钟上色到八成时，再烤不到1分钟，上色就已经足够了。

◎切片与清洁

切片时，面包内部温度必须在38℃以下，操作切片的区域尽可能和其他部门隔离，选择掉落细菌少的位置，由整洁的操作员来进行操作，这些都是最低的要求。当然，机器本身在操作前也需要用70%的酒精进行消毒。

烘焙小贴士

◆ 冷却

烘烤好的面包，需要进行包装和切片，如果高温下就直接包装，包装纸内会产生水滴，成为绝佳的霉菌繁殖地。而且，切片时如果温度过高，容易使面包塌陷变形，切面也会产生结块，从而影响到商品价值。

但是放置冷却的话，吐司面包需要4~6小时，这期间会损失大量水分，风味也会损耗，面包还会受到细菌和霉菌的污染。为了最大限度减少这些弊端，在进行包装和切片前，先要经过冷却工程。

面包的冷却

必须注意的是，需要使用干净的空气，还要在清洁的场所进行冷却。

一般来说，自然冷却需要4~6小时，而有空气循环的话，可以缩短至80~90分钟。如果在此基础上继续缩短时间的话，面包的表皮会龟裂，水分损失会变得很严重。但是，若是真空冷却的话，连同预备冷却，整个环节只要30分钟，面包的中心温度就能降到35℃。

面包的冷却工程中，与冷却温度同样重要的还有相对湿度和空气的对流速度，特别是用于冷却的空气要比需冷却的面包温度更低，因为即使湿度是饱和状态，空气在接触温热的面包时，温度会上升，相对湿度会降低，从而使面包损失水分。

冷却中的变化

最重要的就是水分的移动以及风味的消散。烘烤后，干燥且酥脆的面包表皮，会由于冷却开始从内部吸收水分，变得柔软，而面包内部会因为失去水分变得更有弹性。

◎日式饮食生活推荐

　　1988 年，日本提出最合适的营养素摄取比例，即蛋白质15.4%，脂质 25.5%，碳水化合物 59.1%，引发了全世界对日本优质饮食生活的关注。如今世界各大都市中，能代表日本饮食文化的寿司，作为健康餐受到大家的喜爱。但是，近来日本的脂质摄取比例有增加的趋势，作为饮食信息发送站的烘焙店，正是到了为推进淀粉饮食发挥作用的时候。

◎何谓 PFC 平衡？

　　PFC 平衡指的是人类三大营养素之间的能量平衡：P 即蛋白质（4kcal/g），F 即脂质 (9kcal/g)，C 即碳水化合物（4kcal/g）。理想的平衡被认为是：P 为 12%~15（13）%，F 为 20%~25%，C 为 60%~68（62）%。1988 年左右的日本饮食生活实现了这样的理想状态，因此，"日式饮食生活"在世界上大放异彩。但是，最近日本的饮食中脂肪摄取量增加。2007 年，脂肪摄取量的平均值就达到了28.8%。这意味着高于这个数值，甚至超过 30% 以上的人相当多（男性 20.6%，女性 28.1%）。另外，高热量食品中最容易被忽视的是酒精，为 7.1kcal/g，请大家一定多加注意。

（概算值 /%）

1978 年	蛋白质 14.8　脂质 22.7　碳水化合物 62.5	2 167kcal
1988 年	蛋白质 15.4　脂质 25.5　碳水化合物 59.1	2 057kcal
1998 年	蛋白质 16.0　脂质 26.3　碳水化合物 57.7	1 979kcal
2007 年	蛋白质 12.9　脂质 28.8　碳水化合物 58.3	1 898kcal

资料：厚生劳动部《国民营养调查》

◎烘烤方法 2

烘焙小贴士

可颂：基本上教科书都写 210℃，烘烤 12~15 分钟，但理想的烘烤方法是前半程高温，后半程低温，烘烤 20~30 分钟。可颂的美味来自黄油的焦香和水汽蒸腾后口感略干的良好化口性。请烤出自己在早餐时会很想吃的可颂吧。

黑麦面包：只有一台烤箱的面包房，是无法应对极端的温度变化的。这时要将温度调得比法式面包的烘烤温度高 10℃，强化下火，并利用面包铲进行排列，让面团之间的间隔保有足够的空间。烘烤黑麦面包重要的是下火的强度，还有蒸汽的使用方式。1150g 面团烘烤 60 分钟后剩下 1000g，烧减率为 13%，蒸汽在面团入炉后 1 分钟内大量注入，之后打开排气阀 2 分钟，将蒸汽排除干净后进行烘烤。

◎核心商品和策略性商品

烘焙小贴士

你的商品构成中，起酥类商品占了几成？起酥类商品好吃不好卖，该怎么办？请一定认认真真考虑一下对策。美味的食物理应好卖。作为参考，我例举一个相应的对策吧！

考虑出 52 个种类的起酥类产品吧！可能你自己都难以置信，你的工作桌里肯定沉睡着 50~60 种的后备商品。单单只是通过装饰和内馅的变化，就已经足够了，你还可以再加入符合时令的水果（新鲜水果内蛋白质分解酶很多，因此根据种类也可以在面包烘烤后再进行装饰）。参考曾参加过的讲习会，即使打开讲义，也能简单地收集出那么多品种来的。首先在其中，选出最有卖相的 4 款商品，作为年度核心商品。剩下 48 个种类作为策略性商品（进行月度替换或周度替换），每四种产品为一组，分配给 12 个月。也就是说店铺内每天会出品 8 个种类的起酥类产品，在这之中，有 4 个种类是每个月会替换的。

烘焙店的客人，以平均 4.2 天来光顾一次的频率计算。客人来店铺的频率和这个店铺更换商品的频率最好成正比。想想自家餐桌就不难理解，每天都吃一样的菜，就算再好吃也会厌烦。而每天都思考新菜色，也会感到疲倦。对手边的菜单，转换一下思考角度，才能得到对食物的期待感、口味的记忆和易于品尝的感受。

日本人虽然对食物品种比较贪心，但对基本的饮食生活还是比较保守的。熟练地替换月菜单和周菜单吧。甜面包和其他的面包也可以同理进行思考。

第三章 面包制作方法

现在，在日本使用的面包制作方法主要有两类：直接法和中种法。不过也有很多别的面包制法。在美国常用的是连续面包制作法，在欧洲，特别是德国、俄罗斯等国比较常用的是酸种法，古时候的日本使用的则是酒种法、啤酒花种法等。而且，在改良制法的形态上人们也花了不少工夫，比如直接法中有再揉合法、速成法等。中种法也有被称为标准中种法的 70% 中种法，有 100% 中种法、完整风味法（Full-flavor）、宵种法（Overnight），以及适用于甜面团的加糖中种法，还有最近使用得越来越多的汤种法等，再加上为了节省人工而开发的冷藏法、冷冻法，同时在理论和设备上也都有改良，这些制法在未来的使用趋势也很令人期待。

即使只算现在还在使用的面包制法，就有十种以上，若加上历史上就有的制法，比如 S780 法、中面法等，那数量更是不得了了。这里将对主要的面包制作方法的种类、特征、制作步骤等进行简单讲述。

一、直接法
（直接揉合法）

直接法，顾名思义就是将所有原材料一次性全部混合来制作面团的方法，一般在零售面包店或家庭烘焙中常用。这个制作方法适用于制作花式面包和有特点的面包。

这个制作方法的特征是：

①风味好；

②发酵时间短；

③发酵室的面积小也没问题；

④成品有独特的口感。

这些优点的反面，也有以下缺点：

①老化快；

②容易受到原材料和制程的影响；

③机械耐性不好；

④面包体积不良；

⑤内部气泡粗，气泡膜厚。

直接法有很多种类，"发酵时间 2 小时"是其中的标准法。直接法中也有比标准发酵时间短的方法，比标准发酵时间长的方法，或是再揉合法等，即使都是直接法，如果制程有变化，出品的面包性状也有很大的变化。接下来针对一般的配方和制程，以及其注意点进行讲述。

◆ **直接法吐司的一般配方和制程**

配方以及制程如表 3-1 所述。

以发酵时间 2 小时、1 小时以及 20 分钟为例，这之中最标准的是发酵 2 小时的，在其发酵时间的 3/4 节点，进行一次排气工程。这种标准法做出的面包在风味和口感上被认为是最好的。

如果缩短 1 小时的发酵时间，就需要增加面包酵母和酵母营养剂，搅拌时间也需要稍稍增加。面团出面温度（搅拌完成后的温度），会比标准法的 27℃ 高 1℃，需要 28℃。

如果发酵时间缩短到 20~30 分钟的话，需要增加面包酵母，酵母营养剂也需要用速成型。吸水则需要控制到面团略硬的程度，搅拌也要稍稍过度，面团出面温度要上升到 29℃。分割后的制程和标准法大致相同即可，但因为面包酵母多、出面温度也较高，最终发酵结束时间也比较早。再者，因为发酵时间短，残糖量也多，所以面包容易上色，这点也需要注意。另外，因为发酵时间短，面包在风味上会有所欠缺，也容易老化和霉变。

<表 3-1> 直接法吐司的一般配方和制程

【配方】

原材料	标准法 /%	短时间法 /%	速成法 /%
高筋粉	100.00	100.0	100.0
面包酵母	2.00	2.5	3.0
酵母营养剂（加入维生素 C [*1]）	0.03	0.1	0.1
砂糖	6.00	6.0	6.0

续表

原材料	标准法 /%	短时间法 /%	速成法 /%
食盐	2.00	2.0	2.0
脱脂奶粉	2.00	2.0	2.0
油脂	5.00	5.0	5.0
水	65.00~70.00	65.0~70.0	64.0~68.0

【制程】

搅拌*2	L2 M4 H1 ↓ M3 H2	L2 M4 H1 ↓ M3 H3	L2 M4 H1 ↓ M3 H4
出面温度	27℃	28℃	29℃
发酵时间 温度、相对湿度	90 分钟（排气）30 分钟	60 分钟	20 分钟
	27℃，75%		
分割	方形吐司的比容积为 4.0		
中间发酵	25 分钟		
成型	在不损伤面团的程度下排气		
最终发酵 温度、相对湿度	大约发到八成	比标准法稍早	比短时间法稍早
	38℃，85%		
烘烤温度、时间	210℃，35 分钟	210℃，35 分钟	205℃，35 分钟
总时间	约 4 小时 15 分钟	约 3 小时 15 分钟	约 2 小时 30 分钟

*1 使用加入了维生素 C 的酵母营养剂时，因各厂家酵母营养剂的维生素 C 含量不同，只用维生素 C 的话无法表现氧化力，因此要遵循各自的使用基准（上述配方中，使用的酵母营养剂的维生素 C 含量也各有不同：（标准法）0.6%，（短时间法）1.2%，（速成法）3.0%。

*2 本章中搅拌时间是以直立型搅拌机 30qt（美制夸脱，容量单位，1qt ≈ 0.946L）为例，H1 是指高速 1 分钟以上，箭头 ↓ 是示意油脂添加的时机。

◆ 直接法的顺序和注意事项

准备搅拌时

①称量副材料时，用量越少的材料越需要精准计量。

②面包酵母不要和其他副材料放在一起，比如砂糖和盐会由于渗透压的原因导致面包酵母脱水，油脂也会包覆面包酵母，损伤酵母的活性。

③脱脂奶粉容易结块，因此要分散到砂糖或者小麦粉中。

④面包酵母尽可能溶于25℃的水（水量是面包酵母的5倍以上）来使用，用温度太高或太低的水来溶化酵母，会损害酵母的活性。原则上面包酵母和酵母营养剂不一起溶解，一起溶解的话，也绝对不能长时间放置，要尽快用掉，酵母营养剂原则上与小麦粉一起混合均匀后使用。

⑤油脂在面筋已经联结到一定程度的时候才能放入，这样才不会阻碍面团的结合。

⑥搅拌的程度，当然分为不足、最合适、过度三种。但在熟悉某个程度之前，搅拌稍微过度一点，更能制作出安定的面团。在还无法正确区分何为"最合适搅拌"的时候，一般搅拌不足的情况比较多，这个时候可以稍微打过一点，确保面团软化之后再结束搅拌。当然，像这样的情况，也需要留心在第一次发酵时延长发酵时间。

搅拌完成后

①面团温度比预计的高1℃的话，搅拌之后的制程大约要缩短20分钟。反之温度比预计低1℃的话，就要将之后的制程延长20分钟。

②第一发酵室温度是27℃，相对湿度是75%。

③排气的时间点，可以通过手指检测法以及面团的膨胀率（比最开始的面团体积要大2.5~3.0倍）来确定。所谓手指检测法，就是在面团表面用手指戳

◎工作慢一点好

　　我曾经在千叶县的郊区访问过一家开了一年的面包房。这家店远近闻名，即使选址在郊区，也有特地从很远的地方来购买面包的客人。可是，从这家店的规模、装潢、商品，以及店主的技术实力看，都很难让人相信这家店会那么有人气。之后有机会和这家店铺的主人聊上天，我才了解到店主原来是个上班族，完全不了解面包，是通过半年的学习，才开了这家面包店。但开店以来始终坚定不移地执行学来的配方、制程以及仔细地整形。就算需要客人等待，也坚持这个原则。结果是等待的客人们都能因此买到新鲜出炉的面包。

烘焙小贴士

一个洞，把手指拔出后，孔洞仍保留着手指戳入的形态，并且洞周围的面团还有一些下沉，说明达到最合适的排气时机。一般来说，面包酵母多的面团，氧化剂多的面团，以及发酵时间在 60 分钟以内的面团，不需要排气工程。

④排气的目的被认为是以下 3 点：

a. 排出充盈于面团中的二氧化碳，为面包酵母供给氧气，促进发酵；

b. 使面团表面和内部的温度统一；

c. 给予面团冲击，产生加工硬化。

⑤决定分割重量的方法，一般方形吐司的比容积在 4.0~4.2，近来流行面团量较少、内部导热性好的面包。但是如果比容积超过 4.2，就容易出现侧面凹陷等状况。另外，如果是三明治用的面包，面团量要适当多一些。

普尔曼面包，有说法认为它因形似普尔曼客车而得名。普尔曼面包也就是 3 斤长条状面团加盖烘焙而成的吐司的总称。比容积是模具的容积（cm^3）除以面团重量（g）得到的数值。

⑥中间发酵，是因分割、揉圆而受损伤的面团松弛静置的过程。将面团放在静置用的周转箱内松弛，使其状态得以恢复。待面团放在手上按压，没有抵抗状态时，就可以进入成型工程了。如果面团尚未恢复就勉强进入成型工程，

◎**排气的时间点**

　　进行排气的最佳时间点，正如正文叙述的那样。但也有例外的情况，比如要求面团有机械耐性，或者希望气孔更加细腻均匀的话，排气的时间点就需要提前。

烘焙小贴士

　　像黄油卷等面包，在成型阶段希望面团能受到一定程度的加工硬化，就可以省略排气工程，或者只是轻柔地排气。另外，如果是夏季，吐司面团容易紧缩，导致外观和内部组织有瑕疵，若完全不排气的话，反而可以改善外观和内部气孔的状态，但会导致内部颜色、触感、口感等出现不足。

　　排气的方法有很多，有的是放在发酵盒内，直接从上而下施以冲击，也有从发酵盒中取出排气，揉圆后再放回发酵盒的方法。排气的强度会对面包成品有很大的影响，因此，一定要记住每次排气的感受和面包成品的状态。

成品就可能在表皮和内部产生缺陷。

　　⑦所谓成型，就吐司面包而言，是指通过松弛恢复的面团放入整形机，经由滚轴进行排气，再卷起的工程；而对甜面包来说，则是指包裹馅料、编织面团等制作出面包原型的工程。

　　在这里最影响面包出品的一步，对吐司面团而言，在不损伤面团的范围内，进行排气是关键。为此，必须每一天都关注对整形机的调整（适合面团的滚轴间隔、传送带速度、卷链长度、展压板的高度和压力、滑轨的间隔以及切刀的清扫等，都是制作好面包的关键因素）。再者，如果想让成品组织气孔细腻，或是遇到比容积极大的面团时，可以选择让面团过两次整形机。

◎正确的排气方法

　　排气的最佳时间点前面已经讲过，可以通过多次的手指检测法去熟悉手感，学会判断。那么，大家知道正确的排气方法吗？曾经我也受到过日本面包界的权威，也是恩人——已故的福田元吉先生——的指导，去过他工作的地方观摩学习。福田先生排气的方法基本是固定的，他会在搅拌之后，把面团放入涂满油脂的大盆里，这时不仅仅只是简单地放入面团，而是会让面团光滑的一面接触盆底，然后取出，翻转面团后再入盆内，之后放进发酵室（这样做是为了让光滑的面团表面完全被油脂包覆，在发酵中就不会干燥）。等到了排气的时间，不是从盆内取出面团，而是在距离操作台30cm高的上方翻转面盆。因为盆中涂满了油脂，面团会从盆内直接掉落到操作台上，这样就不会损伤面团，之后再将面团小心地进行折叠放回盆内。

　　大家不能理解吧？我当时也不理解为什么要那么辛苦地举起和翻转那么重的面团，让它自然落下。但仔细思考其操作的合理性和针对性后，就会深感佩服。在发酵中的面团存在着大大小小各种形态的气泡，排气的目的是使气泡均匀化，气泡的内压用 $P=\dfrac{2T}{R}$ 来表示（P即气泡的内压，R即半径，T即气泡膜的张力）。也就是说，气泡越大，内压越小，面包面团从30cm高的高度落下，能给予面团均匀的力度，超过某种程度大小的气泡会因此全部消失。在操作台上就算再认真拍打，能达到比这个更好的效果吗？也许酒店技术人员的操作能达到。但无论如何，了解好原理和制作原则，才能让制作出的面包更好。

⑧入模的方法会根据比容积、数量、装填方式不同而有所不同，装填方式分为 U 字型入模、N 字型入模、M 字型入模、车轮式入模、涡旋状入模和扭转状入模等。

⑨最终发酵（第二发酵室）的温度设定为 38℃，相对湿度为 85%。在面包制作中，正确地管理温度和湿度是非常重要的。最终发酵中的面团，会稍显松弛。在结束最终发酵的节点，面团温度为 32℃时，炉内膨发的状态最好。

⑩决定吐司气孔组织的是搅拌的状态和成型工程，决定面团风味的则是发酵和烘烤。烘烤方法根据烤箱的种类不同也会有所不同。小型的烤箱，一般前段高温，使用下火；中段上下火平均使用；后段用弱火来烘烤。在初入烤箱时，稍微用一些蒸汽以及尽可能使用高温，能使面包气孔状态更好，表皮的上色情况也会更好。

在对烘烤程度的控制上，温度和时间是最大的考量因素，同时确认上色情况也很必要。另外，还有一个关键是烤制重量，即管理烘焙损耗并确认其数值。以方形吐司为例，虽然根据比容积有所不同，但烘焙损耗一般应该控制在（9.0±0.5）% 为宜。

◆ 其他直接法

两次揉合法

这是一种用搅拌代替排气的制作方法，以增加机械耐性为目的。这种制法用的多是蛋白质含量较多的小麦粉，分为一开始就混合所有材料的方法和除了食盐，先混合其他材料的英式方法。作为制作冷冻面团的搅拌方法，两次揉合法重新受到重视。

免排气法

这是指无论发酵时间长短，都不需要排气的制作方法。这个方法由于没有发生加工硬化导致面团紧缩，因此面团有机械耐性，并且气孔组织均匀细腻，面包口感松软，但面包的风味比较差，内部组织也没有光泽。最近零售类面包店的主流制法应该是免排气 1 小时发酵法。此制法适用于蛋白质含量较低的粉类以及具有高弹性的粉类。

◎**面团温度的变化**

到目前为止，已介绍说明了各种工程、反应以及对应的温度。这里以直接法的吐司为例，说明面包面团的温度进程。

面团温度

27℃	面团出面温度
29℃	发酵 2 个小时后（27℃，75%）
29.5℃	最后加工 40 分钟后（26℃，65%）
31.5℃	最终发酵 45 分钟后（38℃，85%）
	开始烘烤（220℃）

烤箱内的水蒸气会让温度低的面团表面出现结露现象，这层薄薄的水膜保护着表皮的延展，同时又让表皮呈现光泽，促进热传导。之后，表面的水分蒸发，这时，面团表面流失汽化热，从而延缓了表皮的温度上升，最终促进了烤箱内面团的膨发。

40℃	淀粉开始膨润
	面包酵母、酶作用开始活化
49℃	二氧化碳汽化、膨胀（负担了面团 50% 的膨胀）
60℃	面包酵母死亡，一部分酶失活
	淀粉开始第一次糊化，面包表皮开始形成
74℃	面筋膜开始产生热变性
	淀粉开始第二次糊化
79℃	酒精以及低沸点物质汽化、膨胀（负担面团膨胀的 50%）
	大多数酶失活
85℃	淀粉开始第三次糊化
99℃	面包内部（柔软的部分）不会再升温
110℃	果糖的焦糖化
155℃	生成糊精（表皮）
	促进美拉德反应（表皮）
160℃	蔗糖、葡萄糖、半乳糖的焦糖化
180℃	麦芽糖的焦糖化

烘焙小贴士

二、中种法
（海绵法）

20世纪50年代，中种法在美国烘焙大型工业化的时期被发明出来。它是能够将高蛋白质小麦的特征充分发挥出来的制作方法。

将配方分量内的小麦粉取一部分，与酵母、水以及其他副材料混合，制作中种，经过最少2小时以上的发酵后，开始主面团的揉制，再经过15~20分钟（0~60分钟）的第一次发酵后进行分割。之后的工程参照直接法。曾经，日本的大型面包公司基本上都采用中种法。

中种法的优点有以下几点：

①受面包制作原材料和制作工程的影响比较小；

②面团有机械耐性；

③面包成品的体积大，口感松软；

④气泡伸展性好，气泡膜薄；

⑤老化较慢。

反之也有一些缺点：

①酸味或酸气较强，美味程度不足；

②需要设备和足够大的空间；

③发酵的损耗比较大，吸水也少；

④工程所需时间比较长。

◆ 中种法吐司的一般配方和制程

以中种法的代表举例，表3-2展示了标准中种法中的70%中种法和完整风味法的配方以及制程，完整风味法在很多方面都继承了70%中种法和直接法的优点，正如其名，它在口味和香气上的表现都很优异，另外，还有很好的机械耐性，面包体积大且松软，老化也慢。但是，它在操作的容许度以及制品的均匀性这些点上，都不及70%中种法。

<表3-2> 中种法吐司的一般配方和制程

【配方】

原材料	70% 中种法 /%		完整风味法 /%	
	中种*2	主面团	中种	主面团
高筋粉	70.0	30.0	100.00	
面包酵母	2.0		2.50	
酵母营养剂*1（添加维生素C）	0.1		0.15	
砂糖		6.0		6.00
食盐		2.0		2.00
脱脂奶粉		2.0	2.00	
油脂		5.0	5.00	
水	40.0	22.0~25.0	60.00	2.00~5.00

【制程】

中种	搅拌	L2 M2	L2 M2
	出面温度	24℃	26℃
	终点温度	29.5℃	29.5℃
	发酵时间	4.0 小时	2.5 小时
	发酵室温度、相对湿度	27℃，75%	27℃，75%
主面团	搅拌	L2 M2 H1 ↓ M3 H1	L2 M4 H1
	出面温度	28℃	28℃
第一次发酵		20 分钟（室温）	17 分钟（室温）
分割		比容积 4.0	比容积 4.0
中间发酵		20 分钟	17 分钟
成型		不损伤面团的程度下排气	
最终发酵温度、相对湿度		发酵到七成半，38℃，85%	发酵到七成，38℃，85%
烘烤温度、时间		210℃，35 分钟	210℃，35 分钟
总时间		约 6 小时 30 分钟	约 5 小时

＊1 使用加入了维生素 C 的酵母营养剂时，因各厂家酵母营养剂的维生素 C 含量不同，只用维生素 C 的话无法表现氧化力，因此要遵循各自的使用基准（这里使用的是维生素 C 含有率为 0.6% 的产品）。

＊2 也有向中种里加入乳化剂的情况。

◆ 配方及制程的修正

到目前为止所列举的数字和时间，并不是绝对的，只是一个参考的标准。

关于配方也有很多考量，盐、砂糖、油脂等多一些还是少一些，油脂是采用起酥油、猪油、麦淇淋、新鲜黄油还是生奶油。乳制品方面，除了脱脂奶粉，还有全脂奶粉、炼乳、牛奶等，对这些材料的不同选择能组合成各式各样的配方，重要的是采取适合配方的酵母量、酵母营养剂的量，以及时间和温度，并且使这些条件取得平衡。

另外，应该经常思考自己到底在做什么样的产品，吐司面包有适合吐司面包的配方，若超过了配方限制可能就变成黄油卷或者甜面包卷了。所谓制作高级面包，就是严选原材料的品质，并且充分施展精湛技术，不一定非得增大配方用量。

即使是同样的配方，同样的制程，当面包出品不佳时也有如下修正的方法：

①调节温度；

②增减面包酵母的量；

③增减酵母营养剂的量。

要以这个顺序来设法改良面包的品质，如果反过来先从③入手，可能会矫枉过正。如果即使用过了很多办法，也无法改良面包品质，就应该回溯到一开始，从基本的配方和制程着手寻找问题会更好。

◆ 其他中种法

短时间中种法

这是将中种发酵 2~3 小时即可的方法，需要使用较多的面包酵母和酵母营养剂，中种面团的出面温度也需要上升至 26℃。其他的数据与标准中种法相同。此制法做出的面包在外观、内部组织、风味以及老化的表现上稍显欠缺。

长时间中种法（S780 法）

S780 法中的 S 是海绵（中种）的英文 Sponge 的首字母，7 指的是中种70%，8 指的是 8 小时发酵，0 指的是第一次发酵时间为 0 分钟。在这种制法中，中种控制在硬且低温的状态，并且发酵 8~10 小时后再进入主面团的制作，这样制作出的面团稍硬，并且不发酵直接进入分割。之后的工程则与标准中种法相同。

这是 20 世纪 50 年代比较流行的方法，特征是面包的体积大，且口感略带酸味，但因为加水量小，而且发酵损耗也很大，加上在夏天容易发酵过度，导致出品参差不齐，因此现在基本上不采用这种制法了。

宵种法（Overnight 中种法）

这是长时间中种法的一种，目前在人手少的面包房里会采用这种制作方法。在一天的作业结束时，制作出硬且低温的中种，使其发酵 10~15 小时。面包酵母的用量为 0.5%~1.0%，并且添加少量的食盐（0.3%）。

到制作主面团时再追种面包酵母、补上不足用量的食盐、添加其他副材料。

第一次发酵之后的工程，与标准中种法的工程相同。用宵种法做出的面包容易有酸味，因此多添加脱脂奶粉比较好。

100% 中种法

完整风味法就属于这种方法，是在中种内使用全量（100%）小麦粉的制作方法。面包的体积、口感、风味也都会更好，但中种的管理、搅拌时间的通融性，以及面团温度的调节等问题上难点比较多。

加糖中种法

加糖中种法用在像日式甜面包面团这样糖量占 20%~30% 的配方中，中种内添加全糖量的 14%~20% 的糖，目的在于强化面包酵母的耐糖性。

◈ 直接法和中种法的比较

现在，使用最为普遍的直接法和中种法的特征比较如表 3-3 所示。一言以蔽之，直接法的面包出炉后风味和香气出色，但老化快，若为了获得品质稳定的制品，需要高度的技术支撑。而相反，中种法老化慢，制品品质相对稳定，但风味上不及直接法的面包。

<表 3-3> 标准直接法和标准中种法的比较

	标准直接法	标准中种法
所需时间	约 4 小时 15 分钟	约 6 小时 30 分钟
所需空间	面积小	面积大
机械设备	少	多
劳动力	少	多
操作的通融性	基本没有	有很大通融性
机械耐性	无	有
吸水	多	少
体积	比较小	比较大
触感	相对弹性较强	松软
老化	较快	慢
气泡组织	气泡粗糙，气泡膜厚	气泡细腻且气泡膜薄

◎**老面团的再利用建议**

为了缩短发酵时间、增加面团体积以及改良风味，可以在搅拌时加入 15%~25% 前一天的面团。通常在分割制程时，会为了第二天的操作，留下一部分面团，包上保鲜袋防止其干燥，再冷藏保存。添加 15% 的量，无论用于什么面团，对于工程总体来说都不会有影响。若添加到 25%，量较大的情况下，就有必要更改制程，比如缩短发酵时间，省略排气工程等。老面团可以利用在商品构成上，比如在清晨第一批出品，也可以用于优化工程管理。

三、冷藏法、冷冻法

本来冷藏法和冷冻法是目的截然不同的制作方法，不能混为一谈。但是由于冷冻冷藏发酵箱的普及，冷冻品会通过冷冻冷藏发酵箱解冻，经由冷冻到冷藏发酵，再到最终发酵和烘烤，大部分都是这样的流程。在这个章节，会分别讲解冷冻法和冷藏法，也会试着探讨这类组合的关键点。

最近这类制作方法变得多起来，因此与之对应的原材料和设备也丰富起来了。最初冷藏法和冷冻法是为了让生产现场合理化以及为应对技术人员不足所开发出来的制作方法，但最近这种制法被重新审视，则是因为人们发现用它能制作出更美味的面包。

◆ 何谓冷藏法？

冷藏法也被称为低温发酵法。与冷冻法决定性的差别在于，面团中的水分并不会被冻住，虽然面团的熟成比较微弱和缓慢，但是依旧在进行，淀粉也在水合和膨润。冷冻法则因为面团的水分被冻住了，所以我们无法期待面团熟成，也无法得到超越标准的美味。而与之相对的冷藏法，通过改良配方和工程，就有可能制作出超越正常标准，达到 120 分、150 分的面包。

日本酒在 8~16℃发酵，发酵时间 15 天内；啤酒的主发酵在 5~10℃，发酵时间 10~12 天内，之后的后发酵制程在 0~2℃，需要花费 40~90 天。而通常面包要在 24~32℃的温域内发酵 2~6 小时。若能扩大面包的发酵温域，拉长发酵的时间，那开发出更加美味的面包想必不是难事。

中种法在日本经过了 40 年的改良，反观当下，冷藏法才刚刚开始研究，这个制法接下来的开发也是值得期待的。现在广为人知的冷藏法，是已故的室井千秋先生取得专利的冷藏中种法。另外，还有面团冷藏法、分割面团冷藏法、成型冷藏法、最终发酵后冷藏法。

还要再多说一句，成品冷藏法是绝对不可行的。消费者到如今还有将面包放入冰箱冷藏的情况，这样做会加速淀粉的老化，所以强烈建议消费者将面包放在冷冻库内冷冻保存。

关于原材料

越是冷冻面团，越不需要选择高蛋白质的小麦粉。特别是使用分割面团冷藏法时，选择高蛋白质小麦粉会导致制作出的面包韧性过强。与其如此，不如在使用面团冷藏法、分割面团冷藏法时，选择比使用一般制法时蛋白质含量更低的小麦粉，这样就能得到和使用一般制法有相同口感（韧性的强度）的面包。面包酵母的用量则一般选用 3%~4% 的鲜酵母。虽然面包酵母不会因为低温失去活性，但因为进入最终发酵箱的面团温度低，如果按原来 2% 的量添加，对发酵来说起不到作用，最终发酵的时间也得拉长。

但是，若使用冷冻冷藏发酵箱，最终发酵时间即使长一点也无所谓的情况下，少量使用酵母，仅用 1.0%~1.5% 的量，就能做出气孔组织细腻的成品。

关于酵母营养剂、乳化剂的种类和用量的选择非常重要，使用与一般制法相同的量，是很难得到好结果的。以全日本面包协同组合联合会为首，各个关联业界也对酵母营养剂和乳化剂的使用及操作发表了相关资料和文章，希望大家能加以参考。另外，未来也会不断开发出更好的酵母营养剂，因此作为从业者，日常收集相关资料以及积极试做是很重要的。

关于食盐、砂糖、鸡蛋、脱脂奶粉、油脂，按照与一般制法相同的标准去考量即可，没必要特地为了冷藏法改变副材料的种类和数量。

吸水方面，采用与一般制法相同程度的水量即可，但若是成型冷藏法、最终发酵后冷藏法的话，面团稍微硬一些（大约减少 2% 吸水量）状态比较安定。

关于工程

一定要注意的是搅拌工程，与一般制法相比，冷藏法的面团必须搅拌得过度一些。虽然依照不同搅拌机的型号会有所不同，但通常在搅拌完成后，会用更高速追加 2~3 分钟。发酵时长 60~120 分钟，原则上不排气。

关于分割面团冷藏法，分割重量的上限在 150g 左右为宜。

如果是太大的面团重量，面团冷却和回温的时间都会过长，会导致最终品质参差不齐。冷藏的分割面团，成型的最佳时机根据酵母营养剂的量会有所不同，但面团温度回温到 17℃最为合适。

冷藏法的种类

理论上来说，在面包制作工程的任何时间点，都可以进行面团的冷藏。当人手不足或者来不及成型的时候，也有把中间发酵的面团再放入冰箱冷藏的做法，即使这说不上是正式的冷藏法。

像这样的做法，就被称为分割面团冷藏法。短时间冷藏的话，用一般制法的配方和工程直接操作并不会有什么影响。但从冰箱直接拿出来的面团不能直接成型，而是要至少将面团温度回复到 17~20℃后再进行成型工程较好。成型是重要的加工硬化工程，若在 15℃以下进行操作，无法得到期望的加工硬化（弹性支撑力）效果。

1. 冷藏中种法

顾名思义，这是一种需要冷藏中种的方法，能够制作出老化较慢、口感润泽的面包。再加上中种是前一天进行搅拌工程时准备的，因此当天早晨制作中种和发酵中种的时间都可以省略。但是，在搅拌的量大以及次数多的情况下，就需要非常大型的冷藏箱。而如果是在冬天，工厂内温度较低，中种的比例又较多时，主面团的温度很难上升到目标温度，就需要往搅拌缸外置外壳内注入温水。在大型的生产线上，只要将第一发酵室变成冷藏箱即可，其他设备稍加修改就都能够使用，冷藏中种法是优点很多的面包制法。

2. 面团冷藏法

众所周知，早在过去制作布里欧修、丹麦面包等的面团时，经过一晚的冷藏发酵做成的面包口感会更好更松软。最近，吐司面包、甜面包也开始采用这种制法，市面上也开始出售专用的冷藏箱。早上面包师就可以直接进行分割，这能缓解早间工作的忙碌。比起其他冷藏法，这种制作方法的优点就是需要的操作面积更小。而且，由于分割工程是第二天进行的，能够短时间就让面团的温度恢复。缺点就是需要人手进行分割工程，而这个时间正好也是清晨工作最繁忙的时间段。另外，若面团冷藏法使用日本产小麦粉等蛋白质含量较低的小麦粉的话，便是发酵中就能期待面筋结合的先进面包制法。

3. 分割面团冷藏法

采用这种方法，面包师一早就能开始面团成型的工程，在面包店最繁忙的上午时间段，就可以省去分割面团的人手了。因为冷藏发酵后就进入成型工程，通过冷藏（结构松弛）的面团再经过成型（加工硬化），就能够得到有优质外观的成品。依据配方以及冷藏温度的情况，冷藏时间应最能达到 3~4 天，对零售面包店来说，这是有效的省力制法。特别需要注意的是小麦粉的选择，虽然是低温，但通过长时间发酵后进入成型这一加工硬化的工程，面筋组织会比一般制法的更为紧实坚固。因此若想要得到和一般制法相同口感的成品，那就需要注意选用蛋白质含量少的小麦粉来进行制作。

4. 成型冷藏法

使用冷冻冷藏发酵箱，选择成型冷藏法的话，早上到店必须进行的工程也只有烘烤了。以甜面团为例，烘烤时间仅为 8~10 分钟，而甜甜圈等只需要 3~4 分钟就能在店头摆放成品了。当然，考虑到最终发酵的差异以及烤箱温度的调整，面包师提前 30~60 分钟到店工作是必须的，但在忙碌的上午，就没有分割和成型这些最需要人手的操作了。不仅减轻了早上的工作强度，而且还能将上午与下午的工作量平均分配。

虽然到目前为止也存在出现表皮鱼眼（鱼眼状气泡）、外皮厚且硬等技术性的问题，但随着配方、工程、冷冻冷藏发酵箱的改良，大多数缺点也基本渐渐被克服了。成型后再进行长时间发酵，是为了防止常温发酵（25℃）产生的乙醇、高级酒精、酯类等芳香物质，低温发酵（6℃）形成的丙酮、乙醛等生成的风味，以及挥发类气体这些有效成分外逸，使其能完全包裹在面团表皮内烘烤，因此成型冷藏法被认为是能够做出最美味面包的制作方法。

但这个制法也是冷藏法中最难的一种，这里为大家罗列必须注意的事项。

①成型时不要损伤面团。

常温发酵面团时，若有些微的面团损伤，是能够通过发酵修复的，但在冷藏温度范围内无法期待面团的自身修复，损伤的部分会直接就固定化，像受伤后留下的结痂疤痕那样保留下来。

如果可以的话，甜面团等进行成型时，通过整形机或者使用擀面杖让面团中的气泡分布均匀，就能尽量减少表皮鱼眼现象。

②发酵不足时，面团易出现表皮鱼眼，把冷藏面团稍微多发酵一会儿会有改善。

③若用平时正常的温度来烘烤，也容易出现表皮鱼眼现象，稍微降低10℃来烘烤为宜。用低温稍长时间烘烤的话，即可维持一般制法的烧减率。

冷藏时的温度范围，从–3℃到4℃。温度越低，冷藏保存的时间就越长，但二氧化碳气体会溶于面团的水分中，从而导致面团气泡减少，成品内部组织粗糙。面团的冻结点，法式面包在–3.5℃，而越是高油糖的面团，冻结点越低。

这里值得注意的是日清制粉公司技术团队发表的关于"松弛时间（Relax Time）"的概念。成型时，损伤的面团表面若直接暴露在低温环境内，会导致面团出现表皮鱼眼现象，因此成型后一般采取先常温放置5~10分钟，待面团恢复后，再放入低温解冻库或冷冻冷藏发酵箱的方法。这对于表皮鱼眼的消解以及外皮品质的改良，非常有效。

冷藏温度在4℃以上时，冷藏过程中面团的发酵会缓慢地持续，这对成品结果有不好的影响。虽然出现表皮鱼眼，被大多数技术者认为是冷冻冷藏制法特有的现象，但其实啤酒花种法制作的英式吐司等经过长时间发酵的面包也会出现这样的现象。

还有更重要的是冷藏中的湿度管理。相对湿度小的话，面团会偏干且不上色，外皮厚。相对湿度过大的话，表皮会变湿，这也是表皮鱼眼的成因。因此即使在低温范围，也要保持75%左右的相对湿度，让面团表面维持半干状态是最重要的。而且根据成型方法、内馅种类的不同，面团气泡也会有所不同。成型时要使用擀面杖、整形机使气泡均匀分布。馅料的水分则少一些比较好，特别是像奶油面包这样水分多的面团，很容易在面团上部成型的区域出现鱼眼现象，希望大家在成型时多留意。

成型冷藏法的优点和缺点

优点	缺点
·能够在任意时间搅拌 ·可以减轻早间工作的工作量 ·在早上就能够备齐货品 ·能够短时间内提供新鲜出炉的商品 ·面包风味好 ·面包老化慢	·冷冻冷藏发酵箱、解冻箱等设备费用高昂 ·添加了氧化剂、乳化剂（面团冷藏法、分割面团冷藏法若严格管理面团温度，可以做到无添加） ·需要学习新技术（也称不上是缺点）

◆ **何谓冷冻法？**

　　我在 30 年前最先学到的制作美味面包的原理和原则，就是不要冷却面团。总之，我被教导从准备搅拌到烘烤出炉，即使是 0.1℃，面团温度也是要一点一点上升的，这样才能最大限度唤起面包酵母的活力，激发出面包的香气。

　　当时，正值隆冬，我去探访山梨县的一个小面包房。根据惯例，面包房开工很早，在凌晨 5 点就已经开始工作了。室外的温度当时是 –8~–7℃。在室内，再温暖的地方也不过 20℃。但在那里，看起来年过 50 岁的店主只穿着一件运动背心工作。我不假思索地脱口而出："您可真强壮啊！"他回答我说："面团们可都光着身子呢！自己穿着厚厚的衣服，是无法理解面团的心情的。"我听完这番话所受的触动至今还留存在记忆中。在这样的环境里受到教育的我，在此却要向诸位前辈说，面团需要再冷却。撇去理论先不谈，这应该算是不被人原谅的想法吧。但是，时代在不断进步，面包的味道和做法也伴随时代的发展不断地改变。然而，即使是在制作方法中，像冷冻法这样在 20 年间，不间断地持续进步的制法也是很少见的，这也可以证明这个制法对业界来说是很必要的，当然冷冻法也有非常多的优点：

　　①只要店铺有最终发酵箱和烤箱，即使是在狭窄的空间内，即使是外行的店员也能烘烤出面包；

　　②能够有计划地进行生产，无论是手工作坊还是大型生产线，都能节省人力，提高效率；

　　③店铺能够根据消费者的喜好，把多种多样的品种分别少量地提供，使店内的面包品类更加丰富。

但同时，缺点也不少：

①面包老化快；

②因为没怎么发酵，所以面包在风味、香气上比较欠缺；

③需要大量的氧化剂和乳化剂；

④面包酵母的用量需要成倍增加；

⑤需要急速冷冻机、解冻箱等高价设备，以及摆放这些设备的空间。

一直以来，对面包技术人员来说，冷冻法有必须解决的四大难题：

①面包酵母所受冷冻伤害的消除；

②面团所受冷冻伤害的消除；

③口味和香气的改善；

④老化的防止。

现在，这些问题也基本上都渐渐得到解决了。针对难题①，各个面包酵母公司已开始发售冷冻专用的面包酵母。对于面团所受冷冻伤害的原理机制也逐步明晰起来，冷冻技术也取得了阶段性的成果。

被大家一致认为最困难的问题——口味、香气的改善，目前也有了许多特许专利可以利用，如有机酸的添加、酶制剂的利用、液种和老面的采用等。无论如何，从目前的社会环境来看，已经不能只是一味遵循古法，只用直接法和中种法来制作面包了。要如何提高冷冻冷藏面包制法的完成度，也是我们面临的巨大课题。

冷冻法的种类

根据面团在制作工程哪个阶段、是否进行冷冻等情况，其所对应的原材料的选择，配方、工程的关键点也不同，因此一定要透彻地理解制作方法，并且选择最合适的手法。

1.面团冷冻法

这个制法不大常用，但在生产线上，使用分割机和高架发酵箱的话，就是很有效的制法。因为面团出品较均匀，可以分割成大块的海参状，也可以分割成一定厚度的片状，必须注意的原则是要能快速地冷冻和解冻。这个制法不需要太特殊的小麦粉和添加物。在短时间制作时，只需要做好面团温度管理就可以得到品质优良的制品了。

2. 分割面团冷冻法

这是大量使用冷冻面团的面包店（Bake Off Bakery）中较多采用的制作方法。面团解冻时间短，在解冻过程中也能消除温度差异，面筋会重新组合，面团水分会均质化和再次水合，通过成型工程面团再次形成，因此也能够得到较为安定的产品。而且，这个制法容易让各个店铺实现其独立性，即使是技术尚不熟练的新手，也能有效运用。

3. 成型冷冻法

这是最能代表冷冻法的制法。冷冻技术日益普及，加之各个公司也有市售商品，现在能在市面上购买到多种多样的成型冷冻制品。为了满足消费者的需求，店铺也需要在一定程度上让品种齐备，成品的轮换更新也很必要，而利用成型冷冻面团就是实现上述目标的一个有效手段。过去原材料费大概占30%，因此多数人对于采购高价冷冻面团会有一定的抵触，但未来会将原材料费和劳动费合并在一起进行考量，也许届时两者费用加起来只占到65%。

成型冷冻法的优点和缺点

优点	缺点
·能够在工厂中大量生产	·原材料费用高
·能够长期保存	·大量使用面包酵母
·在店铺可以节省操作空间	·需要添加氧化剂和乳化剂
·低技术水平人员也能够操作	·需要冷冻设备、冷冻储藏设备
·能够立即烘烤出少量、多种类的产品	·面包风味欠佳
·能够让人员从清晨和深夜的工作解放	·面包老化快
·减少制造和销售的损耗	

4. 最终发酵后冷冻法

一般也被称为直接烘烤法，在1992年柏林举办的国际烘焙展中，这个制法成为当时最大的主题。它需要原材料、制法以及特殊的旋风烤箱进行组合，来完成一个面包的制作。虽然现阶段这种制法仍存在不足之处，还不能说100%完成了，但也值得我们带着这个制法的优势去思考冷冻法的终极形态。目前面包店的这种制品应用于各种各样的场所，在快餐店、餐厅等强调新鲜出炉的地方，用这种制法制作出来的面包品质已足以满足其需求。

5. 成品冷冻法

关于这种制法，在商品的处理和思路上，还存在着难题。为什么消费者喜欢新鲜出炉的面包？我想也不单纯是为了好吃，刚出炉的面包自带的现场效果、香气、温度以及购买时的幸福感，包含了以上的全部才能称得上美味，因此烘烤具有很大意义。从技术层面思考，这个制法是最容易、也是能最不费力地为餐桌提供美味面包的方法。当然，由于面包体积造成的物流费的增加，以及外皮的剥离、冷冻中香味的变化、冷冻能力、解冻方法等，都是必须要解决的问题。

关于原材料

即使是相同的冷冻法，选择在哪一阶段的工程进行冷冻也会给结果带来差异。这里以成型冷冻法为主进行探讨。

冷冻面团专用的小麦粉已有各个面粉公司来发售，一般都是高蛋白质、高等级的小麦粉。

关于面包酵母，在美国冷冻面团大多使用即发型干酵母，但从所见的面包品质来看，面包酵母的适应性由高到低按顺序排列依次是：鲜面包酵母，即发型干酵母，干酵母。特别是最近冷冻专用的面包酵母种类越来越多，建议大家根据自己的目的来选择和活用酵母。无论是哪一种，最重要的是选择品质新鲜的酵母。

在副材料中最能改良冷冻耐性的，不是油脂，不是鸡蛋，也不是脱脂奶粉，而是砂糖。乍一看我也觉得不可思议，甚至觉得和认知中的常识相矛盾，但根据笔者的实验结果，含糖量高的面包，更适合冷冻制法。

油脂、鸡蛋、脱脂奶粉含量多，虽然能提高面团的冷冻耐性，但改良效果不及砂糖。特别是鸡蛋，虽然对面包体积的增大有促进作用，但容易使其出现表皮鱼眼的现象。当然，最关键的是酵母营养剂和乳化剂的选择和用量。因为行业每日都在革新和发展，因此好好收集业界信息，争取选择最新最合适的酵母营养剂和乳化剂是很有必要的。

冷冻面团要搅拌得稍微硬些，吸水一般减少 2%~4%。对冷冻面团来说最重要的是要保持多少天的流通时间。保持一周还是一个月，对应的理论、配方、工程也要相应变化。

关于制作工程

冷冻面团在搅拌上必须呈现过度状态，因此盐和酵母后加比较好。这样面筋能够更强地结合，也提高了自由水中盐分的浓度。并且在避免了面包酵母单粒化的同时，让面包酵母尽量地少和自由水接触，也能够减少面包酵母的冷冻伤害。

根据搅拌机种类的不同，面团状态也有差别。使用直立型搅拌机的话选择细的搅拌钩，搅拌钩与缸壁的缝隙狭窄一些为好。但是，无论怎么说，冷冻冷藏面团还是用螺旋型搅拌机比较合适。

搅拌后的发酵时间，根据之后的冷冻保存时间来调整，若要冻 1~2 周较短的时间，发酵 20~40 分钟就能够得到好的结果。若要放置 1 个月以上的话，缩短发酵时间为宜。

分割、成型时都尽量不要损伤面团，气泡能均匀分布也非常必要。一般来说，冷冻面团的冷冻条件是，在 –40℃下急速冷冻 20~40 分钟，面团冻到七八成时放入塑封袋中，排气密封后放入 –20℃的冷冻柜内储存。

这个时候必须明确记录制品的名称和制造日期，严守先入先出的原则。另外，若冷冻保存时间比较短，则不需要使用急速冷冻，可以一开始就把面团放入 –20℃的冰箱内冷冻，这样解冻后的最终发酵时间也会短一些，就能得到体积膨大且品质优良的面包成品。

这是因为通过缓慢冷冻，面包酵母细胞内的水分处在过冷状态*，而面团中的水分已经结晶，使面包酵母细胞发生脱水，因此面团中的冰结晶增大，面包酵母细胞内形成脱水状态，这样面包酵母就不会受到细胞内冻结破坏。若面团解冻也能缓慢进行，是能够得到良好的制品的。

无论哪一种情况，将面团在急速冷冻库（–40℃）长时间放置时，若超过了必要的限度，都会明显阻碍面包酵母的活性，若面团在急速冷冻库一次性 100% 完全冻结，成品品质会变得非常差。

解冻方法要根据冷冻方法来定，急速冷冻的面团，也需要急速解冻，而缓慢冷冻的面团，急速解冻或缓慢解冻都没有问题。

---

*过冷状态是指，液体在凝固点以下的温度也不凝固或结晶，仍保持原来的液体状态。这里是指水在0℃以下也没有冻结的状态。

◎供给热量和摄取热量

　　每年日本农林水产部会发表对每人每日饮食供给热量的统计——《粮食需求供给表》，日本厚生劳动部会发表对每人每日摄取热量的统计——《国民营养调查表》。这两个表本应有相同数值，但在 2003 年，供给热量为 2 588kcal，摄取热量为 1 918kcal，两者的差额可看成食物残余或废弃食品，之后每年，这个差额都呈扩大趋势。实际上，大概有超过 1/4（28%）的食物都被废弃掉了。

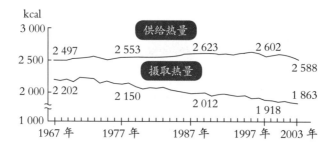

　　资料：农林水产部《粮食需求供给表》，厚生劳动部《国民营养调查表》
　　注：1. 不含酒类。
　　　　2. 二者的热量值、统计的调查方法以及热量的计算方法完全不同，由于不能进行单纯的比较，两者热量值的差额，最终只表示食物残余废弃的大致指标。

◎目前冷藏、冷冻面团制作面包的方法

　　用分割面团冷藏法、面团冷冻法制作面包时，在分割后的面团下铺一层厚厚的塑料膜是普遍做法，发泡聚乙烯薄膜也值得一试。这样不需要用手粉或脱模油，就能很容易地将面团从冷冻托盘上剥离。欧洲的冷冻冷藏工程普遍使用发泡聚乙烯薄膜，但日本还未普及。聚乙烯薄膜有蓝色、粉色、白色，厚度在 1.05~11.00mm 之间，有很多款式可选，常见的是白色、1.1mm 厚的产品。它一般是作为打包用的材料，并不是用在食品上的。另外，它还可以用作发酵盒的铺垫物，就像保护膜，防止长时间发酵的面团变干燥。在考虑经济实惠的同时，更要考虑保持卫生，不能发霉。使用时要小心翼翼、周到细致，切记不要在操作中混入异物。

四、液种法
（水种法）

液种法，不需要配置像中种法那样的劳力和设备，这种方法的目的是制作具有某种程度的机械耐性且老化较慢的面包。其特征是在预先准备的液体中生成面包酵母生成物。在液种形成时，发酵也在同时进行，若 pH 过度低下，会损害液种制作面包的适应性。为了将 pH 的下降控制在一定范围内，人们会使用缓冲剂。

利用脱脂奶粉作为缓冲剂的方法叫 ADMI 法，利用小麦粉作为缓冲剂的被称为波兰种法（Flour Brew 法、Poolish 法、AMF 法），利用碳酸钙作为缓冲剂的则为水种法（Brew 法、Fleischmann 法）。

◆ 液种法吐司的一般配方和制程

配方以及制程如表 3-4 所示。发酵一定时间的液种，要冷却到 8~16℃，再继续搅拌。液种在 36~48 小时内也能够使用，但最好是在 24 小时内使用。制作面团时，液种必须恢复到常温，并添加少量砂糖以恢复其发酵力，确认其发酵强度后再进行使用。

<表 3-4> 液种法吐司的一般配方和制程

【配方】

原材料	ADMI 法		波兰种法		水种法	
	液种 /%	主面团[*3]/%	液种 /%	主面团[*3]/%	液种 /%	主面团[*3]/%
小麦粉		100.0	20.0	80.0		100.0
鲜面包酵母	2.00	0.5	2.0	0.5	2.00	0.5
酵母营养剂[*1]（加入维生素C）	0.20			0.1		0.1
碳酸钙					0.04	
氯化铵	0.04				0.04	
砂糖	3.00	5.0	2.0	5.0	2.00	5.0
食盐	1.50	0.5	1.0	1.0	1.00	1.0
脱脂奶粉	3.00~4.00					
麦芽糖浆		0.2		0.2		0.2
油脂		5.0		5.0		5.0
水	30.00	30.0~32.0	50.0	10.0~12.0	30.00	30.0~32.0

【制程】

液种	温度	（29±1）℃	（29±1）℃	（29±1）℃
	发酵时间	4 小时（搅拌）后冷藏	4 小时（搅拌）后冷藏	3 小时（搅拌）后冷藏
	pH [*2]	5.13	4.65	4.30
主面团	搅拌	L4 M6 ↓ M5	L4 M5 ↓ M5	L4 M6 ↓ M5
	出面温度	（28.0±0.5）℃	（28.0±0.5）℃	（28.0±0.5）℃
第一次发酵		30~40 分钟	30~40 分钟	30~40 分钟
分割		比容积 4.0		
中间发酵（松弛）		25 分钟		
成型		如往常一样使用整形机		
最终发酵温度、相对湿度		约发至七成半，38℃，85%		
烘烤温度、时间		210℃，35 分钟		

*1使用加入了维生素C的酵母营养剂时，因各厂家酵母营养剂中的维生素C含量不同，只用维生素C的话无法表现氧化力，因此要遵循各自的使用基准。上述配方中使用的酵母营养剂的维生素C含量也各有不同：（ADMI 法）0.6%，（波兰种法）1.2%，（水种法）3.0%。此外，最好使用含铵盐的酵母营养剂。

*2 pH 的测定在发酵时间结束后。
*3 在主面团搅拌时再使用酶制剂比较好。

◆ 液种法的特征

液种法虽然受到了一时的瞩目，但后来基本不用了。然而，最近液种法又开始渐渐成为讨论的话题，这里为大家列举其特征。

优点

①液种的制造和管理，比中种更简单。

②能够一次性制作一日份或两日份的液种。

③只要把保存温度管理好，液种就能长时间保持安定。

④同一液种能够用于制作各种不同种类的面包。

⑤能够节省面包制作的时间、劳力、设备以及面积。

⑥遇到制作计划变更时，能够随机应变。

⑦比直接法做出来的成品软。

⑧面包的体积大，老化慢。

缺点

①使用大型设备时，液种罐和导管的卫生管理是最重要也是最困难的。

②不使用牛奶的成品在风味上会有所欠缺。

③成品品质逊色于中种法。

◆ 各液种法的比较

ADMI 法

脱脂奶粉作为缓冲剂被大量使用，因此成品在风味和香气上都很突出。成品的老化慢，体积也大，比起波兰种法，成品更多地呈现甘甜的香气。

波兰种法（Flour Brew 法、Poolish 法）

因为小麦粉是缓冲剂，更能获得与直接法相近的风味。但由于液种发酵而体积增加，需要较大的发酵槽。

水种法（Brew 法、Fleischmann 法）

用碳酸钙做缓冲剂，可以低成本地大量制作出状态安定的发酵液。但是，发酵气味有点单调，和其他成品相比，缺乏复杂的风味。

五、其他的面包制作方法

◆ 酸种法

酸种法主要用于制作黑麦面包。不同国家和地区的酸种制作方法都有其独特之处，在德国主要采用的有三阶段法、柏林短时间法、代特莫尔德第一阶段法、代特莫尔德第二阶段法、蒙海姆加盐法。

在德国，酸种的起种也像鲜面包酵母这样销售。根据起种不同，还可以自制。无论是购买还是自制，酸种都是通过乳酸菌发酵而来，pH 为 3.9、酸度为 15 时产生的香气是最好的。只要能制作出优秀的酸种，基本上很少有比它更能简单且在短时间内制作出美味面包的方法了。

◆ 酒种法

从日本昭和初期，到日本开始使用面包酵母之前，日本的甜面包都用酒种来制作，酒种制作的面包的特征是表皮薄且柔软，还带着淡淡的米曲香，老化也慢。制作上需要注意的是：

①务必保持使用器具的清洁；

②必须选用面包专用米曲（发酵至七成），酒种用量是 20%~30%。

好的酒种尝起来，是一种甜味带着微微涩味、苦味的混合风味。最近，酒种也和面包酵母并用制作甜面包等产品，这样就能同时拥有面包酵母的发酵力和酒种的风味、香气，出品的面包有轻薄的表皮且老化慢，面包酵母和酒种两者相得益彰、互为助益。

◆ 啤酒花种法

最近人们想再重新审视这个制法而使它多次成为讨论话题。对这个制法有误解的人不少，其实在这个方法中使用啤酒花是为了去除杂菌和生成特有风味，而发酵力是来自于与啤酒花并用的马铃薯。

用这个制法制作的面包有以下几个优点：老化慢；有苦味且风味比较淡；没有面包特有的酵母味。

而另一方面，也有缺点：续种比较麻烦；想获得稳定品质的啤酒花种很困难；制作面包时花费的时间长。

若直接使用传统方法，很难将这个制法实用化，因此人们也考虑了很多简便的方法去慢慢进行推广。

◆ 中面法（浸渍法）

中面法是指：用小麦粉和水制作中面，静置一定时间后，加入剩余材料揉成面团，接下来发酵，但无须排气就可进行分割，之后的工程与普通的直接法相同。制作中面的方法有 3 个：

①只加小麦粉和水；

②小麦粉和水中加入食盐和酵母营养剂等；

③加入除面包酵母以外的所有材料制作。

在制作主面团时，加入的材料越少，面团越安定，吸水量也越多。这个制法与制作法式面包的自我分解法有共通之处。与老面法的不同在于，老面中有面包酵母，而中面一般不添加面包酵母。

◆ 克莱伍德快速发酵法（Chorleywood Method）

这是直接法（速成法）的一种，是以发明这个制法的英国面包制作工业研究协会的所在地命名的。这个制法的特征是，借由机械操作和还原剂增强面团的伸展性，通过添加抗坏血酸和其他氧化剂实现面团的氧化，从搅拌结束到烘烤出炉，只需要 2 小时左右的时间。

这个制法在风味和口感上一直被认为有些问题，但最近利用酸种和老面团，使其得到了极大的改善。现在这个制法不仅用于英国的白面包类产品，它还拓展到了欧洲全境，而且在日本也成为话题，有一部分人已经开始采用这个制法。

◈ 连续面包制作法

连续面包制作法有很多，以俄系和美系最为有名。在日本说到连续面包制作法，基本上指的是美系的 Do-maker 法和 Amflow 法。这些美系制法的特征是：无论哪一种制法都与液种法相同，先制作发酵种，然后将发酵种在预备搅拌机内与其他副材料混合均匀，再送入高压高速搅拌机中。

在高压高速搅拌机中，通过强大的压力和高速旋转，面筋进行结合，而面团的氧化完全依靠添加的氧化剂。在日本也曾尝试用这个制法制作面包，但由于风味和口感与过去的产品有着显著的差异，并没有成功。

◈ 冷藏面团法（定时发酵法）

这类制法用于像丹麦面包、甜面包卷、布里欧修等配方中含有大量副材料的面包。面团搅拌完成后，经过一定时间的发酵，再进入冷藏发酵箱内进行长时间的延迟（低温）发酵。各步操作都在 15~18℃下进行较为理想。最终发酵箱的温度以低于油脂熔点的 5℃为宜。这个方法制作出的成品，口感、化口性都很好，触感也很柔软，美味十足。（做法参考 186 页的"面团冷藏法"）

◎自我分解法（Autolyse, 自家熟成法）

这种制法是指只用小麦粉、水、麦芽精制作面团，静置 20~30 分钟后，加入剩下的材料，然后再进行短时间的搅拌完成制作。这样可以促进小麦粉的水合和面筋的结合。较短的搅拌时间内就能制作出有面筋的面团，能够烘烤出表皮酥脆，体积大，风味、口感都良好的面包。

烘焙小贴士

第四章 面包标准制法

最近，企业内部的研修和相关行业主办的各种研讨会十分盛行，许多技术人员也都积极参加，不仅能从中学到面包技术和知识，更能和同行业的伙伴们一起探讨，互相交流，这是非常有意义的事。

另一方面，查看研讨会的讲义和书籍后，我们会发现即使是相同的吐司面包、甜面包、丹麦面包，也会有许多不同的配方和制程。百花齐放固然是好事，至于到底选择哪一款，各位技术人员自行判断即可，而这里我想让大家知道的是，将每一种面包的标准配方和制程深谙于心才能明晰自己烘焙出的面包所处的位置，对进入专业领域的下一个阶段来说是很重要的一步。

一、吐司面包

◆ **写在前面**

世界上被称为小麦粉文化圈的地方大致可以分为三个区域：美国、欧洲以及中国。这三者之中，食用吐司面包的主要是美国。美国的面包市场九成是在卖场内大规模售卖，这种面包的制法以中种法为主。当然，英式面包也是以吐司面包为主流的，但当地使用的制法是被称为克莱伍德快速发酵法的一种短时间制法。

这些制法的不同，首先是受到当地生产的小麦的品质和蛋白质含量的制约。而与之同等重要，或者说更重要的则是来自当地市场状况的影响。英国的小麦与日本的小麦有着类似的蛋白质质量以及蛋白质含量，都不太适合制作面包，因此，需要超高速的搅打以及大量使用氧化剂，需要用这种相当强力的面包制法来制作。而众所周知，美国、加拿大的小麦在蛋白质质量和含量上都是最适合制作吐司面包的，但仍离不开高速搅拌机的开发。在高速搅拌机开发之前，蛋白质含量太高的小麦粉，想要完全形成面筋非常困难，还会抑制面包的伸展性。在没有高速搅拌机的时代，并不适合用高蛋白质小麦粉制作面包。因此，制作面包时，要充分看清使用的小麦粉的蛋白质含量和质量，选择合适的搅拌机。反过来说，若搅拌机已经选择好，那接下来的首要工作就是选择与搅拌机相匹配的小麦粉。

◆ 何为吐司面包？

　　吐司面包目前的定义是指放入吐司模具内烘烤的面包，这仅仅规定了其形状，而对于吐司的配方、重量并没有任何定义。在农林水产部的米麦加工食品的生产动态调查里，有"面包生产量"一项，那里所指的吐司面包就是普通的吐司面包、日式面包棒、葡萄干面包等。在总务厅出具的"每个家庭的面包支出金额"中，吐司面包指的是日式面包棒、牛奶吐司、葡萄干吐司、法式面包、黄油卷等。另外，在社团法人日本面包工业会制作的面包实用分类中，吐司面包包含了白面包、花式面包、餐包等。最后，由农林水产部在四百三十三号公告中写明、1997 年 6 月 1 日开始实施的《面包品质标示基准》，对面包有以下定义。

　　"面包是指以下所列举者：

　　①以小麦粉或者小麦粉中添加了其他谷物粉类的物质为主原料，在其中添加面包酵母、水、食盐、水果（葡萄等）、蔬菜、鸡蛋及其加工品、糖类、食用油脂、牛奶以及奶制品，经过混合、搅拌、发酵成为面包面团，再烘烤而成的食品，烘烤后成品水分在 10% 以上；

　　②面包面团内裹入或者翻折入红豆馅、奶油馅、果酱类、食用油脂等，或者面包面团上部摆放装饰后再进行烘烤的食品，被烘烤后的面包面团的水分在 10% 以上；

　　③在制品①中包入、夹入或者涂抹红豆馅、蛋糕类、果酱类、巧克力、坚果、糖类、粉糊类、麦淇淋类食品以及用食用油脂制作而成的奶油状制品等。"

接下来在这个表示基准中还定义了吐司面包："吐司面包指的是将上述面包类目①或类目②的面包面团放入吐司模具（长方体或圆柱状的烘焙模具）中烘烤而成的食品。"

日本二战后的一段时间内，副材料在10%以内的面包也被定义为吐司面包，但是当时的配方仅有添加食盐和砂糖的概念，这个数值也是以此来考量的。可如今的配方还添加了油脂、奶粉、鸡蛋等副材料，所以副材料含量的平均值达到了15%~16%。

虽然吐司面包的分量在日本经常用1斤、2斤来表示，但关于这个单位，并没有明确规定其对应的种类和体积。不过以日本面包工业会、全日本面包协同联合会等为中心指定的《关于吐司面包包装标示的公正竞争契约》中，规定了1斤的最低重量为340g。

◆ **吐司面包的种类**

如之前所述，在官方公布的统计中，吐司面包拥有非常广义的解释。但这些只是用于统计中，一般意义上被称为吐司的只有方形吐司面包，也就是所谓的"角食"。

英式吐司是否能纳入吐司面包，仍在令人困扰的争议之中。但从配方、工程、形状、烧减率等专业数据来看，二者还是有非常大的不同。最近使用方形吐司面团来制作英式吐司的情况很多，这样的英式吐司与角食吐司之间就只是存在形状的不同了。

◆ **吐司面包的代表配方和制程**

就这部分而言，配方和制程存在很大的个人差异，不能一概而论。但是，扎实地掌握属于自己的标准配方和制程，确切地了解其风味，是非常重要的。在此基础上，品尝其他店铺的面包时，再与自己制作的口味相比较，就能够想象出对方使用的配方、制法和制程。下面要分享的配方和制程仅是笔者个人的标准。

【配方】

高筋粉……………100%
鲜面包酵母…………2%
酵母营养剂……0.03% *1
食盐………………2%
砂糖………………6%
脱脂奶粉……………2%
油脂………………5%
水…………… 67%

*1 各公司销售着许多种类的酵母营养剂，这里使用的是维生素 C 含量为 0.6% 的标准型号。

【制程】

搅拌（直立型）… 低速 2 中速 5 ↓*2 中速 5 高速 2~4
出面温度……………………………27℃
发酵时间（27℃，75%）……………90 分钟
排气 30 分钟
分割……………………模具比容积 4.0
中间发酵………………………25 分钟
成型………………………U 字型入模
最终发酵（38℃，85%）………40~50 分钟
烘烤（220℃）…………………35~40 分钟

*2：↓是表示油脂的添加节点。（下同）

◆ 吐司面包原材料的意义和考量

小麦粉

当然，使用面包专用粉（高筋粉）是最基本的。面包专用粉是指制作适应性优异、用高蛋白质小麦研磨而成的粉类。但最近随着酶制剂的发展，对面包的体积而言，小麦粉的蛋白质含量带来影响的必然性已经渐渐减小。当然，蛋白质的含量对于上色、风味等还是起到了重要的作用，如果问是不是可以选择低蛋白质小麦粉，答案肯定是否定的，但高蛋白质的小麦粉渐渐不再成为面包制作的必需条件也是事实。以前蛋白质含量基本等于氨基酸含量，因此过去人们认为蛋白质含量越多的小麦粉，制作出的面包越美味，但最近有越来越多关于淀粉风味的话题讨论，不能再单纯说只要是高蛋白质小麦粉，就能制作出美味的面包了。究竟面包的美味取决于蛋白质的质量还是淀粉，依旧还有争议。但说起吐司面包，仅以笔者的经验，从中式面类专用粉到特殊的高蛋白质粉，在较广的范围内都能见到使用的例子。

说起灰分，方形吐司并不适用于灰分太高的小麦粉。制作方形吐司时，烧减率大概在 10% 左右，这近乎蒸烤状态。只要想想白米和胚芽米在保温锅内长时间保温后的气味就能知道，若使用灰分高的小麦粉烘烤方形吐司的话，会留下熏蒸气味，这并不好闻，更称不上是香气。相反，烧减率高的法式面包、比萨等，用灰分高的小麦粉，能给面包带来醇香，也能得到风味良好的成品。像

馕饼这样摊平薄烤、烘烤时间以秒计的制品不太能期待会有高的烧减率,因此,用灰分低的粉类来烘烤更能得到美味。

另外,从小麦粉的蛋白质含量和烘烤的关系来看,蛋白质含量越大的,烘烤后越是酥脆,会有非常好的口感和风味。不过一旦冷却的话,会因为面筋强度过强而导致口感韧劲强、不易咬断,反而成为缺点。

若说面包和搅拌的关系,如之前的章节所述,根据搅拌机的种类来选择小麦粉显得尤为重要。特别是手工揉面时更要慎重,不必一味选用蛋白质含量高的小麦粉。

面包酵母

面包酵母分为鲜面包酵母(水分含量66%~68%)、干面包酵母(水分含量12%~13%)、即发型面包酵母(水分含量6%~8%)、自家制酵母等各式各样的制品。除去自家制酵母,其他全部都是出芽酵母。只有在极少数情况下,出芽酵母会作为冷冻专用酵母使用,当然,这样的例子并不多。各种面包酵母的基本使用方法也不同,因此要充分理解其使用理由,并且遵循使用方法。像这样的酵母菌基本上是由面包酵母公司使用同一种菌种来培养,但由于菌株以及培养条件的不同,制作出来的菌株在风味和香气上也有很大的差异。

酵母营养剂

这并不是必须要用的原料,而且每个制造商的产品及其用量和使用方法也不同,在这里就省略说明。不过说到最近的酵母营养剂,也从过去的以氧化剂、无机盐类为主体,渐渐发展成以酶制剂为主体。它们不仅保持了过去的酵母营养剂的效果,还兼具乳化剂的功能,未来对这类产品的开发也值得关注。

食盐

食盐过去被视为天然的面包改良剂,在面包面团中起重要作用,它能平衡风味、收紧面筋、防止杂菌繁殖,被认为是面包制作的四大基本原料之一。以往,食盐用量通常会做以下调整:夏天多,冬天少,关东地区多,关西地区少。但最近基本看不到根据季节和地区调整配方用量的情况了。只是面包比容积较大时,适当多加些盐更好。在最近的展示会上,世界上各种岩盐、海水盐、特殊盐都有销售。虽然我认可这些盐类能强化微量矿物质,使风味差异化,在原料上也很讲究,但就用于吐司面包的配方来看,很难让风味有太大的差别。

砂糖

绵白糖、白砂糖、蔗糖、果糖、异构糖、黑糖、一番糖（初榨高纯度蔗糖）等不同种类的糖，在使用上也有各自的讲究。使用量从 4%~12% 不等，不同的使用量也各有其不同的喜好者。需要注意的是，糖的添加量会影响面包的上色和甜度。以添加 2% 酵母量的面包为例，面包酵母的发酵时间每增加 1 小时，减少 0.7%~1.0% 的砂糖量为宜。

奶粉

添加奶粉的主要目的是强化营养价值和风味，本来是为了补充小麦粉中缺少的赖氨酸而添加，但最近奶粉赋予面团发酵耐性的功能也变得重要起来。除了丰富饮食口味、增强营养价值之外，它对面包制作性和风味的提升作用更受瞩目。一直以来，出于对成本和面包操作性的综合考虑，制作者大多使用脱脂奶粉，但笔者认为，也应该考虑使用全脂奶粉。另外，还有一个说法：若油脂使用的是黄油的话，考虑其引起反应的阈值，要尽量避免使用奶粉类的副材料。各种说法我也很难评断，只能期望大家通过自己的舌头去确认了。

很多店家都希望能将乳制品令人愉悦的香气赋予在面包上，但可惜的是，即使在面包面团里大量添加各种乳制品（因与面包制作性的关系，其添加量有上限），也很难达到香气改善的预期。不过，这之中"加糖炼乳"是最能接近期待值的，大胆地加入 20% 的量就有可能得到美味的面包（但使用的时候，要注意水分和糖的换算）。

油脂

以黄油、麦淇淋、起酥油为首，众多的专用油脂最近都出现在市场上。根据使用目的来区分使用油脂是非常重要的，希望大家千万不要误解为，油脂添加得越多，吐司就越好吃，这个说法可是错误的。吐司面包再怎么说也是作为主食被食用的，如果添加太过于浓厚的味道，难免让人生腻。过去很多面包店因为踏入了这个误区，经历了惨痛的教训。无论如何，若志在制作风味好且高级的吐司面包，应着手于原材料的品质，而不要深陷以量取胜的误区。

往面团内添加油脂的时机也非常重要，原则上在面团搅拌至六七成时添加为宜。想要烘烤出酥脆的口感，或者想要制作出顺滑的面团，也有极少数会在搅拌一开始就加入油脂的情况。当然，油脂也会给吸水量和搅拌时间带来影响。

水

日本的水八成以上都在国际硬度 50mg/L 以下，对制作面包不会带来什么不好的影响。但是，也有极少数情况不在此范围内。因此新开设工厂的话，必须确认水的硬度。更需要注意的是水中氯的浓度，特别是对于净水厂附近的工厂，氯浓度更是必须确认的项目之一。

◆ 吐司面包制作工程的意义和考量

不只是面包面团，乌冬面团、面皮制品等在小麦粉中加水制成的面团，对其施以外力的话都会发生加工硬化的现象，而静置后则会发生结构松弛的现象。在面团中发生的现象通常就只有结构松弛与加工硬化这两种。面包制作工程就是这两种现象的交替，只是这两种现象出现在各个工程中时，会被赋予不同的专有名称。

搅拌

使面筋结合并且延展是搅拌的目的。越是强有力的搅拌，面包的体积就越大，气孔组织也更均匀细腻。但也有人认为这会抹杀各食材的风味，让面包的味道变得寡淡。联结面筋的方法，除了用搅拌机混合以外，也能通过静置面团，以及对静置后的面团排气来达成效果。重要的是，在搅拌机中混合的时间尽可能短，并且尽可能多地生成面筋的联结，是出品风味优良且外观漂亮的吐司面包的关键。

出面温度

面团的出面温度，取决于面团的发酵时长。重要的是以入炉时面团温度达到 31~32℃ 为目标，由此来决定出面温度。虽然依照面包酵母的含量，出面温度会有所不同，但面团温度的上升，可以用第一阶段发酵（发酵箱温度 27℃）1 小时上升 1℃，最终发酵（发酵箱温度 38℃）40 分钟上升 2℃ 为基准，进行简单的计算。

为了得到期望的出面温度，对水温的计算有 2 倍法、3 倍法、4 倍法、使用冰块等方法，务必要进行学习。到了实际的操作现场，根据平日记录的笔记，就能比较容易地将温度控制在 0.5℃ 左右的浮动范围。

发酵

第一发酵箱的标准条件是温度 27℃，相对湿度 75%。虽然对操作间的条件讨论得比较少，但综合考虑面团和操作人员的话，能在温度 26℃，相对湿度 65% 的地方比较好。零售面包店中，配备第一发酵箱的比较少，但为了制品的安定，还是希望大家能配备这样的设备。

排气

排气的目的是释放二氧化碳，给面团提供氧气，使面团温度均匀，对面团加工硬化。判断排气的最佳时间点的方法，大多数人都知道是"手指检测法"。无论选择什么样的方法，有适合自己使用的判断基准才是重要的。反过来说，通过调节排气时间点，也让自由调整面包发酵状态成为可能。

分割、揉圆

面包制作的三要素是温度、时间、重量。在重量方面，和材料的计量同样重要的是面团分割重量的计量。无论是为店铺收益考虑，还是对面包制作而言，都希望大家正确执行这个工程。

特别是制作吐司面包，模具比容积的测算是很重要的事。现在比容积大都是 4.0~4.2，但对于松软风格的面包，比容积能到 5.2 这样轻盈的程度。

顺便说一下，20 年前的吐司面包的比容积一般是 3.6~3.8。随着吐司模具渐渐变大，以及消费者越来越喜欢口感轻盈的面包，模具比容积也越来越大。之所以吐司模具变大，吐司切面也变成正方形，是因为用来制作三明治的吐司增多了，烤箱的热效率以及模具比容积增大了，以及为了防止面包侧面塌陷。

这里的揉圆，看作成型前的准备即可。保持好面团内的气体，将面团调整成接近成型时的形状，轻轻地揉圆即可。

中间发酵（松弛时间）

这是为了成型所需要的结构松弛的时间，最多需要 20~25 分钟，在这段时间内要充分地使结构松弛，换言之，面团在揉圆时就不能太用力。

成型

这是决定面包最终形状的工程，希望大家能仔细操作。众所周知，若严守加工硬化和结构松弛交互进行的原则，从整形机出来后的面团不能立刻就 U 字型或 M 字型入模，而是需要松弛 2~3 分钟再入模，这样面团内部和表皮都能有好的状态，也能减少出炉的塌陷问题（用于制作三明治的吐司的侧面凹陷）。

最终发酵

在这一步，温度和湿度的控制是关键。为了提高面包酵母的活性，温度选择 38℃。为了让面团有适度的松弛，相对湿度为 85%。需要注意的是发酵箱与操作室的温度差和湿度差，如果差距太大，面团从发酵箱中拿出时面团表面会变得干燥。对面包面团来说，最忌讳的就是干燥。

烘烤

3 斤的长条状吐司面团，烘烤 35 分钟能达到金黄褐色是最理想的烘烤温度。关于烧减率，在出炉当下为 10%（平炉）是基本标准，英式吐司是 16%，德式面包是 13%，法式面包（法棍）是 20%~22%。面包制作技术中特别难的一点就是烤箱的使用方式。以吐司面包为例，烘烤时尽可能放入高温的烤箱，并依照设定的时间，达到所需要的烧减率。

◎"美味吐司"的制作方法

烘焙小贴士

　　过去，我在研讨会上介绍过添加 12% 砂糖的吐司。如今这也不是什么稀奇事了，这种美味的根源就是甜度。其他的配方量都不变，只是将砂糖成倍增加到 12%。当然这也是我经过多次试吃试做后决定的数值。在研讨过程中，我注意到，把砂糖的配方量按 6%、8%、10%、12% 依次递增时，当砂糖量达到 8%，人们基本感受不到甜度，但觉得风味浓郁。而到了 10% 的量，近乎半数的人会觉得甜，但也认为好吃。如今的吐司面包，基本上是符合大多数人口味喜好的种类。到此，是不是也有必要分别以食欲旺盛的中学生（喜欢略甜、加入 12% 砂糖的面包），高龄老人(有强化钙的需求)和减肥女性(有加入胶原蛋白的需求)等作为目标对象，带着乐趣去开发和提议具有话题性的新商品呢?

二、甜面包

◆ 写在前面

　　如今我打开《银座木村家睦会系谱》，可以看到这些在面包业界令人难忘的、甜面包的代表人物——从创始人木村安兵卫到第二代传人英三郎，第三代传人仪四郎，第四代传人荣三郎，第五代传人荣一。安兵卫与在横滨帕尔默商会当学徒的二儿子英三郎一起，邀请在长崎的葡萄牙人那里烤面包的梅吉一起在日荫町（现今新桥站前 SL 处）创办了"文英堂"。但大约 9 个月后，店铺因为日比谷的大火全烧没了。在 3 年后（1870 年）的正月，他们在银座找到了已经破落的旗本宅地，把火灾烧剩下的石窑搬进来，再次开业。之后，1872 年 9 月 12 日，东京 – 横滨铁道开通之际，他们又与资生堂一起开了店。从那个时候开始，英三郎开始了酒种红豆面包的开发，直到 1874 年完成开发。他在包入红豆沙馅的面包上部放上罂粟籽（罂粟的种子，我国对其种植、销售和流通有严格的限制，具体情况参见相关法律），在包入红豆粒馅的面包上则点缀白芝麻，以 5 厘的价格开始销售。5 厘在当时相当于一碗荞麦面的价格（现在的120 日元）。这个酒种红豆面包（面团 25g，馅料 25g，直径 8cm）大受好评。1875 年 4 月 4 日，在山冈铁舟的介绍下，酒种红豆面包呈献给明治天皇，成为贡品。此时，为了避免与庶民所食为相同之物，面包表皮正中点缀上了盐渍过的奈良吉野八重樱，也就成为如今的樱花红豆面包。之后，1900 年仪四郎开发了果酱面包。1901 年相马爱藏、相马国光夫妻在本乡区森川町大学前，开设了中村屋面包店，1904 年相马夫妻开发出了奶油面包。而店铺搬至如今的新宿站前，已经是 1909 年的事了。关于日式菠萝包，有两种说法，一种认为它是德国烤制点心（Blechkuchen）中的一种奶酥点心（Streusel Kuchen）的变形，另一说则认为它是来自墨西哥的酥皮点心（Conche）。奶油面包卷（Corone）的历史比较新，是昭和初期的产物。其来源没有定论，但也可认为是派类酥皮面包卷转向甜面包风格的变种产品。

◆ 何为甜面包？

　　按照定义吐司面包时说到的《面包品质标示基准》来看，甜面包是面包类目②中除吐司面包以外的食物，以及面包类目③中所列的食物。这么说大概很难懂，其实，甜面包主要就是指：日本开发的、在甜面团内部包裹或者在其上部装饰甜馅料的面包。

◆ 甜面包的种类

　　说起种类，甜面包本是以豆沙面包、小仓红豆面包、奶油面包、日式菠萝包、奶油卷、果酱面包为代表的一类面包。但这些在日本诞生、最能代表日式面包的甜面包，最近渐渐不被年轻人接受，在便利店也慢慢不再是主力商品。如今成为便利店主力的甜面包卷（Sweetroll）恰好也属于甜面包类，但我建议将其与日本传统的甜面包明确区分开。日式甜面包需要回溯到本来的酒种制法上，若做不到这一点，至少也要重拾只有酒种才能带来的香气和口感，这是单纯用面包酵母发酵无法得到的。只有这样，日式甜面包才能和美国风的甜面包卷有所区别，也才能让日本的

年轻一代重新认识传统的日式甜面包这个派别。而且，将日式甜面包和美式甜面包卷从目前杂糅在一起的状态剥离开，分为传统的甜面包和美式甜面包卷两个领域，也才能开发出更有魅力的商品品类。

◇ **甜面包的代表配方和制程**

　　先不论酒种配方，日本战后很长时间甜面包的配方都是砂糖25%，食盐0.8%，油脂8%。但8%的油脂添加，在面包的湿润度和老化耐性上会有明显不足（搭配酒种的话不在此限），所以油脂添加量最好能保持在10%~12%。因为是高油糖的配方，因此使用的小麦粉比起等级（灰分量），更应重视蛋白质的含量。吸水量设定在让面团偏硬的范围，搅拌扎实到位，确保面筋的结合坚固牢靠且面团顺滑柔软，这些是烤制出安定成品的关键。

【配方】		【制程】	
高筋粉	100%	搅拌	低速4 中速6 ↓ 中速5 高速2~3
鲜面包酵母	3%	出面温度	28℃
酵母营养剂	0.12%*	发酵时间（27℃，75%）	90分钟 排气 30分钟
食盐	0.8%	分割重量	45g
砂糖	25%	中间发酵	15分钟
脱脂奶粉	3%	成型	红豆面包、奶油面包
油脂	12%	最终发酵（38℃，85%）	60分钟
全蛋液	10%	烘烤（210℃）	10分钟
水	50%		

＊这里使用的是标准型号酵母营养剂，维生素C含量为0.6%。

◎**内馅的用量和糖量**

　　对于甜面包，基本上客人都是冲着吃面包的内馅去购买的。馅料多一点的话，客人才会开心。但只是单纯增加目前使用的馅料就可以了吗？我想不尽然。内馅有其合适的糖量，对应面团量和内馅量来设定内馅的糖量是很重要的。

烘焙小贴士

◈ 甜面包原材料的意义和考量

小麦粉

制作甜面包时，较少要求内部色泽白皙，因此不会太讲究小麦粉的灰分量。砂糖、鸡蛋等副材料多，面团中蛋白质的比例相对就变低。因此考虑到面包的体积以及面包老化程度，使用高蛋白质的小麦粉是比较适合的。但想实现松脆口感，或解决由于搅拌不够充分而导致的面包空洞、褶皱，零售面包店大多会选择在高筋粉内添加 15% 的低筋粉。

面包酵母（鲜酵母）

日本的鲜面包酵母的标准品是有耐糖性的，因此使用标准品即可。最近也有了具耐糖性的干酵母，大家根据需求区别选用即可。酵母的添加量与糖量也有关系，标准直接法的酵母添加量为 3%，冷藏面团则以 4% 作为基准添加量。砂糖的添加量达到 30%、40% 时，针对糖量加大的情况，耐糖性更高的酵母在市面上也有销售，与生产商多多问询即可。

酵母营养剂

面团的硬度、小麦粉的等级（灰分度）不同，对其需求量也不同，因此需要找到最合适的用量范围。

食盐

食盐对面包酵母有渗透压作用，和砂糖用量之间也有平衡关系。另外，咸味能为甜味点睛，把这一点考虑进来去设置配方，也很重要。

砂糖

25% 的量是基准，但消费者有降低甜度的要求，因此减少糖量是一种趋势。

但是，也要考虑和黄油卷的差别化，以及要彰显各面包品类的特征，若随意减少糖量，消费者的选择会变少，整体面包品类的魅力也会随之减少。传统的食品有其本味，保留味觉记忆也是很重要的。

脱脂奶粉

使用脱脂奶粉大多是为了面包的美味度、营养的平衡以及上色考虑。

油脂

添加 10%~12% 的油脂是比较合适的。添加量少的话，面团过于粘连，面包口感粗糙，而且会加速老化。而添加量太多的话，面包弹性不足、支撑力不够、成品口感黏牙。适量的油脂，能够改善面包的制作性、化口性，使其口感更松软，也能延缓面包的老化。

全蛋

它可以改善面包风味，增大面包体积。但是，过多的蛋白会让面团过于紧实，反而造成负面影响。全蛋的添加量以 30% 为限。

水

千万注意不要过度添加水，特别是在糖量 25% 的情况下，溶化这些糖需要2~3 分钟。因此即使决定额外增加水量，也要等搅拌开始 3 分钟以后。搅拌时注意有意识地将面团打得偏硬一些，状态打至柔软光滑即可。

◆ 甜面包制作工程的意义和考量

搅拌

开始时以低速长时间搅拌很重要。配方中有大量砂糖、脱脂奶粉，大家应该能理解这些原料的溶解需要花费较多时间。因为砂糖量多，所以面团会很快就变得光滑，看似面筋也已经结合好了，但实际上大部分时候这是误解。让较硬的面团在中速搅拌下缓慢地联结、形成组织，是制作出体积大、老化慢的甜面包的关键。特别是全部用高筋粉来制作面团时，如果不能有意识地将面团搅拌过度一些，会造成内馅和面团之间有很大的空洞。

面团温度

由于面团糖量多，为了尽可能辅助面包酵母的活性作用，出面温度 28℃为宜。但过高的面团温度会造成面团粘连黏手，也会损伤面团操作性。而且，因为面团的分割重量小，分割、成型上都会很花时间，考虑好面团温度就更为重要了。

发酵时间

一般情况下，发酵 90 分钟，排气后再发酵 30 分钟，但根据小麦粉的种类，也有差异，不能一概而论。用力地排气能改善面团的弹性，也能减少烘烤时表皮大气泡的出现。

分割重量

大型工厂一般分割为 60g，零售面包房的话则有 35g 和其他大小规格（木村家的酒种红豆面包为 25g），各人根据自己的售价等自由地决定即可。关于内馅和装饰也没有绝对的标准，但原则上内馅重量或装饰重量与面团重量等量为宜。不要忘了，消费者不是为了面团，而是为了吃内馅或菠萝包的脆皮才去购买甜面包的。

中间发酵（松弛时间）

为了让面包的形状和色泽良好，足以在店头摆放销售，严守这 15 分钟的松弛时间是必要条件。虽然松弛时间长一些，面团易于成型，工程的管理也更简单，但面包的弹性、形状，特别是上色情况，才是时间长短的考量重点，时间上的差异会在最终的商品上表露无遗。

成型

甜面包的成型比较花费工夫，也需要熟练的技巧，因此总会一不小心就拉长了制程时间。但即使时间拉长了，面团量也要控制在 30 分钟以内能够处理完，各位应该以这个为基准来准备面团。若无论如何都会超过这个时间，为使成品安定，可以暂时先把面团放入冷藏箱。我们应根据面团的具体情况来决定成型的顺序，并依成型的复杂度来调整顺序，也就是说，原则上以奶油卷、日式菠萝包、红豆面包、奶油面包的顺序来进行成型。而大部分人经常只求快点完成制程，而采用了相反的顺序来制作。

最终发酵

原则上发酵条件是温度 38℃、相对湿度 85%，但若跟外部温度的温差较大，面团进入烤箱前表皮会变得干燥，从而无法很好地上色。另一方面，涂抹蛋液时，在涂蛋液前后进行适度地表皮干燥，反而能得到有光泽的面包表皮。

烘烤

烘烤 8~10 分钟就能烤好出炉是甜面包理想的炉内温度。热源以上火为主，稍微有一点下火，这个程度烘烤出来的面包口感好，老化慢。另外还有更讲究的细节，面团在烤盘上的排列也是让面包上色均匀的关键。将成型好的面团放入烤盘时，不是考虑面团在单个烤盘上的均匀摆放，而是考虑在烤箱中数个烤盘同时摆放时，如何保证整个烤箱内的面团均匀分散。

◆ **甜面包出品不良的辨析与思考**

表皮大气泡

可分为两个种类，发黑焦掉的大气泡是发酵不足导致的，而白色大气泡则是由于发酵过度。大多数黑色大气泡，是由于吸水过多、氧化剂不足、发酵不足、排气不够等，总之是由于面团熟成不够导致的。

上色不良

多数是由于发酵过度，导致整体色泽浅淡，无法呈现美丽的金黄褐色。发酵过度大多是由于在分割和成型时花费时间过长。也有极少的上色不良是由于发酵不足，导致表面形成烘烤的斑点。

中央凸起

在面包中间出现凸起是甜面包经常出现的现象，这明显是由于操作者不理解面包加工硬化和结构松弛的原理所发生的出品不良。包入馅料后静置 10~20 分钟，就能避免出现大的中央凸起。如果这样也无法改善，那就要思考是否是由于面团搅拌不足导致的问题。

馅料和面团之间的空洞

之前也提到过，这大多是由于过度使用高蛋白质的小麦粉，或者由于搅拌不足导致的。简单的解决办法就是混入 10%~20% 的低筋粉。

面团上部的空洞

这是由于过度发酵而发生的典型现象。减少氧化剂的用量或者缩短发酵时间，管理好面团的熟成度就能解决这个问题。也有极少的情况是由于点上芝麻等装饰物时压得太用力导致。

奶油卷的卷制

根据面团的发酵度不同，卷制会有所不同，但轻轻地边捻边成型是比较好的手法，如果成型时没有捻转面团，那面团会因为拉扯过度变成扁平的奶油卷。相反，如果捻得太过，面团之间也会产生间隙。

奶油面包的头尾

使用整形机排气时，面团通过整形机，先出来的部分称为头，后出来的部分称为尾。经常可见的是，头的部分很顺利地排出了气体，面团也有厚度，但尾部面团却有所损伤，并且厚度只有头部的一半。因此奶油面包或果酱面包成型时，酱料一般涂抹在尾部，而头的部分作为顶部覆盖的面团，这样出品的面包体积大，上色也会漂亮。另外整形时，顶部覆盖的面团要稍微长 1cm，以盖住下部的面团。

烘焙小贴士

◎甜面包的世界强者如云

　　最近，我在百货店的食品卖场，发现大家都排着队买日式菠萝包。在五六年前流行红豆面包时，汇集了 20~30 种馅料的红豆面包专卖店前也是大排长龙。奶油面包也一直有着高居不下的人气。甜面包拥有只要一款产品就能开专卖店的实力。您是否也为自己店铺的甜面包感到骄傲？

　　举例说明，"为了呈现润泽和酥脆的口感，会在准高筋粉内混合本国产小麦粉。糖会选择有浓郁风味的蔗糖。搅拌时使用适合日本人口味的酒种。内馅当然是用十胜产的红小豆熬煮而成。奶油只用本地鸡的蛋黄制作。为了控制甜度，会选用清爽的粗颗粒白砂糖。菠萝包的皮当然会使用黄油，还加入了哈密瓜的果肉。"

　　集齐了 200 种商品的面包店当然让人感到乐趣十足，但我也期待能出现精研40 种品类就敢与之对抗的店家。

◎有关标示的思考

　　公平竞争条约里规定，在吐司面包名称前冠上原材料的名称时，该原材料的用量必须达到一定的基准。与小麦粉 100 对应重量比，奶酪面包的奶酪要超过 5%，牛奶面包的牛奶固体成分要超过 5%（乳脂肪成分超过 1.35%），蜂蜜面包的蜂蜜要超过 4%，葡萄干面包的葡萄干要超过 25%。另外，有关谷物类的标示基准（虽然这里是任意量），请参考日本面包工业会发表的内容"标示某种谷物的名称时，要标示出其在全部谷物类中的使用比例"。也就是说，标示黑麦、大米、全麦、五谷、十谷的使用比例时，要对应谷物类（淀粉质原材料）全部用量，来标示所用的谷物各为多少百分比。举个例子，小麦粉 50%，黑麦粉 50% 的黑麦面包，标示为"谷物类中使用黑麦 50%"。此外，由于谷物类大多需要预先处理，标示量为预处理前的用量。

三、法式面包

◆ 写在前面

　　1954 年，在中山全平先生的粮食时代社和西川多纪子女士的面包新闻社共同举办的"全国面包研讨会"上，法国的雷蒙德·卡尔韦尔（Raymond Calvel）先生初访日本，成为日本法式面包的一个开端。神户都恩客面包进驻青山，引发第一波法式面包风潮，是 1970 年的事。经过了整整 16 年的时间，法式面包在日本终于被广泛接受。但是，之后法式面包也只是一部分有能力追求生活品质的人的选择，像今天这样大家都能吃到也是近几年的事。海外出行人数的增加，以及人们消费需求的改变，是法式面包消费量增加的主要原因。面包制作技术的发展，也是不容忽视的理由之一。在法国举办、每 4 年一次的"烘焙大赛世界杯"上，来自世界 12 国的顶尖选手在 3 天内同场竞技，日本的代表已参加过 6 次比赛，分别取得了第三名、第四名、第三名、第一名、第三名、第六名的好成绩。但是法式面包毕竟是法国的食物，无论到什么时候，日本的面包师需要看、听、学习的地方还有很多。顺便说一下，在法国，是不存在"法式面包"这个名称的面包的。

◆ 何为法式面包？

正如之前所述，在法国是没有所谓的“法式面包”的，也不存在这样的定义。非要下个定义的话，就是只用面包的必需原料——小麦粉、水、面包酵母、食盐四种原料，经充分发酵、充分烘烤而成的面包。

◆ 法式面包的种类

法式面包的种类有很多，在法国会根据面团的分割重量、面包的长度、割纹的数量以及形状来为面包设定各种各样的名称。

即使是用相同的面团来制作，但根据其分割重量、形状、烧减率的不同，面包的风味也会有令人惊奇的差异。

◆ 法式面包的代表配方和制程

法式面包是只用面包的必需原料制作的面包，当然无法有许多配方。但即使是配方上、制程上微妙的差异，出品的面包也会呈现非常大的变化。什么样的面包是好的，因每个人的味觉和主观感受而有不同判断，不能随意定义什么是对什么是错。相信自己的舌头，并且坚持做下去就行。

名称	意思	面团重量 /g	长度 /cm	割纹标准
Deux Livres （两磅）	两磅重的面包	850	55	3
Parisien(巴黎香)	巴黎的人	650	68	5
Baguette(法式长棍)	棒、杖	350	68	7
Bâtard(法式短棍)	混血儿	350	40	3
Ficelle(细长棍)	细绳	150	30	5
Boule(法式滚球)	球状物	350		十字纹
Coupé(切痕型)	切痕	125		1
Fendu	双子（裂缝）	350		
Tabatiére	烟盒形	350		
Champignon	蘑菇形	50		

【配方】

法式面包专用粉……100%
即发型干酵母………0.4%
麦芽精…………… 0.3%
食盐…………………2%
水……………… 68%~70%

【制程】

搅拌（螺旋型搅拌机）…………………………… L2 分
　　（只添加麦芽精，自我分解法 20 分钟）L4 分 H30 秒
出面温度…………………………………………… 24℃
发酵时间（27℃，75%）…… 90 分钟 排气*1 90 分钟
分割重量…………………………………………… 350g
中间发酵…………………………………………… 25 分钟
成型……………………………………… 长棍、短棍
最终发酵（32℃，80%）…………………… 70~80 分钟
烘烤（230℃）…………………………………… 30 分钟

*1：排气的节点比手指检测法的最佳时间点更早

◆ 法式面包原材料的意义和考量

小麦粉

　　法式面包大多使用专用粉。蛋白质含量在 8.7%~12.0%，灰分在 0.4%~0.6% 这个较广的范围内。蛋白质含量越少，面包越难制作，成品的体积也变小，冷却后韧性差、咀嚼感弱。蛋白质含量越多，成品的体积也越大，冷却后韧性也非常明显。没有专用粉的话，可以计算高筋粉和低筋粉的蛋白质含量，再将其混合，制作出所需蛋白质含量的混合小麦粉。不过，要想做出适合制作法式面包的小麦粉，不仅仅是计算蛋白质含量的数值就可以的。

◎如果没有明治维新……

　　幕府末期，幕府从法国引入西欧文化，召集了 20 名法国人参与军队训练，以及 50 名法国人参与横须贺造船所的建设。在当时有"江户玄关"之称的横滨，法式面包成为销售的主流。后来借助英国力量组建军队并吸收西欧文明的萨长获得了胜利，明治维新后，英国人多了起来，他们进口了当时英国殖民地加拿大的小麦，开始制作柔软的英式面包，西南战争（1877 年）后，英式面包成为主流。如今看看越南的面包，其实就是法式面包，我想，如果日本当时没有明治维新，也许现在日本面包业界的景象就完全不同了。

烘焙小贴士

说到风味，小麦粉的灰分量和面包的风味有密切的关系。同时，也受到烧减率很大的影响。烧减率高的比萨、法式面包等，用灰分高的粉类，风味会比较醇厚浓郁。另一方面，像吐司面包这样烧减率低、用蒸烤的状态烘焙而成的制品，用灰分少一点的小麦粉，才能烘烤出好吃的面包。

面包酵母

在法国，烘烤面包理所当然用的是鲜酵母。日本的话，一般在市面上流通的鲜酵母是具耐糖性的鲜酵母（水分66.7%），并不适用于作为无糖面团的法式面包。不考虑操作性，单纯考虑风味，使用干酵母（水分12%~13%，死亡细胞约12%）能够得到浓郁的风味，这是因为干酵母中的失活酵母所含的谷胱甘肽的作用。即发型干酵母（水分6%，山梨醇脂肪酸酯1.5%，维生素C）不需要预先处理，在15℃以上的面团内直接加入即可。另外，因为大多酵母都适当添加了一些维生素C，所以不使用氧化剂也能够烘烤出品质良好的面包。

麦芽精

麦芽精是大麦或其他谷物发芽后，经过糖化，精制浓缩后得到的产物。它含有以麦芽糖为主体的糊精、酶、氨基酸等：

一般来说使用麦芽精的目的有如下几点；

①改良面包表皮的上色情况和光泽度；

②增大面包体积，增强风味；

③使面团柔软并改善机械耐性。

麦芽精的种类很多，根据其中酶效能的不同，使用方法上也有很大的差异：

①酶失去活性，仅能影响面包的风味和上色；

②酶具有活性，林特纳（Lintner *）酶效能数值在20左右时，能给予面团伸展性；

③酶具有高活性，林特纳酶效能数值在64~78时，其酶活性是普通麦芽精的3倍。

麦芽精的作用不仅仅只是松弛软化面团，对面团熟成也有很大的助益，可以理解为它能促进面团的氧化。在使用方式上，因其形态类似糖浆状，使用起

＊译者注：Lintner是用于测量麦芽将淀粉转化为糖的能力的单位，适用于酶的测量，写为"Lintner"或"Degree Lintner"。

来十分不便，建议用等量的水稀释后，像平常的液体原料那样去使用。

因为麦芽精容易发酵，请在一周内使用完毕，并且在冰箱冷藏保存比较好。若是麦芽精糖浆原液，务必要放置在冰箱冷藏而不是室温保存。

维生素 C

维生素 C 是作为氧化剂来使用的，但因其对面包风味有负面影响，建议先试吃一下进行比较，把握好其中差异后再使用。对面团物理性质、操作性、成品形状等来说，维生素 C 都是必要的存在，但注意尽量少量使用。在过去，3小时发酵的制品使用 0.001% 的维生素 C 是理所当然的事，但最近随着原料的优化，使用一半的量就已经足够。

乳化剂

对于面包制作适应性差的小麦粉或蛋白质含量少的小麦粉，向其中加入二乙酰酒石酸单甘油酯能产生优化效果。它能够优化操作性，增大面包的体积，使面包表皮酥脆、易食用。但有一个缺点，就是会让面包的风味有损失。

食盐

它是决定味道的关键性材料之一。有许多品类可供选择，如精制盐、岩盐、海盐、伯方盐、赤穗盐、天盐、矿物质盐等，选择自己使用顺手的即可。

水

若是日本的自来水，几乎不需要操心，可以直接用。但是，如果是储存在地下水箱或者屋顶水槽的水，就不能算自来水了。另外，在吐司面包那部分也提到过，使用前必须确认自来水中的氯含量。

◎ **刚出炉的美味**

品尝新鲜出炉的法式面包，会让人觉得这是开面包房最幸福的时刻。但不是全部的面包都是新鲜出炉的好吃。德式面包最好吃的时候是烘烤后的 8 小时，松软类的面包要适当冷却后再食用才能感受到美味。但是，客人们是为了买到所有新鲜出炉的面包才会去排队的。究其原因，我想是因为"人们并不是为了购买新鲜出炉的美味面包，而是为了买到新鲜出炉的那份快乐"。

烘焙小贴士

◈ 法式面包制作工程的意义和考量

搅拌

根据制程，法式面团的搅拌用一两分钟就足够了。减少搅拌时间能够引出原材料本身的风味，面包表皮的口感也会变得酥脆。不过这样做的话，工程上操作难度大，不熟练的话很难制作出好的面包。制作法式面包时，建议尽可能减少搅拌，以制作出在烤箱内伸展性优异的面团。

发酵

严守温度 27℃、相对湿度 75% 的发酵条件十分必要。由于发酵时间长，若不管理好放置温度，不可能在要求时间内完成，而只能依靠感觉。掌握这种程度的技术是非常困难的，越是优秀的技术人员，越应该了解发酵管理上的难度，也应该更能体会发酵箱的必要性。虽然是很小的细节，但发酵周转箱的形状也非常关键。根据其形状，最终制品的形状也会发生变化，面团的 pH 也会不同。应该在发酵时选择理想的容器，把握好容器高度和大小的平衡。

排气

在判定排气最佳时间点时，熟练掌握手指检测法是很有必要的。在面团的中心部分插入食指或中指，慢慢拔出时，手指洞周围的面团若稍微有些下陷，就是最好的排气时间点。若全体面团下陷，就说明发酵过度了，若手指洞的痕迹立刻消失，那就是面团发酵还不够。另外，排气的方法就是，在最合适的时间点，从 30cm 左右的高度，让面团从容器中自然落下（容器中事先涂抹适量油脂）。面团中的气泡内压，用公式 $P=2T/R$（P: 气泡的内压，T: 气泡膜的张力，R: 气泡半径）表示。面团从一定高度自然落下，被整体施以均匀的力量。内压小的大气泡破裂，内压大的小气泡留存，因此面团内气泡的大小就变得均匀统一。人们经常在操作台上，用手来排气，反而会导致内部组织不均匀，也达不到排气的目的。应在理解原理的基础上，尽量遵循前述方法来操作。

分割

在日本，各店铺的分割重量各不相同。在法国的话，则如前面所述，成品的名称和分割重量很明确地一一对应。当然，分割后的面团揉圆后就放入松弛用的周转箱内，但其揉圆的形状最好考虑到下一步成型所需要的形状，做提前的调整为佳。这里不用揉圆工程这个词，是因为说起揉圆，大部分人就认为是要将面团成型至漂亮光滑的圆形，反而会过度操作导致面团紧缩。这不仅仅限于法式面包，所有面团分割后的揉圆，都是有意识地整合面团而不是用力揉圆，大家要带着这个理解去接触面团。

中间发酵（松弛时间）

中间发酵的目的是使面团的结构松弛，可以根据分割时揉圆的强度自由地调整这段时间。对面团的物理性质以及发酵时间的调整，正是展现技术能力之处，也是需要经验和直觉的时刻。当整理好的面团整体均匀时，就可以进入成型工程了。

成型

适度地排气，并成型成内部有紧实部分，表皮富有张力的面团是很重要的。若面团收紧得不足那当别论，事实上大多数的技术人员会过度收紧内部面团，面团最终会过度紧缩。所以要经常参加实战技术讲习会，向熟练的技术人员以及真正的法国高手学习操作技术。

最终发酵

最终发酵环境原则上是温度 32℃，相对湿度 80%，若时间允许，在更低的温度下进行发酵，就能获得更安定的产品。发酵箱的温度、湿度不用多说，当然是非常重要的，发酵布上褶皱的幅度和高度也会极大地影响成品的品质。千万别忘了，面包面团就像形状记忆合金的特性。

割包

割包是为了确保形状的美观度、体积以及烧减率。在最终发酵后，把面团表面用小刀切开，这个技术对最终成品的影响是非常大的。不仅仅是法式面包，所有的面包都是如此。越是接近烘烤的操作，对最终成品形状的影响就越大，越接近搅拌的操作，对风味的影响就越大。

烘烤

虽然我们经常说高温烘烤面团是制作美味面包的秘诀，但这仅适用于发酵过度的面团，要制作出好面包当然还是需要合适的温度，以及在标准时间内，达到理想的烧减率和上色。根据面团量、成型方法的不同，烘烤方式也有所不同，可以以 350g 的短棍烘烤 30 分钟，烧减率达到 22% 为基准来考量烘烤条件。下雨的天气，要考虑到制品会回潮，因此原则上可以增大烧减率。打蒸汽的方法因烤箱种类的不同而有所不同，一般日本产的烤箱在放入面团后打蒸汽，而其他国家的烤箱多是在放入面团前打蒸汽。蒸汽的使用量也因面团状态、烤箱温度、烤箱的不同情况而有所不同。

★【割纹的方法】

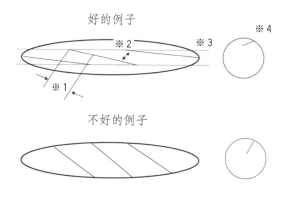

好的例子

不好的例子

※1：割纹之间重叠部分的长度，需要考虑烘烤出炉后面包的尺寸来决定。

※2：割纹之间重叠部分的间隔，需要考虑面团在炉内膨发的尺寸来决定。也就是说，若发酵不足，间隔宽一些，发酵过度的话，间隔窄一些较好。

※3：割纹时，需从顶端的位置入刀，到尾端收刀，这关系到整体的美观度和面包最终的体积。

※4：开口需用恰好割开面团表面一层皮的力度，把握这个力度和分寸来割纹。

◎纯手工面包店（Scratch Bakery）是什么？

　　根据面包制作方法的不同，面包店也分很多种类。

　　①纯手工面包店（Scratch Bakery）：从称量原材料（小麦粉、食盐、砂糖、油脂等）开始，到搅拌、烘烤全部自行操作，并把制作面包的所有必要设备都备齐的店铺。

烘焙小贴士

　　②预拌粉面包店（Mix Bakery）：原材料上使用的是预拌粉，省去了称量原材料的步骤，从搅拌到烘烤全部自行操作的店铺，大多是销售甜甜圈的店。

　　③半成品加工面包店（Bake Off Bakery）：没有搅拌机，从外部采购冷冻面团，只完成最后的制作步骤后进行烘烤的店铺。

　　④综合面包店（Combination Bakery）：结合以上①、②、③的制法，进行商品制作和销售的店铺。

　　请大家综合考虑自己店铺的规模、选址条件、技术实力以及生产能力，选择最合适的方法。

四、可颂面包

◆ 写在前面

可颂的历史是从维也纳开始的。1683年，奥斯曼土耳其帝国的大军包围维也纳时，维也纳坚固的防守让土耳其大军焦头烂额，只能选择挖掘隧道从地下进攻的方式。这个挖掘的声音被一早起来工作的维也纳面包师发觉了，奥地利军也因此获胜。为了纪念这场胜利，同时也有吃掉土耳其国旗上新月标志的含义，可颂的原型被创造了出来。之后，奥地利公主玛丽·安托瓦内特和路易十六结婚，可颂传入法国。但可颂拥有像现在这样的层状组织，是1920年以后的事了。

这类将黄油裹入、折进面团的面包可以分为三个种类：在法式面团内折进黄油的面包被称为法式面包卷（Roll-in France），在吐司面团内折进黄油的面包被称为可颂，而在甜面包卷面团内折进黄油的则被称为油酥甜面包 (Pastry，美式风格）。

可颂以其清淡的风味、轻盈的口感以及极高的营养价值，成为忙碌的当代人的早餐优选。制作美味可颂的关键是：面团中要包入优质的黄油，使面团质地酥脆，并且烤制得恰到好处。面团的烘烤时间必须到位，水分蒸发的同时，一部分黄油被烤得焦香，能够赋予面包极致的香气。

◆ 何为可颂？

　　虽然我没有正式地求证过，但感觉上可颂是指在吐司面团中，裹入、折进对应小麦粉用量 50% 左右的黄油制作而成的面包。不过，在当地的做法中，很多配方并不会在面团内部加入油脂。这样的做法既能得到松脆的口感，同时面团和裹入的黄油也不会贴合得过于紧密，从而就能制作出层次更加分明、漂亮的可颂。

◆ 可颂的种类

　　在法国，裹入用的油脂选择黄油的话，面团就成型成直条状，使用麦淇淋的话，面团就成型成新月形。可颂面团口味清淡，很适合做成调理面包，比如在面包内部卷进奶酪的奶酪可颂，卷进香肠的维也纳香肠面包，以及在面团中央放入栗子酱、酸樱桃、巧克力或者卷入卡仕达酱、葡萄干等多种多样的花型面包，这些都能在面包店内看到。

◆ 可颂的代表配方和制程

　　可颂的配方非常简单，即在较硬的吐司面团内折叠进 50% 左右的油脂。根据每家店铺制作方法的不同，面团也有各自的特征，有的店为了让面包更加美味，会在搅拌面团时加入 10%~20% 的老面。另外还需要判断是否要在面团内加入油脂。加油脂的话，操作性上会更好，也会呈现面包的松软感。如果不加入油脂的话，面团会欠缺一些伸展性，但是可以得到派类、酥皮类点心的酥脆膨松的口感。

【配方】

小麦粉（法式面包专用粉）… 100%
鲜面包酵母……………………… 5%
食盐………………………………… 2%
砂糖………………………………… 5%
脱脂奶粉………………………… 3%
油脂（膏状）…………………… 5%
水………………………………… 63%
裹入用油脂…………………… 50%

【制程】

搅拌……………… 低速 3 分钟 中速 2 分钟
出面温度……………………………… 25℃
发酵时间……………………………… 30 分钟
大块分割………………………………… 1 830g
冷却… 延展成 2cm 厚的长方形，冷却至 5℃
裹入、折叠……………… 裹入 50% 的油脂，
　　　　　　　　　　　　　进行两次三折操作
冷却……………… 面团温度冷却到 5℃
　　　　　　　（用急速冷冻大约 20 分钟）
折叠……………………… 进行一次三折操作
冷却……………… 面团温度冷却到 5℃
　　　　　　　（用急速冷冻大约 15 分钟）
分割、成型………………………… 40~50g
最终发酵（27℃，75%）………… 60 分钟
烘烤（210℃）…………………… 15 分钟

◆ **可颂原材料的意义和考量**

小麦粉

过去的可颂配方内一般是高筋粉占 80%，低筋粉占 20%，现在随着法式面包专用粉的普及，只使用法式面包专用粉来制作也可以。如果想让面包的体积更大些，或者考虑制作成型冷冻面团的话，使用蛋白质含量高一些的小麦粉比较好。

面包酵母

基本上可颂的面团就是吐司面团，所以用一般的鲜面包酵母就足够了。酵母添加量高达 5%，这是考虑到面团冷藏或冷冻放置 2~3 天后，放入最终发酵箱时温度较低，为了不让面团在最终发酵时花费过长时间而做的调整。最近市面上也出现了低温适应性好的面包酵母、冷冻专用面包酵母等，制作时可根据需要选择品质相符的面包酵母，这也是很重要的工作。

酵母营养剂

若面团冷藏时间长，或想要制作冷冻面团，或想优化面包的体积和弹性时，少量使用酵母营养剂为宜。

麦芽精

如果希望面团有伸展性、上色带有自然的红色的话，这是必须要有的原料。

食盐

虽然也有因为是法式面包面团，而需要特意使用岩盐的情况。但食盐用量在 2% 时，无论使用什么样的盐都没有问题。

砂糖

砂糖的添加量在 4%、5%、6% 时，面包在风味和上色方面都会有很大不同，因此在用量上要仔细斟酌。

鸡蛋

一般来说在配方中并不使用，但若为了调整上色的平衡和面包的大小，以及寻求松软口感时，也可以添加。

水

为了获得酥脆的口感，且外观美丽的层次，不要用过软的水。

裹入用油脂

无论如何，裹入用油脂的品质是决定可颂商品价值的首要关键。

若分别以发酵黄油、黄油、开酥用麦淇淋作为裹入用油脂，可颂的美味程度按此顺序依次递减，但到底选择什么油脂，需要从产品的市场性、获客阶层、店铺定位等多方面进行考量再做决定。只是在这里我希望更新一下大家对黄油的认知，现今在营养学上对黄油的看法也在发生改变。曾经黄油因为含有大量胆固醇，被认为是造成动脉硬化、心脑血管疾病的主要危险因素，也不再被大家所喜爱。但世界脂质营养指南明确表明，除去家族遗传性的高胆固醇心脑血管疾病外，黄油并不会导致动脉硬化、心脑血管疾病。相反，研究认为胆固醇值高的人寿命更长。另外，黄油内并没有大量含有过度摄取会导致危害的亚麻油酸，反式脂肪酸也只是微量存在，应将其作为高安全性的食品被消费者重新认识。

◆ 可颂制作工程的意义和考量

搅拌

用压面机进行油脂的裹入、折叠，也属于搅拌工程。若面团在搅拌缸内搅拌过度，烘烤出的面包会没有弹性。因此可颂面团在搅拌缸中的搅拌时间要较短，在加入油脂时，需要预先将油脂软化成膏状。以搅拌的五个阶段来看，可颂面团应处于抓取阶段，若到了去水阶段，则已经是搅拌过度了。

出面温度

能够让发酵进行的温度即可，若温度过高，反而要担心难以抑制面团在冷藏箱内的发酵。

发酵时间

用刚刚好的时间进行发酵，意在创造面筋联结的契机，若时间过长的话反而不好。

冷却

这一步的面团状态，居然成为制作的关键。面团量少的话，有冷却能力的冷藏箱（或冷冻箱）就能使用，如果面团量过大、冷藏箱冷却能力不足时，可能会有过度发酵的情况，这时需要擀薄面团进行温度管理。需要冷却到什么程度，由面团中的油脂量来决定。如果油脂含量为0%，面团不冷却到0℃左右就很难得到好的伸展性；油脂含量为5%的话则需冷却到5℃；像油酥甜面包面团这样含有20%油脂的话，冷却到8℃，就能得到优良的伸展性。

裹入油脂

油脂的裹入方法有很多，但如果想要包得干净漂亮，选择日式包袱皮的方法比较好。其他方法会让面团没有均摊到油脂层的部分过多。

折叠面团

面团和油脂的伸展性应尽量一致，为此在温度和工程上都需要调整。另外，在三折面团时，面团的厚度一定要均匀一致，为了制作出分层均匀的制品，这一步很重要。

成型

大部分时候，酥皮都是使用压面机来进行延展擀制，但在最后成型时也不需要特意改用擀面杖。除非你对擀面杖的使用比较熟悉，否则，擀面杖使用不当会破坏油脂层，报废掉好不容易形成的美丽层次。即使不使用擀面杖，但想要将面团整形成漂亮的长方形，也必须钻研好压面机的使用方法，达到精通操作的程度。切分酥皮时尽量使用锋利的刀具，成型时尽可能不接触切口截面部分。在卷制酥皮面团时需轻柔缓慢，力度掌握在拆解烘焙好的可颂时，展开的大小能恢复到成型前的形状为宜。

最终发酵

原则上最终发酵箱的温度比使用的裹入油脂的熔点低5℃。也就是说，使用新鲜黄油的话，黄油熔点在32℃，发酵箱温度需要设定在比其低5℃的27℃。而一般说的发酵温度32℃，是使用了熔点在37℃的开酥用麦淇淋时的发酵温度。

涂抹蛋液

为了不破坏难得形成的层次，涂抹蛋液要非常小心。在最终发酵完成前，面团发至八成左右时从发酵箱中拿出，将面团表面稍微晾干再涂抹蛋液，涂抹后稍微晾干蛋液，再放入烤箱，这样做能够烘烤出更好的色泽。

烘烤

制作可颂最重要的就是这个工程。这款面包如果只是用高温短时间烘烤，是得不到美味成品的。烘烤时需要前半程高温，后半程低温，耐心地让面团水分充分挥发，从而得到带有黄油微微焦香的酥脆口感，这样的烘烤方式是制作出最美味可颂的关键。另外，为了维持漂亮的层次，出炉后给予面包强力的震盘冲击，会有很好的效果。

◎**震盘**

　　在正文中也有叙述，这个技术对面包的外形保持很有效，所以我在这里再做一些说明。不管是面包还是蛋糕，这类在高温烤箱内烘烤的食品，暴露于常温的操作环境，就会发生出炉塌陷、侧面缩腰等现象。这是因为制品的气泡中有高温的气体，伴随温度下降，气体收缩的同时气泡也会收缩。"震盘"指的是，在出炉的同时，给予制品物理冲击，使气泡破裂，让气泡内部的高温气体和外部的低温空气进行替换，防止气泡收缩，从而最终防止面包和蛋糕出现塌陷、缩腰。吐司面包、海绵蛋糕当然适用于这个技术，可颂、派类、蒸烤物等通过加热形成气泡的食品也同样适用。

五、丹麦面包

◆ 写在前面

　　提到丹麦面包，很多人会觉得这款面包是起源于丹麦的，其实不然，它是诞生在维也纳的面包。当时的丹麦面包并不是如今带着层次的样子。之后，它伴随着玛丽·安托瓦内特一起进入法国，在法国演变成层状的面包，并在丹麦形成最终的形态。这款面包传入日本是经由美国，因此日本沿用了它在美国的称呼。

　　根据国家的不同，丹麦面包名称各异，在诞生地奥地利，称作Kopenhagener Plunder，在丹麦称为 Wiener Brot，德国叫 Dänischer Plunder，在美国则称为 Danish Pastry。各国的丹麦面包虽然在形状上类似，但在配方和工程上有显著的不同。理解好各种制法所代表的配方和工程，并且寻找符合自己想象的制法来进行制作和区分是非常重要的。这里，笔者以大部分零售面包店都选择的丹麦面包制法为主进行解说。

◆ 何为丹麦面包?

现在，日本有三大种类的丹麦面包在市面上销售。第一种是沃尔特·费（Walter L.PHy）和斯沃特·菲格（M.J.Swart Figger）介绍引进的美式丹麦；第二种是克里斯汀娜·布迪（Christian Boutte）介绍引进的丹麦式丹麦；第三种是上述两种配方、制法经日式改良形成的日式丹麦。美式丹麦是在甜面包卷面团（相对于小麦粉，砂糖、油脂、鸡蛋各为20%）内折叠进50%的裹入用油脂。大型批量生产时大都选择这种制法，这种制法可以烤出体积大、老化慢、口感松软湿润的成品，而且食用时面包屑不会掉得满地，这也是它作为超市批量制品受到大家喜爱的主要原因。另一方面，丹麦式丹麦在面团内加入的砂糖和油脂较少，只有8%以下，也不使用水，而是用牛奶和鸡蛋各半加以搅拌。全部的材料都需要事先冷藏或冷冻，以保证面团出面温度在10℃以下。因为搅拌的工程极短，所以不需要太多松弛的时间，就可以进入裹入油脂及三折的操作，也因此能够让面包呈现出像派一样的美丽层次和酥脆口感。第三种属于日式风格，在搅拌时间较短的黄油卷面团内折入50%~60%的裹入用油脂，能达到介于美式和丹麦式之间的操作性和口感。

◆ 丹麦面包的种类

丹麦面包在成型方式上有无限的可能性，没办法一个一个加以命名，但大致可以分为四种。一种是将延展面团包卷馅料后切开，进行绳状成型，代表的面包形状有螺旋状、墨西哥帽子状、四叶草状和心形。第二种是将延展后的面团切成正方形的方块成型，这类成型是最流行的，有四面包覆型、风车型、三角形等，这类成型最能强调油脂层次。第三种是将延展的面团进行两次折叠或三次折叠，折板型、梳子型和熊掌型都属于这类成型。第四种是将面团切成窄的长条形，再扭转使其成型为麻花状。另

外还有大型的辫子状，烘烤完成后再进行切分。各种成型方式展现了技术人员的审美和手艺。处理剩余边角料的方法，经常是将面团的边角料、卡仕达酱以及腌渍过的水果等进行混合，再切成适当大小的薄片，或者放置在纸模内烘烤成酥皮类点心，另外，酥卷类制品也非常有人气。

◆ 丹麦面包的代表配方和制程

　　因为它有三个种类，可以列表进行比较。

【配方】

原材料	丹麦式 /%（C.Boutte）	美式 /%（W.L.PHy）	日式
高筋粉	70	70	70.0
低筋粉	30	30	30.0
鲜面包酵母	7	8	7.0
酵母营养剂	—	—	0.1
砂糖	5	20	12.0
食盐	1	2	1.5
脱脂奶粉	—	6	3.0
油脂	7	20	15.0
鸡蛋	35	20	15.0
牛奶	35	—	—
水	—	48	52.0
裹入用油脂	100	50	60.0

【制程】

搅拌	轻轻搅拌的程度（L2~3分）	基础面团法（L3分 M4分）	ALL-IN MIX 法（L5~7分）
出面温度	10℃	25℃	25℃
发酵时间	—	30 分钟	30 分钟
冷藏、裹入油脂	立刻裹入油脂	面团温度冷却到8℃，裹入油脂	面团温度冷却到6℃，裹入油脂
折叠	3×4×3	3×3×3	3×4×3
成型	40g	40g	40g
最终发酵（相对湿度75%）	发酵温度比所用油脂的熔点低5℃	同左	同左
烘烤（220℃）	15 分钟	15 分钟	15 分钟

◆ 丹麦面包原材料的意义和考量

小麦粉

因为需要的口感相对比较酥脆，所以小麦粉原料中至少会有30%的低筋粉，多的话甚至用到50%。特别是面团在裹入油脂前需要静置一晚的制程里，低筋粉多一些，制作出来的面包体积不会太大，口感会比较酥脆。若希望制作出来的面包体积大些，就选择高筋粉。想面包口感更酥脆，就多用一点低筋粉。当然，使用法式面包专用粉来制作也是好方法。

面包酵母

由于搅拌时温度低，发酵也比较少，因此面包酵母是否有必要也存疑。但丹麦面包与派类决定性的不同就来自于此，这也是丹麦面包之所以成为丹麦面包的原因。最近市面上已经能够购买到对低温适应性良好的面包酵母，因此想在某种程度上量产的话，推荐大家使用这种专用的面包酵母。不要恐惧，也不要偷懒，多尝试些新原料吧。

酵母营养剂

这是丹麦面包内不太使用的原料，但使用的话制品会更加安定，面包的弹性也会更好。若是制作成型冷冻面团或在操作中途不能够做好温度管理，也推荐使用。

砂糖

添加量在5%到20%范围内任意使用。完全不添加对面团上色有不利影响，最少也要使用5%。

食盐

需要考虑和砂糖之间的平衡，以及整体的出品率来做决定。

脱脂奶粉

用牛奶搅拌的话不需要使用脱脂奶粉，但用水搅拌的话比较常用。若使用的油脂是黄油，不使用脱脂奶粉较好。

油脂

面团内使用的油脂原则上要和裹入用油脂等级相同，但除去美式丹麦，其实面团内油脂的品质对成品风味和品质的影响并不大，选用什么样的原料都行。

从搅拌到出炉的整个工程内，越是接近出炉的工程，越是需要使用等级较高的原料。

鸡蛋

鸡蛋影响了面包的风味、上色、体积。鸡蛋添加量与油脂量是相关联的，当搅拌面团所用的油脂较多时，需要增加鸡蛋用量。

牛奶

牛奶能够优化面包的风味、上色、操作性。特别是在基本不进行发酵且面包酵母用量较多的情况下，牛奶是必需的原材料，它能够遮挡掉面包酵母的气味，并提升面团的伸展性。

裹入用油脂

一般使用裹入专用油脂，生产商会根据季节调整其熔点，因此季节变化时，使用上需要多注意。最近的产品在性能、风味、操作性和提升面包品质上都发挥了较高的水准，能够满足制作需求。尽管如此，使用黄油制作的丹麦面包的美味程度还是令人难以割舍。无论是为了确认自己的技术实力，还是为了进步，大家也试着挑战看看黄油开酥吧。

◆ 丹麦面包制作工程的意义和考量

搅拌

用压面机来包裹、折叠数次、冷藏箱内静置松弛，都可以看作搅拌工程的一部分。因此，若折叠的次数多，或像肯种法那样面团发酵时间长，搅打面团的时间就需要缩短。极端的情况下，面团打2~3分钟就可以停止，这时为了让油脂混合均匀，预先将搅拌用的黄油软化成膏状是很必要的。

出面温度

丹麦面包的美味度更多是由配方来决定，而不是通过发酵带来的。同时，考虑到酥皮面团的伸展性，出面温度低一些比较好。

发酵时间

与其说是发酵时间，不如说这一步是调整面团温度的时间更合适。当然在美式丹麦的制法中，发酵会大大左右制品的品质，但大部分丹麦面包都是配方决定品质，这时如果过度发酵反而会起到反作用。

冷藏、冷冻

这是为了优化操作性而进行的面团温度管理。此时的面团温度管理，对最终成品品质的影响十分巨大。适合操作性的面团温度因配方而异，但对此影响最大的是面团内的油脂量：20% 的油脂量，合适的面团温度是 8℃；10% 的油脂量，合适的面团温度是 5℃；0% 即完全不添加油脂的话，面团需降到 1~2℃，才会拥有良好的伸展性。此外，这和裹入用油脂也有关系，因此温度的维持时间也是关键点之一。

裹入油脂

油脂的裹入方法有很多，日式包袱皮法（在正方形的面团上，放入占面团面积 1/2 大的正方形裹入用油脂，呈 90° 角交错放置后裹入）是最漂亮的一种包法。其他的方法无论哪一种，面团中都会有未裹进油脂的部分存在，最终出品的品质也会参差不齐。

折叠面团

如果想用压面机尽可能将面团成型为漂亮的长方形，就需要熟悉机器的使用方法。这一步如果操作得不整齐，那出品也会参差不齐。当然，三折操作时的面团厚度，需维持在固定厚度。但第三次三折的厚度，根据最终成型时的厚度来进行调整比较好。也就是说，当整体面团的厚度需要适应方形的成型时，或成型为蒟蒻状，最终的面团厚度需变成原先的 2 倍时，就需要在之前的工程里，稍微将面团擀得薄一点，这样出品才会稳定。无论用何种方式成型，最终完成的面团中油脂的厚度最好一致。无论如何这些成型都非常花费时间，因此操作时需要迅速且仔细，并且灵活使用手粉，折叠时要用刷子小心地刷掉折叠内面的手粉。

记住一定要一边关注面团的压力以及面团的回缩状态，一边进行操作。特别是四方形成型，面团若有错位也会反映到最终成品上，因此需要操作者细心注意。切面的平整度决定了成品层次的美观度，因此刀具以及滚轮切刀的使用方法，都要求操作者熟练掌握，并要小心操作。

最终发酵

最终发酵的温度原则上是比裹入用黄油的熔点温度低 5℃，相对湿度是 75%。注意决不能在发酵过程中让油脂熔化、流到烤盘上。之后的涂抹蛋液也是重要的工程。要稍微早一点将面团从发酵箱中取出，等面团表面干燥后小心地涂抹蛋液，待蛋液半干后再将面团放回烤箱。

烘烤

面团上部有点缀物或面团温度过低的话，丹麦面包会很难上色。注意需要高温烘烤。在这里，烘烤后的震盘也能发挥作用，若有馅料或点缀物的话，要考虑其重量，适当调整震盘的强度。

◎把油酥类甜面包看成烘烤类糕点

油酥类面包被当作面包销售的话，价格又高，口味又甜，会让客人们望而却步，若试着将其当作烘烤类糕点来销售，以与面包不同的形象示人，会不会更好呢？

我想如果这样做，那在油酥类糕点上就应该能用些目前为止都没有使用过的食材了。从此就不是在一家店里销售各种各样的面包，而是能将油酥类糕点、甜面包、甜甜圈的专柜都整合在一家店里，推出有自己主张和风格的商品。

烘焙小贴士

六、餐包

◆ **写在前面**

　　餐包的确切范畴是从低油糖类的硬质面包到高油糖类的甜面包卷，可以说所有这类半磅（约 227g）以下的小型面包都包含在内。不过，这里仅以代表性的餐包——黄油卷——为中心来进行阐述。黄油卷，无论在配方上、制程上，还是口感上都很稳定，可以算得上是最方便食用的面包。1975 年左右，黄油卷形成风潮，从吐司面包到甜面包，都以接近黄油卷的配方进行制作，结果导致面包的口味单一。这类面包遍布面包店的同时，大家发现面包的魅力值也随之下降，这才中止了这个趋势。无论什么时代，都要认识到这类危机总是伴随着发展降临，也必须注意，不要轻易地去更改面包的配方。

◆ **何为餐包？**

　　餐包实际上有许多配方，制程、成型方法也是多种多样。其共通点在于餐包作为小型面包不需要切片，直接端上餐桌就可以食用。一直以来，餐包的

成型方法就花样繁多，也很能展现面包师的技术实力。但若仅以追求最佳风味而言，应尽量使用简单的成型方式。希望作为技术人员的各位，一定要亲自尝试一下：发酵同一种面团，分别用复杂的成型方式和最简单的成型方式——揉圆——来制作，烘烤后通过试吃，比较两者风味上的不同，结果应该会让大家大吃一惊。话虽如此，在餐桌上摆上梦幻的造型面包，增添一份情趣也同样重要，希望大家制作面包时，考虑好成型和口感之间的平衡。在此举例的黄油卷采用了毛巾卷的成型手法——将成型为水滴状的面团擀开，然后再卷起，这是黄油卷最普遍的成型手法。

◆ 餐包的种类

如果要举低油糖面包的例子，有法式面包里的小型面包，如库贝（Coupé）、双子面包（Fendu）、烟盒面包（Tabatiére）、蘑菇面包（Champignon），德式面包里的凯撒卷、德式圆面包（Brötchen）、狩猎者小面包（Jäger Brötchen），英国的汉堡面包坯，意大利的罗塞达（Rosetta）、帕尼尼（Panini）、黄金面包（小型 Pan Doro），美国的黄油卷等，例举起来数不胜数。加上最近连面包的馅料和顶部装饰都被加以研究，花式面包卷、烘烤类调理面包、调理类面包*等也成了销售的主流。这也启发了我们，向客人提供更便利和更美味的面包，是未来烘焙店铺应该发展的一个方向。

◆ 餐包（黄油卷）的代表配方和制程

决定面包风味的配方关键，是食盐、砂糖、油脂以及鸡蛋四种原料。这之中的砂糖、油脂、鸡蛋，在烘烤类调理面包内各占8%，在调理类面包*热狗面包坯内各占10%，在黄油卷内各占15%，在甜面包卷内各占20%，在夏威夷甜面包内各占30%，在意式黄金面包内各占40%，照此在配方内进行相对应的增减，

＊译者注：烘烤类调理面包特指把咸味馅料、酱汁与生面团一同烤熟的面包。而调理类面包还包括三明治、汉堡类、比萨等，可以不把馅料、酱汁与生面团同烤，而是待面团烤好后再加工。

其间的平衡也是所有配方的基础。了解到这点，再观察配料表，就能轻松了解配方的意图。比如，在黄油卷的基本配方内，原料比例各为 15%，近来如果客人有少甜的需求，那砂糖的部分可以减量到 12%。根据不同店铺的差异化需求，也出现过一些店铺将鸡蛋量增至 20% 的情况。所以面包师操作时不仅仅是单纯看过配方就算了，而是要带着自己的基准。参照这份基准，去思考要创造出什么样的面包，才是技术人员必须做的事。

【配方】		【制程】	
高筋粉	90%	搅拌	低速 3 分钟 中速 4 分钟
低筋粉	10%		↓低速 2 分钟 中速 5 分钟
鲜面包酵母	3%	出面温度	27℃
酵母营养剂	0.1%*	发酵时间（27℃，75%）	60 分钟
食盐	1.7%		排气 30 分钟
砂糖	12%	分割重量	40g
脱脂奶粉	3%	中间发酵	20 分钟
油脂	15%		毛巾卷形状松弛 15 分钟，菌头型松弛 5 分钟
鸡蛋	15%	成型	要注意不要过度排气
水	45%~48%	最终发酵（38℃，85%）	50 分钟
*使用维生素 C 含量为 0.6% 的酵母营养剂		烘烤（210℃）	9 分钟

◆ 餐包（黄油卷）原材料的意义和考量

小麦粉

想制作出口感酥脆、化口性好的面包，一般不会完全使用高筋粉，而是会搭配 10%~20% 的低筋粉。这里的低筋粉不只是适用于制作蛋糕的小麦粉，和果子专用的、有湿润口感的低筋粉也值得尝试。早晨工作量多的时候，可以考虑使用分割面团冷藏法，这样的话，小麦粉性状就需要再弱一些。反之，若使用成型冷藏法，则选择蛋白质含量多的小麦粉比较好。

面包酵母

用一般的产品已经足够，如果配方中砂糖比例高，那市面上也有耐糖性更高的酵母，可以根据需求来选择。

酵母营养剂

并不是必需的原料，但从成品的体积、安定性、老化速度等方面考虑，可以使用。

砂糖

用量少的话占5%，多的话达到15%，配方多种多样，一般砂糖用量在12%~15%之间较多。

食盐

食盐与砂糖之间要有平衡，为此需要进行调整，多的话食盐量会占到1.5%~1.7%。

脱脂奶粉

大多情况下，会以3%为基准进行配比。

油脂

大多使用麦淇淋，但因为面包叫作黄油卷，所以很多店铺也会使用黄油来制作。而面包美味的关键在原料品质，比起增加配方量，选择品质更好的原料更重要。

鸡蛋

鸡蛋也有许许多多不同的配比，少的有10%，多则达到20%~30%，还有些配方里只使用15%的蛋黄进行制作。

◆ **餐包（黄油卷）制作工程的意义和考量**

搅拌

面团的搅拌不需要到完成阶段，搅拌到八成左右就可以结束了。因为比起面包的体积，更需要强调的是面包的化口性。

出面温度

因为是小型面包，当成型操作比较费时间的时候，出面温度应控制在较低为好。

发酵时间

原则上都会进行排气工程，但如果成型工程的时间较长，或者需要将部分分割好的面团暂时冷藏放置，不排气的话，会让制品比较安定。

分割

以 40g 为基准进行考量，不要过大，才比较好售卖，也更方便食用。

中间发酵（松弛时间）

若在这个工程中有所懈怠，会让面包上色的鲜艳度以及光泽度大打折扣。若这一步面团有些发过，建议分割后先把一部分进行冷藏管理。

成型

若不是在技术和外观上有过多讲究，一般不需要复杂的成型。

最终发酵

根据面团温度，发酵状态而各有不同。不过，作为发酵的一环，尽量避免发酵时间过长。

烘烤

原则上是用高温短时间烘烤。虽然都说烘烤后面包的底面宽度大概相当于大拇指的粗细，但坚持自己的判断基准也非常重要。

烘焙小贴士

◎推荐迷你面包卷

德国汉堡车站前的商业街内，大大小小、新旧不一的面包房鳞次栉比。当我观察其中的一家店时，发现其中陈列着大量的黑麦面包、德式圆面包、可颂等平时熟悉的面包。而小型尺寸的面包就在它们旁边。

原来这些小面包都是那些大面包的迷你版（大约刚好是一半的分割重量）。大家试着想象一下，客人们，特别是小朋友，在店里发现商品有迷你尺寸时的表情吧。新宿某家酒店，就做迷你尺寸的硬面包卷。有 8 种迷你面包卷被漂亮地摆在托盘上，特别梦幻。本来面包的制作是追求简单的成型，但其实乐趣度、新鲜度和玩心也是很必要的。并不需要每天都这样做，但何不试着偶尔改变一下自己商品的大小和形状呢？

去看书的话，能立刻找到 20~30 种的成型方法。即使只改变重量和形状，也能变换出新的商品。重要的是，不要让每天来店里的客人感到厌倦，让他们能一直带着期待来光顾。

七、酵母甜甜圈

◆ **写在前面**

在烘焙店铺内最不被重视，出品也最参差不齐的就非甜甜圈莫属了。但即使这样，甜甜圈在销售额占比以及利润率上又是很可观的商品。甜甜圈的特性适合使用预拌粉，虽然选择使用预拌粉的店铺已经很多了，但我还是希望大家在理解预拌粉优点的同时，能活用预拌粉，进一步巩固甜甜圈畅销商品的地位。无论是美国还是日本，人们近来在早饭上花费的时间，都大概在 5~10 分钟。早餐本是最应该摄取能量的一餐，当今社会的人们却往往无法好好进食，而甜甜圈在能量供给、营养价值以及口感上恰好能符合当代人的需求，面包师也应更关注其美味程度和功能性。

◆ **何为酵母甜甜圈？**

酵母甜甜圈是将面包面团放入油锅内炸制而成的。决定其风味的关键之一是吸油率。虽然也有人呼吁甜甜圈要减少吸油，但吸油少的甜甜圈就会变成与原先美味程度大相径庭的食物了。欧洲人从很久以前，就有在圣诞节、复活节食用油炸蛋糕的传统。1847年左右，这类食品传到美国，发展成现在的甜甜圈的样子。

◆ **酵母甜甜圈的种类**

从德国的柏林果酱包（Berliner Pfannkuchen）*到美国的环形甜甜圈（Ring Donut）、蜂蜜甜甜圈（Honey Donut）、长形甜甜圈（Long Johns）、丹麦甜甜圈（Danish Donut），以及日本的红豆甜甜圈、咖喱甜甜圈等，市面上销售着许许多多的种类。在甜甜圈专卖店比较多见，也占了大部分销售额的是法式油炸糕（French Cruller）、老式甜甜圈（Old Fashion）、蛋糕甜甜圈（Cake Donut）等不使用面包酵母的产品，而蜂蜜糖霜甜甜圈、俾斯麦甜甜圈（Bismarck）、环形甜甜圈、麻花甜甜圈等发酵类甜甜圈，也很有人气。希望大家能试着在酵母甜甜圈的面团内加入二三成蛋糕类甜甜圈的面糊来制作，虽然依成型方法会有所不同，但其酥脆感、化口性和美味度，都值得你一试。

◆ **酵母甜甜圈的代表配方和制程**

现在零售类面包店最大的课题就是如何提高生产力。如何提高单位时间的产能，不仅是每一位技术人员的课题，更是面包业界全体相关人士都需要认真探讨的主题。其解决方案之一就是积极地导入预拌粉，以及探讨冷冻冷藏法的使用。最近的预拌粉并不像过去大家认为的那样加入了大量的添加剂，而且比起大家自行调配的配方，预拌粉在运用天然原料来提高品质上更为用心。希望大家能理解关联行业的动向，并且积极导入发展成果，真正实现生产性能的优化进步。从这个信念出发，在此我想说明的是使用预拌粉，将面团在桌面擀平并用模具切割制成的环形甜甜圈。

---

*译者注：简称Berliner，类似甜甜圈，中间无洞。

【配方】

预拌粉⋯⋯⋯⋯⋯ 100%
鲜面包酵母⋯⋯⋯ 5%
水⋯⋯⋯⋯⋯⋯⋯48%

【制程】

搅拌（使用搅拌桨）⋯⋯⋯⋯ 低速 2 分钟 高速 8 分钟
出面温度⋯⋯⋯⋯⋯⋯⋯⋯⋯⋯⋯⋯⋯⋯⋯⋯⋯ 28℃
发酵时间（27℃，75%）⋯⋯⋯⋯ 20 分钟（海参形）
模切、成型⋯⋯⋯⋯⋯⋯⋯⋯⋯⋯⋯⋯⋯⋯⋯环形 42g
最终发酵（40℃，60%）⋯⋯⋯⋯⋯⋯⋯⋯ 25 分钟
　　　　　　　　　　　　（用粗绢或棉布覆盖）
炸制（185℃）⋯⋯⋯⋯⋯⋯⋯⋯⋯ 单面 50~60 秒

◆ **酵母甜甜圈原材料的意义和考量**

小麦粉

一般情况下，以高筋粉为主体，加入三成左右低筋粉混合使用。

面包酵母

用一般的面包酵母就足够了。因为发酵时间短，不太适合使用干酵母。

泡打粉

在创造出甜甜圈的酥脆口感以及调整吸油率方面，泡打粉都起到了重要的作用。

酵母营养剂

用速成法制作的话，酵母营养剂是必需的原材料。若是通常的发酵法，酵母营养剂不是必要的，而且还可能造成面包塌陷，因此使用的时候要慎重。

砂糖

使用与调理面包配方相近的用量 (5%~10%)即可。砂糖太多的话无法确保炸制时间，容易炸不熟。砂糖的作用是充当甜味剂、面包酵母的营养源，因焦糖化使面包着色以及防止面包老化，这些与在其他类面包中的作用相同。

食盐

考虑与砂糖的用量平衡即可。

脱脂奶粉

用量较大，通常为 2%~4%。

鸡蛋

也是用量较大的原材料，通常为 10%~20%。由于鸡蛋能够调整面包的吸油率，因此需要善加利用，制作出拥有理想吸油率的甜甜圈。

油脂

因为吸油率大概在 15%，所以面团的油脂在 5%~10% 为好。油脂能够赋予面团伸展性和弹性，同时能优化面团的机械耐性。

预拌粉

预拌粉是将面包酵母和水以外的其他原料按比例调配好，并全盘考虑到了操作性、发酵耐性、制品安定性等制作出来的。另外，因为预拌粉内预先混合了油脂，因此面筋组织会达到适合甜甜圈的强度，形成口感良好的制品。使用了预拌粉，可能很难与其他店铺在产品上形成差异化，对此，我希望大家只把预拌粉当作原材料中的一种进行考量。一般来说，预拌粉的配方是非常简单的基础配方，在此基础上，加入砂糖、油脂、鸡蛋等其他副材料，有足够的可能实现产品差异化。虽然有划一或者统一这种字眼出现在预拌粉说明中，但预拌粉存在的目的是使面包品质统一化，而不是使商品整齐划一。希望大家能灵活运用预拌粉，创造出品质始终如一且口味创新的产品来。以下罗列出了使用预拌粉时的优点：

①用精选原材料、有技术经验的配方，通过制作工程，能够在短时间内稳定地生产出高品质的产品；

②能够节约人力和操作面积；

③即使是外行人也能够简单地制作，不需要熟练工；

④配方、计量上不会存在失误，从而没有损耗；

⑤能够制作出品质统一的产品；

⑥以预拌粉为基础，能够变化出花样繁多的产品。

煎炸油

优质的煎炸油，要满足以下要求：

①色泽淡；

②风味纯（没有异味）；

③热安定性良好（新油的酸值在 0.1 以下，不要使用酸值 3.0 以上的油脂）；

④保存性良好；

⑤性价比高。

一般液体油脂容易氧化，热安定性也较差，炸过的甜甜圈表面不容易干燥，因此砂糖也容易很快溶化，进而弄脏包装纸。过去一般使用精制猪油，虽然能够带来独特的风味，但缺点是熔点过低。现在，大多烘焙店一般使用氢化植物油，曾经存在的氢化油异味这个缺点现在也被解决了。油脂的氧化到了某个时间点会急速发展，因此要尽早添入新油，以始终保证油脂的低氧化状态。而极端劣质化的油脂即使加入新油也会很快老化，所以加了也是浪费，这时全部更换新的油脂才是最好的办法。更换新油的时间点的判断，由于不同店铺使用方法的不同有很大差异，更换几次，几日一换，并没有统一标准。重要的是，这是提供给客人食用的食品，若用汤勺舀起来自己也不想吃，那就不要再用了。

过去常见的判断方法是用竹签串起 3cm×3cm×1cm 大小的马铃薯，将其完全浸入 180℃ 的油锅内，马铃薯产生的小气泡若布满油锅表面，这样的油脂就不适合再继续使用了。有时也会出现起泡虽少，但是冒烟并且颜色发黑的情况，这当然也不适宜再用，总之还是需要大家综合地进行判断。

◆ 酵母甜甜圈制作工程的意义和考量

使用预拌粉时，每个公司、每种制品在制程上都会有些许差异，因此必须先通读说明书再使用。说明书通常十分简单，连来打临时工的人都能够理解。预拌粉是按照无论是谁、无论在哪里制作都能生产出 80 分的产品，而稍微有些面包制作知识的人能够制作出满分甚至 200 分的产品这一标准来进行设计的。将工作委托给他人时，不仅仅是对操作顺序，包括对每步制程所涵盖的意义也都加以说明，才能够制作出更加安定的产品。

搅拌
以面团打得稍硬，稍微有些搅拌不足为原则。

出面温度
因为多为短时间发酵，所以需要控制在 28℃ 以上。

发酵时间
短则 20 分钟，长则 60 分钟，大多不需要排气。

成型
用擀面杖将面团延展到适当的厚度，同时进行排气。待面团充分回缩后，用切模切分。若是没有充分回缩，切分的面团会形成比切模口径小的形状或者变成椭圆形。要将切分面团正背翻转后再进行发酵，若是忘记这个操作，制作出来的甜甜圈就会头小身大变成梯形。

分割重量

因为短时间内需要炸透，面团太大的话不好受热，所以最大的面团最好也不要超过60g。发酵后的面团，用擀面杖一次性擀制到位，待回缩到位后，用圈状模具进行切分。

最终发酵

最终发酵环境较干燥，原则上为温度40℃，相对湿度60%。如果能进行发酵管理的话，尽可能让前半程的相对湿度高一些，以能够尽快完成发酵。这时也一样需要等甜甜圈的表面完全干燥后再进行炸制。

炸制

油锅的热源来自电或者煤气都可以，尽量避免直接加热式，推荐间接加热式。油锅容量要保持每天能够往里面补充50%新油的程度会比较理想。

装饰

淋上糖霜、撒上砂糖等装饰工程，能够数倍提升甜甜圈的美味度。这里需要仔细操作。附着在甜甜圈上的砂糖量，冬天的话在18%，而夏天适合在20%左右。装饰时甜甜圈内部的温度在25~30℃为宜。

◎甜甜圈的美味和营养价值

我在搅拌部门时，刚开始的工作就是改良带馅的甜甜圈。这让我想起每天十点左右吃甜甜圈时的美味体验，以及每天我对试吃的那份期待。请大家试着再吃吃看自己店里的甜甜圈吧。除了美味程度之外，重新检视它的营养价值、易于食用的程度和吞咽时的感受。现代人经常会忙到没有时间吃饭，我希望甜甜圈能成为他们早餐、午餐的选择。虽然有很多女性担心油脂太多容易发胖，但其实酵母甜甜圈每100g的热量是387kcal，比可颂的448kcal要少，而比起米饭的168kcal，又能够提供更多的能量。

烘焙小贴士

八、黑麦面包

◆ 写在前面

黑麦面包有两个大类，一类是要形成面筋组织、体积较大的美式，另一类是没有形成面筋、使用酸种来制作的德式。美式黑麦面包属于花式面包的其中一种，这里主要介绍德式。在德国，虽然小麦的消费量已经超过黑麦，但是黑麦面包有其独特的风味、外观、营养价值等，有着单纯用小麦制作的面包没有的优势。特别像在日本，饮食环境充斥着来自世界各地的美食，为了维持面包辐射范围广、深度深的特点，必须开发出适合早餐、午餐、晚餐的面包品种，黑麦面包也是其中的必备选项。

正统的法式面包在1954年，由法国的卡尔韦尔（Calvel）先生引进，而德式面包则是在1977年，由德国的斯特凡（Stefan）先生在全国研讨会上介绍引进的。

◆ 何为黑麦面包？

德式黑麦面包的特征，无论怎么说，都需要使用酸种。虽无法期待面团形

成面筋，但通过戊聚糖和醇溶蛋
白形成的面包组织骨骼，造就了
黑麦面包独特的外观。因为使用
了酶活性很强的黑麦粉，因此缩
短发酵时间是必需条件，为了增
加风味和香气以及形成面包组
织，酸种发挥了重要的作用。酸
种的制作有许许多多的方法，代

表的有代特莫尔德第一阶段法、蒙海姆（Monheimer）加盐法、柏林短时间法等。
每日需要定量制作黑麦面包，又想要像德系面包那样有某种程度的酸味的话，
可以使用代特莫尔德第一阶段法；如果2~3天打一次面，喜欢稍微轻一点的酸味，
可以使用蒙海姆加盐法；如果每天大量制作，并且希望酸味温和的话，适合使
用柏林短时间法。很多人听到酸种就会退避三舍，但葡萄种、苹果种、草莓种、
旧金山酸种等这些常见的发酵种，全部是来自乳酸菌和野生酵母的产物，只要
掌握一种，就能够进入发酵种的世界。从烘焙的未来发展来看，没有什么比发
酵种更能成为实现个性化、差别化的制胜武器。

◆ 黑麦面包的种类

在分类上，小麦粉使用比例高的叫作小麦混合面包（Weizenmischbrot），
小麦粉和黑麦粉比例对半的则是杂粮面包（Mischbrot），而黑麦粉比例高的是
黑麦混合面包（Roggenmischbrot）。但实际上，欧洲各地都各自存在着能代表
其地方特色的黑麦面包，它们有自己独特的外观、风味，大多以当地地名命名。
德国也是以面包种类多而闻名于世的，目前在售的面包中，大面包就有200种，
小面包有1200种，这之中有许多都使用了黑麦。

◆ 黑麦面包的代表配方和制程

在这里，我们以德国黑麦面包的代表面包——柏林乡村面包（Berliner
landbrot）——为例进行说明。

◎酸种

【配方】		【制程】	
黑麦粉	25%	搅拌	低速 6 分钟
初种*1	2.5%	酸种出面温度	27℃
水	20%	发酵时间（27℃）	18~24 小时
		终点 pH	3.9

*1 初种：指无论用什么酸种制法，完全成熟后 pH 降低到 3.9 的酸种。

◎面团

【配方】		【制程】	
法式面包专用粉	35%	搅拌	低速 3 分钟
黑麦粉	40%	出面温度	28~29℃
酸种	45%	第一次发酵	5~10 分钟
鲜面包酵母	1.7%	分割重量	1 150g
食盐	1.7%	成型	海参形
水	48%~50%		使用发酵篮*2，成型无须收口
		最终发酵（32℃，75%）	50~60 分钟
		烘烤（使用蒸汽，230℃）	60 分钟

*2 用藤篮制作的模具来进行最终发酵，能够烘烤出挺拔美观的黑麦面包。

◆ 黑麦面包原材料的意义和考量

黑麦

　　这里特地不写"黑麦粉"，是因为黑麦中有黑麦片、全黑麦粉、黑麦粉等许多形态，而且各自的使用频率也很高。黑麦粉根据其成品率、灰分量的不同，从深灰色到浅色，分成不同种类。虽然不像小麦粉那样品种繁多，但是各个制粉公司，也会准备数种不同的种类供客户选择。就算是全黑麦粉，也有粗颗粒、中颗粒、细颗粒之分，根据种类不同，其体积、外观、酸度也不同。而黑麦麦片作为原料的使用频率也很高，根据其配方和制法，也能得到近似黑麦面包的内部组织以及口感。

小麦粉

　　虽然也有极少情况会使用小麦的全麦粉，但大部分还是以小麦粉的状态来进行使用的。当然，根据小麦粉的蛋白质含量，面包的体积会发生变化：高蛋白质的小麦粉，做出的面包体积大；低蛋白质的小麦粉，做出的面包体积小。但并不是体积大的面包品质就一定好，根据需要对小麦粉的蛋白质含量进行选择，是非常重要的技术。特别是像柏林乡村面包这种商品价值大受外观影响的面包，小麦粉的选择就大大左右了产品的价值。若使用高蛋白质小麦粉，由于面团组织的联结，无法得到面包表面美丽的木纹理；若使用蛋白质含量过低的小麦粉，蒸汽的力量不足以抑制最终发酵形成的裂纹，面包表皮烤完会直接呈现龟裂的状态。所以建议大家使用蛋白质含量 10%~11% 的小麦粉。

酸种

酸种是黑麦面包原料中最重要的存在，不仅会赋予黑麦面包特有的酸味，还会提高醇溶蛋白的黏度，再加上戊聚糖的作用，从而形成面包的骨骼，因此酸种担当着重要的作用。

在德国，会专门销售酸种的起种，它状似鲜酵母。但因为在日本买不到，所以需要自己从头开始制作酸种的起种，起种达到完熟的状态时被称为"初种"，pH3.9、酸度 15 是比较理想的。一旦得到初种就可以开始继种，有许多制作方法可以选用，以制作出最终的酸种（Vollsauer）。

面包酵母

本身就是不添加砂糖的面包，需要使用无糖鲜面包酵母或无糖专用干酵母。但黑麦面团制作完成后的发酵时间极短，因此不适合使用干酵母。而使用无糖鲜面包酵母，本身在日本烘焙界就不太常见，因此目前在日本出现的黑麦面包配方中基本都选择使用耐糖性鲜面包酵母。酸种种类各不相同，鲜酵母会对其中某些种类展示强大的发酵力，因此，根据酸种量做好面包酵母的调整就很有必要。

食盐

在欧洲使用的一般是岩盐，但在日本一般使用海水盐，使用精制盐也没有问题。当配方中黑麦的使用比例高时，酸种的用量必然也会增加，酸味能更强地凸显盐味，因此做好盐量的调整很有必要。

油脂

黑麦面包基本不用油脂。有例外的是一款叫作狩猎者小面包（Jäger brötchen）的小型面包，需要使用 4%~5% 的油脂。黑麦面包原本就是气体保持力较弱的面包，因此要注意对最终发酵的把握。

黑麦面包粉（Paniermehl）

即黑麦面包的面包糠，是用于优化黑麦面包外皮的酥脆度、增加面包内部及外部的香气，增加吸水量、改良口感的半成品。人们经常将吃剩的黑麦面包制成面包糠，或将其用水还原后，在面团搅拌时使用。

◆ **黑麦面包制作工程的意义和考量**

搅拌

与小麦粉面团在制作逻辑上有很大不同，因为不需要制作出面筋，因此将原材料混合均匀即可。在这个工程上失败的原因，比起搅拌不足，更多的是因为搅拌过度。一般情况下，搅拌时间短的话，低速 3 分钟即可，长则 6 分钟左右。也有例外，黑麦全麦粉比例高的面团，或者说形成面包时的组织联结比较弱时，需要在搅拌阶段就搅拌出黏度，所以需要 10 分钟左右的较长时间的搅拌。

发酵时间

发酵时间短，5~15 分钟即可。对小麦粉面团来说，发酵时间的意义就在于增加面包体积以及优化风味，但对黑麦面团来说，并没有保持发酵产生的二氧化碳气体的组织，风味也主要依靠的是酸种，因此并没有长时间发酵的意义。

分割、成型

在德国，非切片面包的成品若在 500g 以上，需要以 250g 为单位来确定商品重量，因此分割面团时，在此基础上加上 13% 的平均烧减率是比较常见的做法，在日本并没有这个限制。其成型工程主要是为了修正因分割而损伤的内部组织，并不需要像法式面包那样收口以及建构弹性组织。这是属于黑麦面包的特征，必须在理论上和技术上深刻理解。

中间发酵（松弛时间）

原则上是不需要的。黑麦比例低的话，可以松弛 15 分钟，虽说这会造成内部组织粗糙且老化快，但同时也会让体积增大，口感轻盈。在本来食用期限就比较短的日本面包市场，老化并不成为问题，但理解这部分的内容再来进行面包制作也是很重要的。

最终发酵

无论什么情况，最终发酵都需要 60 分钟，所以要依此进行酵母量的调整。黑麦面包在面团搅拌完成后，基本上没什么发酵时间。面包的风味主要依靠酸种，而酸种浸润面团提升口感，所需要的就是最终发酵时间。

如果最终发酵时间太短，面包的风味就不够醇厚扎实。最终发酵使用发酵篮（木质）或发酵帆布时，选择和法式面包一样的温度 32℃、相对湿度 80%的发酵环境即可。若是放入模具内发酵，则与吐司面包一样选择温度 38℃、相对湿度 85% 的发酵环境。要时刻记住黑麦面包的气体保持力差，因此判断最终发酵的终点就非常重要。特别是小型面包，建议早一些结束发酵进行烘烤。

烘烤

原则上有三种烘烤方法。无论哪一种，都考虑到了面团内没有面筋，也不会在烤箱内急剧伸展，所以这三种都是符合此原理的方法。

①用 260℃高温烤 5 分钟，然后转移到 220℃的烤箱内烘烤 55 分钟而成（原则上面团 1 150g，烘烤 60 分钟）。此法需要充分的最终发酵，不需要蒸汽。

②250℃时放入烤箱，210℃时从烤箱取出。入炉时打满 1 分钟蒸汽，之后打开通气阀门（或者烤箱门）2 分钟左右，去除炉内蒸汽再进行烘烤。

③在 240℃的固定温度下烘烤 60 分钟，蒸汽和阀门的使用方式参照②。

无论什么情况下，烤箱内的面包间隔必须足够，且需要充分接触到下火。入炉时要充分使用蒸汽。黑麦面包不会像法式面包那样因过度使用蒸汽而出现问题，因此可以放心地大量使用。但是这个蒸汽，也是为了面团表面能急剧进行淀粉糊化，通过这个操作，没有面筋的黑麦面包，在进入烤箱的初期也能够进行炉内延展。进入烤箱的 2~3 分钟后，为确保面包的烧减率，要打开阀门或烤箱门去除蒸汽。如果忘记这个操作，就无法保证充分的烧减率，黑麦面包的内部也会变得粘连。

冷却

等大部分热量散去后就可以进行包装。黑麦面包和法式面包不同，其食用重点是面包内部，早点包装会让内部的水分转移到表皮，抑制面包的老化，也更利于食用。但是，若包装袋内有水汽，则说明包装过早了。

面包制作原料以及各种面包的标准成分表

食品名	可食用部分　每100g								
	能量		水分	蛋白质	脂质	碳水化合物	灰分	食物纤维总量	食盐相当量
	kcal	kJ				g			
高筋粉 1 等	366	1 531	14.5	11.7	1.8	71.6	0.4	2.7	0
低筋粉 1 等	368	1 540	14.0	8.0	1.7	75.9	0.4	2.5	0
面包酵母、压榨	103	431	68.1	16.5	1.5	12.1	1.8	10.3	0.1
面包酵母、干燥	313	1 310	8.7	37.1	6.8	43.1	4.3	32.6	0.3
精制盐	0	0	Tr	0	0	0	100.0	（0）	99.1
白砂糖	384	1 607	0.8	（0）	（0）	99.2	0	（0）	0
脱脂奶粉	359	1 502	3.8	34.0	1.0	53.3	7.9	（0）	1.4
全脂奶粉	500	2 092	3.0	25.5	26.2	39.3	6.0	（0）	1.1
全蛋（生）	151	632	76.1	12.3	10.3	0.3	1.0	（0）	0.4
蛋黄（生）	387	1 619	48.2	16.5	33.5	0.1	1.7	（0）	0.1
蛋白（生）	47	197	88.4	10.5	Tr	0.4	0.7	（0）	0.5
有盐黄油	745	3 117	16.2	0.6	81.0	0.2	2.0	（0）	1.9
无盐黄油	763	3 192	15.8	0.5	83.0	0.2	0.5	（0）	0
发酵黄油	752	3 146	13.6	0.6	80.0	4.4	1.4	（0）	1.3
软质麦淇淋	758	3 171	15.5	0.4	81.6	1.2	1.3	（0）	1.2
起酥油	921	3 853	Tr	0	100.0	0	0	（0）	0
吐司面包	264	1 105	38.0	9.3	4.4	46.7	1.6	2.3	1.3
红豆面包	280	1 172	35.5	7.9	5.3	50.2	1.1	2.7	0.7
法式面包	279	1 167	30.0	9.4	1.3	57.5	1.8	2.7	1.6
可颂面包	448	1 874	20.0	7.9	26.8	43.9	1.4	1.8	1.2
丹麦面包	396	1 657	25.5	7.2	20.7	45.1	1.5	1.6	1.2
面包卷	316	1 322	30.7	10.1	9.0	48.6	1.6	2.0	1.2
酵母甜甜圈	387	1 619	27.5	7.1	20.4	43.8	1.2	1.4	0.8
黑麦面包	264	1 105	35.0	8.4	2.2	52.7	1.7	5.6	1.2
精白米（米饭）	168	703	60.0	2.5	0.3	37.1	0.1	0.3	0
乌冬面（水煮）	105	439	75.0	2.6	0.4	21.6	0.4	0.8	0.3
中式面条（水煮）	149	623	65.0	4.9	0.6	29.2	0.3	1.3	0.2
通心粉、意大利面（水煮）	149	623	65.0	5.2	0.9	28.4	0.5	1.5	0.4

摘自《第五次增补：日本食品标准成分表》
注：一般成分的水分、蛋白质、脂质、碳水化合物、灰分，精确到小数点后一位。（小数点第二位四舍五入）
0：含量不满食品成分表中最小记载量的 1/10，或者没有被检测出来。
Tr：虽然含有，但未达到最小记载量。

◎ "起种" 的做法

　　这里要介绍手边只有黑麦粉时，制作 "起种" "初种" 的方法。使用的黑麦选用细腻的全麦粉会比较理想。黑麦表面有很多乳酸菌和野生酵母，因此制作方法可以想成是花费 4~5 天的时间去增菌。

　　第一天：黑麦全麦粉（细腻）……100%

　　　　　　水……100%

　　※ 出面温度 27℃，在 27℃的环境放置 24 小时。

　　第二天：前一天的种面……10%

　　　　　　黑麦全麦粉（细腻）……100%

　　　　　　水……100%

　　※ 出面温度 27℃，在 27℃的环境放置 24 小时。

　　第三天：同上

　　第四天：同上

　　第五天：前一天的种面 pH 在 3.9，酸度为 15 的话，就做成了理想的 "起种"。得到的种被称为 "初种"。如果 pH 还比较高，那么继续重复与前一天相同的操作。

◎ 代特莫尔德第一阶段法

　　黑麦粉……100%

　　初种……10%

　　水……80%

※ 出面温度 27℃，在 27℃的环境静置 18~24 小时。使用这一酵种，可以制作所有类型的黑麦面包。

第五章 面包制作中的数学

在面包制作和销售中，有许许多多数值，都有着重要的意义。当然凭过去的经验和感觉也可以推算出数值，但进行新产品的策划以及指导后辈时，还是需要了解制作中数值的最基本含义，并且就数值和计算方法来进行解读。这些关于面包制作的必要的数值管理，会在这一章为大家进行总结，有一部分与前面章节会有重叠，还望谅解。

（一）成本计算

根据烘焙店铺的规模不同，计算单位也有所不同。在大型、中型规模的烘焙企业里，一般以小麦粉一袋（25kg）为计算单位，在零售烘焙店内，一般以小麦粉 1kg 为计算单位。在此以 1kg 的面团、馅料、装饰的单价为基准，再乘以其在单个成品中的重量，即可算出单个成品的制作费用，进而计算出原料成本率。

成本计算纸（见 267 页）的使用方法

根据表内标注序号来进行说明。希望大家能将成本计算纸复印在白纸上，在实际中加以运用。

①在"原料名"栏具体记录使用的原材料的品牌。

②在"配比"栏记录配方比例。

③在"原料价格 / 购入单位"栏，记录商品的购入价格以及单位。

④在"原料单价"栏记录各个原材料每 1kg 的价格。

⑤在"使用量"栏记录每 1kg 小麦粉的原材料使用量。

⑥在"原料费"栏记录每 1kg 小麦粉的原材料费用。

⑦计入配比总和。

⑧计入每 1kg 小麦粉的原材料使用量的总和。

⑨计入每 1kg 小麦粉的原材料费用的总和。

⑩在"计算出品量"栏记录⑧的数值。

⑪以发酵损耗量为 2% 来计算，在"实际出品量"栏记录每 1kg 小麦粉对应的计算出品量⑩乘以 0.98 的数值。

⑫每 1kg 小麦粉对应的原材料费用合计⑨除以面团实际出品量⑪，能够计算出每 1kg 面团的价格。在业界，每 1kg 面团的价格，大多被简称为面团单价。

⑬记录面团的分割重量。

⑭在"面团单价"栏记录每 1kg 面团的价格。

⑮制作红豆面包时，就填上红豆馅。若是自家制作馅料，先在其他纸上用面团单价计算方式算好后再写入。

⑯记录每 1kg 内馅对应的价格。

⑰记录单个成品所使用的内馅重量（此处为红豆馅重量）。

⑱所用内馅的每 1kg 单价乘以使用的 kg 数，得出单个成品的内馅费用。

⑲记录装饰时，要写明具体名称，如樱花或白芝麻。

⑳所用装饰的每 1kg 单价乘以使用的 kg 数，得出单个成品的装饰费用。

㉑记录包装的种类。

㉒记录单个成品的包装费用。

㉓在"面团费用"栏，记录面团单价⑭乘以面团分割重量⑬后得出的数值。

㉔面团实际出品量⑪除以面团分割重量⑬，得到的个数记入"面团分割个数"一栏。

㉕在"制作费用"栏，将面团费用㉓、内馅费用⑱、装饰费用⑳以及包装费用㉒合计后的数值记入此栏。

㉖销售单价记入此栏。

㉗用单个成品对应的制作费用㉕除以销售单价再乘以 100，由此得到的数值记入"原料成本率"栏。

㉘ 在"销售额"栏，将销售单价㉖乘以面团分割个数㉔后得到的数值记入此栏。

（二）热量和营养计算

在欧洲，面包房总是充当着所处地域的联系纽带的作用。最近的日本社会邻里关系渐渐疏远，很希望面包房也能成为其所处地域的润滑剂似的信息交流地。对于辐射商圈较小的零售烘焙店来说，这可以说是最好的顾客服务了。在这里以热量计算、营养计算作为一个例子，希望借由这个数值，能增进与客人的交流。

食品营养计算纸（见 269 页）的使用方法

①在"原料名"栏记入使用的原材料。

②记录各原材料的配比。

③依照第五次修订增补食品成分表写入热量数值。标准写法要以焦耳为单位，但大众对此单位不熟悉，在这里我还是继续用卡路里来表示。在不久的将来，

希望能改成以焦耳为单位进行记录（kcal 到 kJ 的换算：1kcal ≈ 4.184kJ）。

④依照第五次修订增补食品成分表，写入脂质数值。

⑤依照第五次修订增补食品成分表，写入食盐对应量数值。

⑥热量数值③乘以配方比例②，得到的数值再乘以 0.01。

⑦脂质数值④乘以配方比例②，得到的数值再乘以 0.01。

⑧食盐对应量⑤乘以配方比例②，得到的数值再乘以 0.01。

⑨配比的总和。

⑩热量合计的值。

⑪脂质合计的值。

⑫食盐对应量合计的值。

⑬写入单个成品的面团重量。虽然有人认为食用的是面包，应写入烘烤后的重量，但烘烤后只有水分被损耗了，因此一般用面团重量来计算即可。

⑭面团配方的热量合计值⑩除以配比合计值⑨，再乘以面团重量⑬。

⑮面团配方的脂质合计值⑪除以配比合计值⑨，再乘以面团重量⑬。

⑯面团配方的食盐对应量合计值⑫除以配比合计值⑨，再乘以面团重量⑬。

⑰填入单个成品的内馅重量。

⑱根据第五次修订增补食品成分表，记录内馅的热量值。若是自制馅料，则对应馅料的热量值预先在其他纸上进行计算后再填入。

⑲依照第五次修订增补食品成分表，记录内馅的脂质量。

⑳依照第五次修订增补食品成分表，记录内馅的食盐对应量。

㉑将 100g 内馅的热量值换算成每 1g 对应的热量值，然后乘以内馅重量⑰。

㉒将 100g 内馅的脂质量换算成每 1g 对应的脂质量，然后乘以内馅重量⑰。

㉓将 100g 内馅的食盐对应量换算成每 1g 对应的数值，然后乘以内馅重量⑰。

㉔记录单个成品的装饰重量。

㉕依照第五次修订增补食品成分表，记录装饰部分的热量值。

㉖依照第五次修订增补食品成分表，记录装饰部分的脂质量。

㉗依照第五次修订增补食品成分表，记录装饰部分的食盐对应量。

㉘将 100g 装饰的热量值换算成每 1g 对应的热量值，然后乘以装饰重量㉔。

㉙将 100g 装饰的脂质量换算成每 1g 对应的脂质量，然后乘以装饰重量㉔。

㉚将 100g 装饰的食盐对应量换算成每 1g 对应的数值，然后乘以装饰重量㉔。

㉛面团重量⑬、内馅重量⑰、装饰重量㉔的合计。

㉜面团热量⑭、内馅热量㉑、装饰热量㉘的合计。

㉝面团脂质量⑮、内馅脂质量㉒、装饰脂质量㉙的合计。

㉞面团食盐对应量⑯、内馅食盐对应量㉓、装饰食盐对应量㉚的合计。

（三）配方用水的温度计算

之前已经接触到这部分的知识，在此进行简单总结。最切实可行的计算方法是每天记录制程笔记。每日的室温、面团搅拌量、配方用水温、出面温度等都在笔记内进行记录，以能够一直制作出安定的面团。

零售烘焙店铺尽可能在前一天把必要的材料计量好，并且一直在相同的区域进行保管，放置在搅拌机旁是最理想的，若不能放置，也要确保有个固定的位置进行保管。这与出面温度紧密相关。还是要强调，搅拌机尽量避免放置在出入口、门附近等通风场所，因为这会造成出面温度不稳定。

基本上，面粉温度和配方用水温的平均值就是面团温度。在面团搅拌量少的情况下，环境温度和面团温度有极端差异时，面团温度会受到室温影响。如果搅拌时间长，面团又太硬时，必须考虑面团与搅拌缸产生的摩擦热。

①面团搅拌量多时，室温和期望的出面温度相近时：

配方用水温 =2×（期望出面温度−搅拌摩擦产生的上升温度）−面粉温度

②受室温影响较大时：

配方用水温 =3×（期望出面温度−搅拌摩擦产生的上升温度）−面粉温度−室温

③使用中种法搅拌主面团时：

配方用水温 =4×（期望出面温度−搅拌摩擦产生的上升温度）−面粉温度−室温−中种终点温度

④配方用水温在零度以下，需要使用冰块时：

冰块用量 =［配方用水量 ×（自来水的温度−配方用水温的计算值）］÷（自来水的温度＋ 80℃）

关于这一点的解说请参照前一章节（109 页）。

（四）模具比容积和成品比容积计算

面包制作中说到的比容积，大多指的是模具比容积，但在物流业和与客人沟通中的比容积，视为成品比容积（面包比容积）为佳。

模具比容积

首先必须测算面包模具的容积，测量方法有如下几种：将模具内装满水，通过测量水的重量来测算；也可以用菜籽等小颗粒种子填满模具，然后将菜籽倒入量杯中测算；还可以用梯形体积计算公式进行测算。计算梯形体积的标准公式是：

$$S= \frac{A \times B + a \times b + \sqrt{(A \times B) \times (a \times b)}}{3} \times H$$

但这里用如下所示的简便公式进行计算。此时模具内侧的数值可以利用纸张贴合的方式获得，高的测量则利用辅助棒等工具，以获得正确的数值。铁板的厚度、圆角、模型的倾斜角度等，若随意测量，得到的数值的误差会大得惊人。

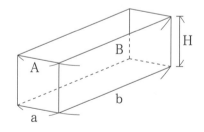

$$模具的容积 = \frac{(a \times b) + (A \times B)}{2} \times H$$

模具比容积的计算公式如下：

模具比容积＝模具的容积 ÷ 模具内装入的面团重量

模具内装入的面团重量＝模具的容积 ÷ 模具比容积

面包教科书、配方表等使用模具比容积的情况比较多，因此在实际的操作中，首先就需要计算好面包模具的容积，然后除以模具比容积，得到模具内装入的面团量，再根据需要决定装入多少个面团，就可以计算出面团的分割重量。

厨房里的面包模具的容积要事先测好，并将各个模具比容积对应的分割重量制作成一览表。过去 500g 面包的模具大多容积都是 1 700cm³，但最近模具有变大的倾向，如果不做测量是得不到实际数值的。关于模具比容积的值，过去山形吐司是3.6，方形吐司是3.8，但最近山形吐司和方形吐司基本上都为4.0~4.2。另外，松软风格的面包，比容积能够达到5.0~5.5。模具比容积是决定面包风味、口感、受热情况等的重要数值。若是轻易变更，很容易就毁掉商品本身的价值，需要慎重地加以探讨。

（五）烧减率的计算

无论什么样的面包都有固有的，或者说理想的烧减率。比如法式面包的理想烧减率为22%，德式面包为13%，英式面包为12%，吐司面包为10%，首先要牢记这些数值，然后寻找出自己想烘烤的面包的烧减率。当然，根据配方、工程、烤箱种类的不同，这个数值也会有变化，不能一概而论。但是反过来说，无论在什么样的条件下制作面包，其烧减率都不能有太大的变化。

长时间发酵的面团、冷藏发酵的面团、加入糊化淀粉的面团等，其烧减率容易变小，就会烘烤出口感黏糊糊的面包。只有对烧减率进行管理，才可能烘烤出口感润泽的面包。

还需要注意的是，要把握烘烤后称量面包重量的最佳时间点。刚出炉的面包，水分会急剧地蒸腾，因此烘烤后15分钟，其烧减率会有1%~2%的变化。所以一定要留心在固定的时间点进行测量。

烧减率 =[（面团重量 – 烘烤后重量）÷ 面团重量]×100%

（六）抗坏血酸（维生素 C）添加量的计算

酵母营养剂最开始是用于法式面包的制作中，后来吐司面包、甜面包等也会使用，而抗坏血酸就是其主要成分。它是改良面包的形状、操作性的重要添加剂，因此需要充分理解其使用目的和效果，把握好正确的使用量。大部分人都会有过量使用倾向。虽然个人喜好不同，但熟成度稍微不足的面团，在风味上会比较醇厚浓郁。

对于自己的面包，请试着调整出符合自己口味的氧化剂添加量。

①使用 1/1 000 的溶液时（1g 抗坏血酸溶于 1 000ml 的水里），法式面包的配方表内大多会写"添加抗坏血酸 0.001%"，这指的是相对于 100 的小麦粉，使用 1ml 的 1/1 000 溶液，就是添加了 0.001% 的抗坏血酸。

②使用含有 1% 抗坏血酸的酵母营养剂时，相对于 100 的小麦粉，使用 0.1% 的酵母营养剂，就是添加了 0.001% 的抗坏血酸；使用 0.5% 的酵母营养剂时，则是添加了 0.005% 的抗坏血酸。

◎**食品的三重功能在面包上的体现**

　　食品有三重功能。过去常被提及的是第一重功能——为生命的维持提供能量来源，这是食品作为营养物质的一面。接下来，第二重功能指的是食品的美味程度，味道、香气、色泽、口感等，这是食品能影响到人的观感和喜好的一面。然后就是最近备受瞩目的第三重功能——与健康紧密关联的调节体质的功能。到目前为止，食品中的营养素一直是大家的话题中心，但食品所带的其他功能在未来也会变得越来越重要。

　　三大营养素：碳水化合物、蛋白质、脂质。

　　五大营养素：碳水化合物、蛋白质、脂质、维生素、矿物质。

　　六大营养素：碳水化合物、蛋白质、脂质、维生素、矿物质、食物纤维。

　　食品的三重功能基于六大营养素之上，掌管着体质调节、生态防御、延缓老化、预防疾病等要素。未来如何将这些要素带入面包的制作中，是需要面包技术人员经常思考的课题。

（记录示例）

成本计算纸

品名：红豆面包

① 原料名	② 配比 /%	③ 原料价格 / 购入单位	④ 原料单价 （每 1kg）	⑤ 使用量 /g （每 1kg 小麦粉）	⑥ 原料费 （每 1kg 小麦粉）
高筋粉	100.00	3 600/25kg	144	1.0000	144.00
鲜酵母	3.00	250/500	500	0.0300	15.00
酵母营养剂	0.12	2 100/2kg	1 050	0.0012	1.26
食盐	0.80	425/5kg	85	0.0080	0.68
白砂糖	25.00	2 800/20kg	140	0.2500	35.00
脱脂奶粉	3.00	16 250/25kg	650	0.0300	19.50
麦淇淋	12.00	4 800/10kg	480	0.1200	57.60
全蛋	10.00	160/1kg	160	0.1000	16.00
水	50.00			0.5000	0
合计	⑦ 203.92			⑧ 2.0392	⑨ 289.04

计算出品量 （每 1kg 小麦粉）	实际出品量 （每 1kg 小麦粉） ⑩ ×0.98	原料费 / 实际出品量 （每 1kg 小麦粉）	面团分割 重量 /g	面团单价 （每 1kg）
⑩ 2.0392	⑪ 1.998416	⑫ 144.63	⑬ 45	⑭ 144.63

	品名	单价（每 1kg）	每个面包中的使用量 /g	费用
内馅 ⑮	红豆 ⑯	550	⑰ 45	⑱ 24.75
装饰 ⑲	白芝麻	550		⑳ 0.55
包装 ㉑	甜面包包装袋			㉒ 1.00

面团费用 （单个成品）	面团分割 个数	制作费用 （单个成品）	销售单价	原料成本 率 /%	销售额 （每 1kg 小麦粉）
㉓ 6.50	㉔ 44.40	㉕ 32.80	㉖ 100	㉗ 32.80	㉘ 4 400

计算日期：2002 年 2 月 11 日

注：本表中的价格、费用单位为日元。

①~㉘详解见 P260~261。

成本计算纸

品名：

① 原料名	② 配比 /%	③ 原料价格 / 购入单位	④ 原料单价 （每 1kg）	⑤ 使用量 /g （每 1kg 小麦粉）	⑥ 原料费 （每 1kg 小麦粉）
合计	⑦			⑧	⑨

计算出品量 （每 1kg 小麦粉）	实际出品量 （每 1kg 小麦粉） ⑩ ×0.98	原料费 / 实际出品 量（ 每 1kg 小麦粉 ）	面团分割重量 /g	面团单价 （每 1kg）
⑩	⑪	⑫	⑬	⑭

	品名	单价（每 1kg）	每个面包中的使用量 /g	费用
内馅	⑮	⑯	⑰	⑱
装饰	⑲			⑳
包装费	㉑			㉒

面团费用 （单个成品）	面团分割 个数	制作费用 （单个成品）	销售单价	原料成本率 /%	销售额 （每 1kg 小麦粉）
㉓	㉔	㉕	㉖	㉗	㉘

计算日期 _____

食品营养计算纸（根据原料得到的计算值）

品名：红豆面包

① 原料名	② 配比 /%	第五次修订增补食品成分表数值（每100g可食用部分）			根据配方得到的计算值		
		③ 热量/kcal	④ 脂质/g	⑤ 食盐对应量/g	⑥ 热量/kcal	⑦ 脂质/g	⑧ 食盐对应量/g
高筋粉	100.00	366	1.8	0	366.00	1.800	0
鲜面包酵母	3.00	103	1.5	0.1	3.09	0.045	0.0030
酵母营养剂	0.12				0	0	0
食盐	0.80	0	0	99.1	0	0	0.7928
白砂糖	25.00	384	0	0	96.00	0	0
脱脂奶粉	3.00	359	1.0	1.4	10.77	0.030	0.0420
麦淇淋	12.00	758	81.6	1.2	90.96	9.792	0.1440
全蛋	10.00	151	10.3	0.4	15.10	1.030	0.0400
水	50.00				0	0	0
合计	⑨ 203.92				⑩ 582.00	⑪ 12.700	⑫ 1.0000

	单个成品的重量/g	第五次修订增补食品成分表数值（每100g可食用部分）			单个成品的热量/kcal	单个成品的脂质量/g	单个成品的食盐对应量/g
		热量/kcal	脂质/g	食盐对应量/g			
面团	⑬ 45				⑭ 128.4	⑮ 2.80	⑯ 0.22
内馅	⑰ 45	⑱ 244	⑲ 0.6	⑳ 0.1	㉑ 109.8	㉒ 0.27	㉓ 0.05
装饰	㉔ 1	㉕ 567	㉖ 49.1	㉗ 0	㉘ 5.7	㉙ 0.49	㉚ 0
合计	㉛ 91				㉜ 244.0	㉝ 3.60	㉞ 0.30

计算日期：2002 年 2 月 12 日

注：热量值取整数，脂质、食盐对应量取小数点后第一位，若是用于计算的数值则要取到以上标准取值的下一位。

食品营养计算纸（根据原料得到的计算值）

品名：

① 原料名	② 配比 /%	第五次修订增补食品成分表数值 （每 100g 可食用部分）			根据配方得到的计算值		
		③ 热量 / kcal	④ 脂质 /g	⑤ 食盐对应量 /g	⑥ 热量 / kcal	⑦ 脂质 /g	⑧ 食盐对 应量 /g
合计	⑨				⑩	⑪	⑫

	单个成品 的重量 /g	第五次修订增补食品成分表数值 （每 100g 可食用部分）			单个成 品的热 量 /kcal	单个成 品的脂 质量 /g	单个成品 的食盐对 应量 /g
		热量 / kcal	脂质 /g	食盐对应 量 /g			
面团	⑬				⑭	⑮	⑯
内馅	⑰	⑱	⑲	⑳	㉑	㉒	㉓
装饰	㉔	㉕	㉖	㉗	㉘	㉙	㉚
合计	㉛				㉜	㉝	㉞

计算日期：＿＿＿＿＿＿＿＿

第六章　面包的历史

面包的编年史

地球诞生在 46 亿年前，在 800 万年前到 500 万年前，人类的祖先诞生于非洲。直接祖先——智人（克罗马农人）则诞生在 16 万年前，他们和之前的人类有两点不同的特征：一个是发现了有过生育的老年女性的化石，另一个是通过 500 万年的直立行走生活，他们已经能够发声，能够明白语言并互相传递明确的信息。通常，哺乳类的雌性在失去繁殖能力后就会死亡，但从克罗马农人开始，出现了老年女性的生活痕迹，她们能够通过明确的语言向子孙传递生活的知识和经验，文化、文明也得以传承。

一万年以前，西亚的人类开始对谷物之一的小麦进行栽培。6 000 年前在巴比伦和埃及，人们开始将小麦、大麦等谷物粉碎，制作成粥食，也开始将许多谷物烘烤成无发酵面包。这时的面包是无发酵、不膨胀的，不能发挥小麦的优越性。4 000 年前在埃及，发酵面包被偶然烘烤出来，从此能够形成面筋的小麦变得重要。不过这个时期，无发酵面包和发酵面包依旧共存，人类已经能烘烤出 10 种以上的花式面包。之后，面包制作技术普及到希腊和罗马，制作红酒的技术也同时导入，使面包品质不断优化。

小麦栽培技术传入日本是在弥生时代中后期，由中国传入。但因为当时水稻耕种已经普及到日本东北地区，小麦并未成为主力谷物。发酵面包是在 1549 年随基督教传教士方济各·沙勿略一起传入日本的。17 世纪初期，日本的基督教徒达到了 75 万人，当时西班牙人的书简就有"江户的面包是世界之最"的记载。但可惜的是，由于基督教禁教令、锁国令，日本的面包饮食文化中断了。

第二次世界大战后，在短短的时间内，面包饮食文化再次普及，并且成了日本人的第二主食。这也许该归功于 400 年前就打下的基础。现在的日本，不仅进口世界最高品质的小麦，加工小麦的面包制作设备和技术也可以说是世界的最高水准。

◆ 面包诞生之前

一万年前，小麦从数种谷物作物内被选拔出来进行栽培，有如下的理由：

①小麦的可食用部分颗粒大；

②栽培需要的劳动力少；

③收获和贮藏很容易；

④可栽培的地域广阔；

⑤营养价值高；

⑥可制作的食品花样丰富。

第⑥点是由于小麦能够研磨成粉使用，但这需要等到 4 000 年后的美索不达米亚文明时期才能实现。

在距今 6 000 年前的巴比伦地区，人们开发出了谷物粉碎技术，可以将小麦、大麦做成粥食或者烘烤成薄片面包食用。这些随后传到埃及，也许是偶然忘了将薄片面包的面团进行烘烤，次日或者两天后，人们才担心地拿来烘烤，却发现面团膨胀起来，也因此做出了美味的发酵面包。当时人们已经可以制作 10 种以上花样的面包了。

之后，面包制作技术传到希腊，并与希腊的红酒制作技术，地中海的橄榄、无籽白葡萄、橙子等水果相结合，制作出了许多花样面包。希腊已经有了专业面包师，对面包的外形和风味进行管理。后来罗马还出现了面包师的职业训练所，成立了工会，建立了面包制作所。当时，单单在罗马就有 245 家面包房。

◆ 欧洲面包的历史

罗马的发展，也带动了面包饮食文化的发展。随着罗马军队的远征，面包饮食文化也普及到了其所经属地。而与此同时，属地价格低廉的谷物、橄榄油等流入罗马，加快了作为罗马军队主力的中小农民的衰败。在以迫害基督教徒而臭名昭著的暴君尼禄的时代，古罗马竞技场（圆形剧场）完成兴建。为了稳定流入罗马的无产者难民，面包、小麦免费发放，竞技场也供其使用。罗马当时的人口有 80 万人，为了养活市民，每年需从属地的埃及、叙利亚、北非等地进口小麦 50 万吨，并且建造了能贮藏半年粮食的仓库。

公元 79 年，古城庞贝因维苏威火山的爆发而被掩埋，但随着后代的发掘，出土发现了两层楼建筑的面包房，一楼还发掘出了当时的石臼、石窑。在罗马五贤君时代后期，罗马进入衰退期，同时面包文化也开始衰退。面包制作进入了一部分的教会、修道院、贵族之中，诞生了带有当地地方特征的面包，并且得以继承和延续。特别有名的是 15 世纪末，意大利的富豪家族美第奇家族，将女儿凯萨琳·美第奇嫁给了后来成为法国国王的亨利二世。意大利的饮食文化，包括刀具、叉子、面包技术等也由此传到了法国。接下来，18 世纪末，欧洲最显赫的奥地利哈布斯堡皇室将玛利亚·安东尼亚（后来路易 16 世的王妃玛丽·安东尼）嫁去法国，由此就将维也纳的布里欧修、可颂、凯撒面包、牛角面包、库克洛夫面包等传入巴黎，这些面包成了如今这些商品的雏形。这个时代，面包制作开始闪耀科学的光芒，1683 年，荷兰的安东尼·列文虎克在自制显微镜下发现了酵母，1859 年，法国的路易·巴斯德阐明了酵母能将糖类分解成酒精和二氧化碳。到了 1868 年，弗莱希曼酵母在美国开始发售。

◆ 小麦传入日本

日本的小麦栽培是于弥生时代中后期由中国传来的。当时的日本，水稻种植已经广泛普及，加上气候等因素，小麦栽培只是零星进行，并没有替代水稻种植。直到遣唐使小野妹子等从中国带回了面，这种局面才有所改观。面是在西汉末年，从西亚传入中国的，传入日本则是在 7 世纪前期。之后，在镰仓末期馒头传入日本。关于馒头由来的说法之一是，当时在元朝留学 7 年的圣一国师将馒头的制法学成带回日本，据说这就是虎屋的酒馒头的起源。

在中国，馒头的起源也是众说纷纭，其中一个有名的故事是说三国时期，蜀国的宰相诸葛亮从南方凯旋班师回朝的途中，因为河川巨浪而无法横渡，有人进言"根据蛮族的传说，要杀 49 人，取头颅去供奉神明方可渡江。"但是诸葛亮认为"凯旋途中，一个人也不能杀"，因此将羊肉和猪肉作为内馅，用小麦粉面团包裹起来，做成人头的模样来供奉神明。不多时，风雨骤停，军队也得以渡江。这种象征"蛮族的头"的食品就叫"蛮头"，渐渐又被写成了"馒头"。虽然面包有其特有的定义，但若无发酵面包也能定义成面包的话，那么馒头也可以算是非常了不起的面包了，在日本的面包历史里也是不可缺少的存在。

◆ 面包传入日本和闭关锁国

发酵面包传入日本，是在基督教传教士方济各·沙勿略为基督教传教而到访日本的 1549 年。随着基督教的普及，面包饮食文化渗透到日本各地。

1609 年 9 月 30 日，菲律宾临时总督毕伟罗从菲律宾的马尼拉被召回墨西哥的阿卡普尔科之际，因台风遇难，在日本的上总国岩和田村（如今的千叶县御宿町）被救。他在日本滞留了十个月，这期间，他从大多喜城经由江户城，在骏府城中会见了德川家康。在他寄回国的书简中曾记载"日本人的面包如同果实一般，若以日常食用之外视之，说江户制作的面包是世界之最，并不言过其实。然而购买者甚少，因此其价值几乎为零。（中略）小麦相较于西班牙更优，产量虽高，但日常粮食为稻米"。可惜的是 1613 年基督教禁教令颁布，1639 年葡萄牙来的船只被禁止登岸，锁国令发布，随之还有奢侈禁令发布，禁止了馒头、荞麦、乌冬及面包的食用。自此日本的面包饮食文化进入了长期的黑暗时代。

◆ 日本幕府末期、明治维新时期的面包

面包再次受到关注是在幕府末期，因为作为军队粮食，面包有其独特价值。深受当时幕府首席老中阿部正弘信任，任伊豆地区江川家家主的江川坦庵在韭山的个人宅邸设置了面包烤箱，并在 1842 年 4 月 12 日，请负责长崎荷兰屋的料理人佐太郎来烘焙面包（为了推动业界普及面包，这一天被定为日本的"面包日"）。江川坦庵当时已经作为兰学学者、洋式兵学的大家广为人知，并在江户开设江川塾办学。其塾生回到全国各自的藩属后，制作出了水户的兵粮丸、萨摩的蒸饼、常州的备急饼。

有趣的是，当时的萨摩藩主岛津齐彬认为，军用面包的制作是关系到士兵士气的重要食粮，所以指示要加入砂糖、鸡蛋等，以制作出口味良好的面包。但是，江川塾教导的是军粮面包的制作应首先考虑便于贮藏、利于经常使用，因此咸味的面包才是好的选择。虽然会有些许差异，但是军粮面包的配方还是以简单为主。另外要说明的是，江川坦庵从佐太郎那里学习的是荷兰风格的面包，从家臣中浜万次郎那里习得的是美国风格的面包，并且由于收容因安政大

地震受难的俄罗斯人，在建造俄罗斯船只期间，他还学习了俄罗斯风格的面包，可以说比起现在的我们，他更通晓各国面包的制作情况。

※ 在此有一篇关于横滨面包老铺的记载。根据记载，最初在横滨进行面包烘焙的，是1860年（万延元年）由内海兵吉氏开设的"富田屋"。它在二战后改名为加贺面包制作有限公司，1965年（昭和40年）停业。1861年（文久元年），美国人古德曼开了面包房，1865年（庆应元年）由后来在山下町135号地开设了"横滨烘焙坊"的英国人罗伯特·克拉克接手。克拉克制作的英式面包，并不是当时被称为酸面包（Span）的酸味很强的面包，而是用啤酒花种制作、用石窑烘烤的美味面包。

到了幕府末期，最早开放港口的横滨，已是面包商业生产的中心。当时，和幕府合作的法国，派遣到横须贺造船厂的技师达50人以上，再加上为了训练幕府的步兵、骑兵、炮兵，还派遣了20名以上的军人。当然，在横滨制作的面包就是法式面包，明治时期的面包也因此以法式面包作为开端。可惜的是（笔者个人见解），随着明治维新，和各地萨摩长合作的英国人变多，面包也渐渐以英式面包为主体了。小麦、小麦粉也从当时英国的殖民地加拿大进口，这些原料被称为世界上最好的面包专用小麦粉，因为加拿大小麦的蛋白质含量高，制作出来的英式面包体积较大，非常松软，想来很适合日本人的口味。但是，如果法式面包能在当时状况下成为日本的主力面包，再加上日本的国产小麦又与法国产小麦较为类似，那日本的谷物市场，或者说日本的面包业界，也许会发展成与如今完全不同的状态。

※ 曾经在此学习的是如今打木面包公司的创始人打木彦太郎，他于1888年（明治21年）3月，在现在市中区元町创立了打木面包。1903年（明治36年）时，随着"横滨烘焙坊"的停业，打木彦太郎将面包店改名为"横滨烘焙坊宇千喜商店"。

1869年（明治2年），文英堂在东京都芝日荫町（现在的JR新桥站西口广场附近）开业，也就是如今的木村屋总店。虽然被大家熟知的创始人是木村安兵卫，但据木村屋总店的公司内刊记载，实际上被面包店工作的魅力所吸引，并且投身于此的是其子英三郎。文英堂的名字，便是以文明开化的"文"和英三郎的"英"来命名的。创业当年的12月，由日比谷方面而来的火灾烧毁了新店，木村屋总店不得不转移到银座尾张町（现在的五丁目）重开，1874年（明治7年）又迁移到银座四丁目（现在的三越百货旁）。

创业之初，店里雇用了当时曾在长崎烘焙面包的梅吉，1872年（明治5年）又雇用了曾在横滨工作、手艺非常精湛的面包师武岛胜武藏，不满足现状的英三郎和这两位面包师，开发出了用米曲发酵的酒种红豆面包。这个红豆面包，通过木村安兵卫的好朋友，也是明治天皇的侍从山冈铁舟，于1875年（明治8年）4月4日，在水户家下屋宅（现墨田公园）作为接待茶点献给明治天皇，得到了天皇和皇后的喜爱，成为宫内御用的食物。

考虑到将平民食用的红豆面包直接进贡会很失礼，英三郎他们在酒种红豆面包的基础上又下了一番功夫，制作出了樱花红豆面包（原材料颇为讲究：小麦粉来自奥地利，鸡蛋来自上总及常陆，盐渍樱花则选用奈良吉野山的八重樱）。之后，红豆面包开始普及并且遍布车站，因此也出现了一些粗糙的残次品。

伴随农作物歉收，明治时期发生过数次稻米暴动，每到这时，面包就成为代用主食，"沾烤面包"（涂抹砂糖蜜的吐司面包，售价5厘）也因此登场。1889年（明治22年），在山形县鹤岗，面包开始作为学校伙食供给学生。

1901年（明治34年），最早制作出奶油面包和奶油华夫饼的"中村屋"在东京本乡的东大赤门前开业了。中村屋的创始人相马爱藏、相马国光夫妇在著述《作为一个商人》里提到，爱藏32岁那一年的9月，本来在故乡信州是养蚕专家的他，从信州移居到了东京本乡，他开始留意面包房这门新生意，并在报纸上登出了"寻求面包房转让"的消息。当他收到自己到东京三个月以来每天都去购买面包的"中村屋"的转让消息后，便于当年的12月30日，以700日元的价格买下它，并且搬入。开业第三年（明治37年）时，相马爱藏第一次吃到了泡芙并大受感动，以此为灵感，他将红豆馅换成奶油馅，做成奶油面包。后来他又用奶油替代果酱，开发出奶油华夫饼，广受好评，并一直延续至今。顺便提一句，果酱面包是木村屋总店第三代店主木村伊四郎开发的。

◆ 日本大正时期的面包业

1914年（大正3年）第一次世界大战之后，面包的需求激增。作为主食的面包，也开始添加砂糖、油脂和牛奶。1918年（大正7年）日本出兵西伯利亚，因大量收购军用米，致使米价上扬，加之商家囤货居奇，因此"大米暴动"不断发生。这时作为代用主食的糙米面包、豆渣面包等成为热议话题，政府要求日本制粉和日清制粉两大制粉公司设立面包制造企业。现在丸十集团的创立者，同时也是"玄平酵种"的开发者田边玄平在当时东京市长田尻稻次郎和子爵土岐章等人的协助下，引入了最新的面包制作机械，在芝浦设立了"日本面包制作股份公司"，以求面包业的现代化。而将面包提供给陆军和海军，也是在这个时期。

随着大战的终结，有为数不少的德国战俘被接收，其中也包括面包师，其中一人就在敷岛制粉内设立了面包部门，之后他还在神户开设了烘焙坊佛罗因特利（Freundlieb）。另外，神户的尤海姆（Juchheim）、东京的凯特尔（Ktel）、德国烘焙坊 （German Bakery）等，都是当时的德国战俘创立开设的。同时期，德国的优秀面包制作技术也引入日本，构造简单又合理的德国式砖窑烤炉（烘烤面包的烤炉）迅速普及。另一方面，随着移居美国者回到日本，日本国内的饮食生活开始西洋化，美式的高油糖面包（加入丰富的砂糖、黄油、鸡蛋的面包，即甜面包卷）也推广开来。面包的丰富多样性、弗莱希曼干酵母的进口，以及工厂的机械化等，奠定了面包业界技术革新的基础。学校将面包作为午餐供应，也让面包饮食获得了进一步普及。

◆ 从日本昭和时期到第二次世界大战结束

丸木酵母和东方酵母工业股份公司先后于1927年（昭和2年）和1929年（昭和4年）成立，实现了日本面包酵母生产的企业化，日本的面包制作从此迈向现代化。1923年（大正12年）的关东大地震以及昭和初期的世界经济大萧条，导致日本出现了大量失业者，据统计达到了300万人以上。因此，相继出现了没有能力让孩子带便当，只能喝水充饥的家庭。饥荒儿童的出现成为一大社会问题。1930年（昭和5年），东京朝日新闻与陆军粮友会共同出力募集捐款，开启了针对饥荒儿童的营养面包的供给。此举促使当时的文部省推出了由学校提供餐食的临时政策，并且提出了营养面包的供给奖励办法。至1935年（昭和10年），受益于此的儿童突破了65万人。

但是，1937年（昭和12年），随着《粮食应急处置法》《物价统治令》的公布，日本制作的面包也发生了巨大的变化。根据1943年（昭和18年）公布的《未利用资源之面包》，面包可以使用的原料为米糠、脱脂大豆粉、黍米、稗子、玉米粉、马铃薯粉等粉类。而烘焙出的面包也变成了扁平的团子。1942 年（昭和 17 年）的面包生产量换算成小麦粉的话仅为 12.3 万吨，相较于 2006 年（平成 18 年）的 122 万吨有天壤之别。

◆ 二战后的日本面包业

二战后，让面包业起死回生的是 1947 年开始的学校餐食供给，此餐食供给来自亚洲特许救济机构（LARA）提供的小麦和与驻留美军斡旋得到的脱脂奶粉。1950 年朝鲜战争开始以后，日本从美国大量购入过剩小麦和脱脂奶粉，可见粮食的需求在急速回升，另一方面，这对美国的过剩农产品市场来说也有很大的意义。

1954 年，面包新闻社和粮食时报共同举办了"国际面包糕点制作技术大型讲习会"，为期三个月，在全国的 17 个会场同时进行。当时的讲师雷蒙德·卡尔韦尔是日本面包业界的大恩人，他是来自法国国立制粉学校的教授，为向世界推广法式面包而去往其他国家进行指导。作为推广的其中一程，他来到日本，并且为了指导和普及法式面包，至 1999 年为止的 45 年间，他来过日本 30 多次，将法式面包等面包的精髓传给了日本的面包制作者。

之后，来自奥地利的朱·泰格（Ju Tiger）传授了丹麦面包，来自美国的苏尔丹（Sultan）传授了美国的花式面包和美式玛芬蛋糕，瓦尔特·杨·彼得（Walter Yang Petersan）传授了北欧面包，德国的汉斯·斯蒂芬（Hans Stefan）传授了黑麦面包。可以说各国的顶级面包师，都对各自国家的代表性面包进行了技术指导。当时对海外的面包制品、面包技术还一无所知的日本面包师，因此能够直接正确地吸收技术并将其忠实再现，这才使得如今的烘焙店中能够陈列法式面包、丹麦面包、布里欧修等。另外，大型烘焙企业也开始飞速发展。1948 年，山崎面包公司成立，提供了可以拿着配给的小麦粉现场交换新鲜出炉的面包的服务，奠定了其今日产业帝国的基础。创始人饭岛藤十郎受到了中村屋相马爱藏的影响，到如今，依旧贯彻"实价主义"。1955 年，明治面包公司投入生产，开始了大型企业主导的大工厂时代。1960 年，调理面包的销售额大幅增长。1970 年，全国范围内售卖新鲜烘焙面包的店铺增多。1984 年，第二次法式面包风潮兴起，硬面包卷也加入其中，成为当时烘焙店中的主要商品。1999 年，敷岛面包股份公司对当时已被认为无法再进行技术革新的吐司面包用汤种法进行了改良，研发出超熟吐司。如今，这一产品及相关产品每年为该公司带来约 400 亿日元的收入。另外，1985 年以后，随着冷冻面团品质的不断优化，市场也逐渐扩大，利用这个技术，法国生活（Vie De France）、小美人鱼（Little Mermaid）等半成品面包房蓬勃发展，为面包业指明了新的道路。

　　现在，一方面大型企业为进行大规模生产，用预拌粉、冷冻面团等不断提高生产效率，而另一方面，最近市场追求安全的天然食材，用日本产小麦、自家培养的酵母、石窑的远红外线烘焙等怀旧技术来制作面包的烘焙店开始增多。

◆　**未来的面包制作**

　　面包生产量在 2000 年达到的 128.9 万吨（小麦粉使用量）是历史最高的。随着日本人口的减少，虽然无法期待生产量的进一步增长，但我希望面包师们能加强对日本产小麦的研究，开发出能发挥其特性的面包制法。到目前，日本产小麦的开发还是以面条用小麦为中心，针对面包用小麦的开发几乎还未开始。不过近来各地的农业试验场对于面包用小麦的育种势头强劲，培育出了春之丰（ハルユタカ）、春恋（春よ恋）、春之闪（はるきらり）、梦之力（ゆめちから）等优质的品种。未来，我希望能看到在过去没有什么关联的育种家、生产者、制粉业者、面包制作技术者以及消费者共同努力，创造出适合自己国人的面包。

◎**丙烯酰胺是什么？**

　　2002 年 4 月，瑞典国家食品局发表了"谷物经过高温加热后，会在商品中产生丙烯酰胺"的结论。丙烯酰胺一般是在化学制品原料中使用的化合物，在谷物中存在的天冬酰胺和葡萄糖通过加热后的美拉德反应，生成糖和氨基酸的化合物，再经加热便会生成丙烯酰胺。大量摄取丙烯酰胺的话，会产生致癌和生殖障碍的问题。但是，吐司面包、面包卷中的丙烯酰胺含量为 9~30 μg/kg，比起薯条的 467~3 544 μg/kg 来说是极少的，而且从日本人每日平均的面包摄取量（约 35g/日）来看，无论如何也不会造成问题的。

烘焙小贴士

第七章　面包制作机械

一、搅拌机

（一）把握最合适的搅拌量

关于搅拌机的种类，之前已经为大家都介绍过了，这里以直立型搅拌机为主加以详细介绍。

使用直立型搅拌机时，根据面团搅拌量的不同，可以选用10、15、20、30、45、50、60、90、120 qt（美制夸脱，容量单位，1qt ≈ 0.946L）等不同型号的搅拌缸。各类型搅拌缸所对应的最合适的搅拌量，根据面团种类、操作者的不同，也会有所不同。因此我在此处仅列举一个标准供大家参考：10 qt 的搅拌缸适合的小麦粉搅拌量为 1.5kg（1~2kg），20 qt 的搅拌缸适合的小麦粉搅拌量为 2.5kg（2~3kg），30 qt 的搅拌缸适合的小麦粉搅拌量为 4kg（3~5kg），60 qt 的搅拌缸适合的小麦粉搅拌量为 10kg（5~12kg），90 qt 的搅拌缸适合的小麦粉搅拌量为 15kg，120 qt 的搅拌缸适合的小麦粉搅拌量为 20kg。当然，此标准下也有一个浮动的范围，不仅仅限制于这个固定的量，但需要明确的是，只有使用最合适的搅拌量，才能得到顺滑且面筋结构结实的面团。

◎夸脱（Quart）是指什么？

　　夸脱是个容量单位，有英制和美制之分，日本使用的是美制夸脱，相当于1/4加仑。加仑根据国家和用途的不同，有各种定义。日本使用的是美制加仑，1gal=3.785412L。1qt则为0.946353L，但最近大家好像都没有很注意这件事。

烘焙小贴士

　　为了打出柔顺光滑的好面团，不能轻率地停止搅拌机，这一点也非常重要。刮下粘在缸壁的面团时，需要选择合适的时间点，并且在最小的限度内去操作。过于频繁地停止搅拌机，意味着在搅拌缸中过于频繁地使面团进入排气状态。

（二）低速、中速、高速的使用区别

　　之前也提到过这一点，搅拌机各个速度对应的使用目的是不同的。特别是低速，主要目的是将原材料溶解、混合均匀，不能太期待它能使面筋结合（像贝果这样的硬质面团另当别论）。我主要是根据副材料的量来调整低速的时间。像吐司面包这样副材料的量（除去油脂）占10%以下的面团，低速一般设定2分钟。而像甜面包这样副材料多的面团，低速需要4分钟。另外，最近吸水多

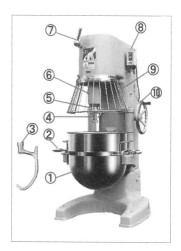

① 搅拌缸　② 搅拌缸固定锁
③ 配件　　④ 配件固定锁
⑤ 搅拌柄　⑥ 搅拌臂
⑦ 变挡杆　⑧ 主开关
⑨ 安全罩　⑩ 升降舵轮

的面团也变多了，多加水面团如果用中低速来搅拌，是无法整合面团的。因为面团水量高，在搅拌缸中基本上是分散的状态，无法期待搅拌的效果，这时，我会在低速2分钟后使用一段时间高速（虽然这样做是否正确还需要讨论，但我认为它是有必要在操作现场考虑的方法）。

（三）冰块作为配方水的使用场景

夏天很热的时候，使用冰水也没办法达到需要的温度，无论如何都需要使用冰块。之前已经提到过，使用冰块时，并不是将其混合在冰水中一起使用，而是将冰块和冰水分别称量，并且要有效使用冰块 80cal 的溶解热。但也要考虑到，冰块对搅拌机产生的负荷非常大。冰块或储存的冷冻面团，如果嵌入搅拌缸和配件之间的间隙的话，会造成搅拌机的损伤。因此，冰块的大小、形状都必须加以注意，尽可能使用细小的薄片状、碎片状的冰块（绝不可以将冷冻面团直接放入搅拌机中）。

（四）安装以及维修

搅拌机安装时，通常需要用基础螺栓将其固定在地板上，不过若是地板水平且强度高，不用基础螺栓固定也可以。安装的位置要便于机器及其周围被打扫，因此要和墙壁有一定的距离。支脚内空洞的部分会积累污垢，若是能将机器放到支架上方便移动，打扫起来会更省事。清扫或移动搅拌机的时候，必须拔掉电源。直接插着电源时，机器若受到强力的冲击，会导致电机系统发生故障。此外，经常会有搅拌缸和配件没有锁好固定装置的情况发生，或者没有停止发动机就直接更改了变速齿轮的速度，这些都是造成搅拌机损伤的主要原因。请不要嫌麻烦，一步一步按照机器的操作说明进行操作。

（五）关于注油

润滑油尽量使用可食用的润滑油。这种润滑油在家庭用品商店内不太买得到，因此推荐在网络上购买。

有回转式润滑油箱的话，要一边用低速运转一周一边向内注油，如果盖内空的话，再进行填充。齿轮润滑油虽然基本上不会有什么消耗，但最好以两年一次的频率进行更换。

若出现润滑油在支架附近漏出的现象，就要更换润滑油封条和密封垫圈。

无论什么机械都是这样，如果有异常现象，就必须去弄清原因。另外，还可以不时把搅拌臂和搅拌缸猛烈摇晃一下，确认是否出现异响。如果有嘎哒作响的声音就要注意，因为这意味着正式操作时搅拌会加速度进行，还是尽早进行备品更换为宜。

（六）关于安全罩

很多安全装置都带有开关限制。如果按了主开关，机器却不能启动的话，大多是因为安全罩没有被置于规定的位置而导致开关切断。在每一天的操作中，都要确认安全罩和开关的接触按钮是否有位移。

二、发酵室、冷藏冰箱、冷冻冰箱

（一）第一发酵室的设置

　　基本上没有一个烘焙店不配备第二发酵室（最终发酵箱）的，但也希望店铺能够配备第一发酵室。正确的发酵室是制作美味面包的第一步。为了提高发酵室加热、冷却的热交换效率，需要用送风机强制进行空气对流。但这也会导致面团干燥，所以若是在发酵室内长时间放置面团的话，要用塑料薄膜等盖住面团防止干燥。如果面团干燥的话，表皮会形成隔热层，阻碍正常的热传导。

　　另外，因为面团的构造特点，它只能缓慢地受热（空气、气泡都是极好的隔热

发酵室正面：
① 门　　　　② 蒸发器
③ 库内风扇　④ 冷却温度设定
⑤ 主开关　　⑥ 加热温度设定
⑦ 冷却计时器

材料），因此要避免急剧的温度变化。加湿方法包括：在加热器上直接喷上水雾使之汽化，形成水蒸气的方法；用锅炉形成蒸汽的方法；用超音波加湿装置或水管的水压产生喷雾的方法等。机壳内部和排水口附近都容易繁殖杂菌，因此要定期地通水清洗和杀菌。

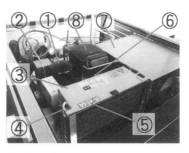

发酵室上部

① 接收槽　② 配管
③ 电容器　④ 熔接点
⑤ 制冷剂气体种类标识
⑥ 空冷风机（反面内部）
⑦ 控制室　⑧ 空气压缩机

（二）发酵用面盒的形状

发酵室内使用的面团发酵盒，理想的选择应该是使用接近最终面包形状的发酵盒。面包面团类似形状记忆合金，其形状会受发酵盒的形状影响。法式面包、德式面包等宜使用藤制发酵篮、发酵碗。而吐司面包的话，选择长宽高都多过吐司模具数倍的发酵盒是比较理想的。

（三）冷冻冰箱、冷藏冰箱的冷却装置构造

冷冻冰箱、冷藏冰箱的冷却过程，如同制作法式面包时注入蒸汽一样，也是利用了潜热的原理。在维持高压状态的接收槽内储存的液态制冷剂先是被送往膨胀阀，在膨胀阀内形成喷雾，制冷剂变为低压状态，温度下降的同时被送入蒸发器（库内热交换器），接着在这部分继续膨胀并且形成低温气体状态的制冷剂，再通过具有较大表面积的散热片（和汽车放热器相同的热交换器）。在这里，虽然库内气体

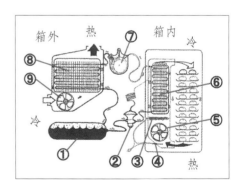

冷却循环

① 接收槽　　② 膨胀阀
③ 加热器　　④ 温度传感器
⑤ 库内风机　⑥ 蒸发器
⑦ 空气压缩机　⑧ 电容器
⑨ 电容器风机

进行了热交换，但因为高温，含有许多水分的库内气体在散热片处一边结露一边干燥，因此形成了容易造成面团干燥的库内环境（此时，结露是在冻结的送风机处结冰，但结冰如果过大，会导致库内气体无法通过散热片，从而引起冷却不良）。

另一方面，通过蒸发器（热交换器）后，被发酵室的内部气体夺去热量的气态制冷剂被送至压缩机，变成高压的雾状制冷剂。

虽然制冷剂被压缩达到高温，但由于通过凝缩器放热，从而一边冷却一边被液化浓缩，恢复成原来高压状态下的液态制冷剂，再次在接收槽中存积下来，就是这一系列的循环来运转全套冷却装置的。

（四）使用冷却装置的注意事项

电容器是将气态制冷剂冷却并液化的重要装置，电容器散热片的清洗，也是必不可少的重要操作。

特别是烘焙店的厨房，飞散着大量粉尘、油烟，很容易把散热片的缝隙堵塞住。这些堵塞物用吸尘器基本上是吸不出来的，要从反方向用高压气枪吹出，才能达到清扫的效果。

在飞舞着粉尘、油烟的烘焙店里，把电容器和冷冻冷藏冰箱放置在同一室内，本身就是很矛盾的事，原本是希望能把电容器像空调那样配置在室外的（远程制冷）。

◎定期清扫

为了清洗电容器散热片，每家店铺都最好准备一个喷涂料用的空气压缩机，容量最少也需要10L，价格并不贵。虽说也有便携式的款式，但基本上都没什么用，请大家还是准备合适的尺寸（容量）。

烘焙小贴士

（五）冷冻冷藏发酵箱不能当作冰箱！

一般来说，冰箱会按照标准配备定时除霜器，通过蒸发器后冻结的冰会自动融化成水。而冷冻冷藏发酵箱，是以发酵、冷却交互进行为前提的机械，大多没有配备定时除霜器。

虽说冷冻冷藏发酵箱本身自带了冷却功能，但它不能作为冰箱连续使用。如果感觉它不能制冷了，基本上是因为蒸发器结冰了，要先将冰块融化掉。

（六）想冷冻面团时，遇到冰箱除霜的情况

如果不凑巧的话，会遇到冷冻面团和除霜的时间点冲突的情况，这时，要切断电源，解除除霜。除霜功能大都是自动程序，但也有可以设定、变更时间段的机型。

◎排水装置（Drain tank）内红霉菌的清理办法

设置冷藏冰箱、冷冻冰箱时，有时场地会限制排水配管安装。这时，可以利用排水装置罐集水，但大多数的情况下，水中会繁殖红霉菌。这时，可以在装置罐中多倒一些消毒水（6% 的次亚氯酸钠溶液），放置一周左右，就能够将红霉菌彻底消灭。

烘焙小贴士

三、分割揉圆机（分割机）

（一）如何避免分割不均？

连续式的大型机械这里先不提，使用零售烘焙店专用的分割揉圆机（分割机）时，大多数人都苦恼于分割不均的问题。如果能充分理解面团的加工硬化和结构松弛的原理，就能避免这样的现象。关键是要在充分的结构松弛之后，再进行机械分割。在欧美，人们会将专用的发酵托盘和分割机打包销售，用这种比揉圆平盘（ABS 树脂制造）略小的圆形发酵托盘（正方形的分割机则用正方形的托盘）进行发酵，基本能够得到分割均匀的面团。

（二）设置校准

这种机械也带振动，因此在安装时需要校准水平线，进行水平设置。另外，因为机械内部加入了润滑油，需要定期检查和补充，最好以两年一次的频率更换配件。

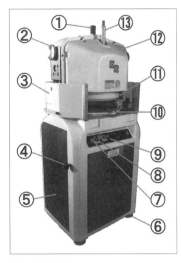

分割揉圆机

① 压力调整传动轴　　② 传送带固定螺母

③ 安全罩　　　　　　④ 回转数调整球柄

⑤ 维持配电盘　　　　⑥ 水平调整脚

⑦ 启动开关（左右）　⑧ 紧急停止开关

⑨ 启动停止开关　　　⑩ 模压平台

⑪ 引导器　　　　　　⑫ 头罩

⑬ 分割室容积调整传动轴

（三）机器不是万能的

如果对面团施加的压力不合适，就不能正确发挥机械的功能，因此要对应面团的体积和强度进行压力设定。另外，面团不可以揉圆过度，因此要设定适合面团的揉圆次数。机器并不是万能的，想要制作出安定的面团，操作员的灵活反应必不可少。

（四）定期清洗

面团渣和油脂渣很容易在机器里堆积，分割机也很容易成为虫类的聚集地，因此要定期去掉外罩进行清洗。

四、整形机和压面机

（一）注意事故

在零售烘焙店铺内，整形机是仅次于切片机的容易事故多发的机械。越是习惯操作的机械，就越容易疏忽大意，所以必须非常注意。

（二）头部与尾部

通过整形机的面团，面团头部经过滚轴，而末端部分受到挤压排气，两个部分的面团构造会有很大的不同，末端部分的面团

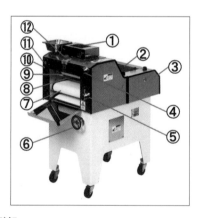

整形机

① 进料口	② 卷网
③ 维持配电盘	④ 滚轴间隔调整球柄
⑤ 正转反转切换杆	⑥ 展压板高度调整杆
⑦ 传送带	⑧ 刮器
⑨ 转压滚轴	⑩ 启动开关
⑪ 停止开关	⑫ 紧急停止开关

会受到较大的损伤。

　　因此，在对奶油面包成型时，应该在末端部分放置奶油，而把面团头部作为表面盖在上面，才能烘烤出有体积感的面包。

（三）滚轴、刮铲的定期清扫

　　滚轴材质是将铁镀上硬质镀铬处理后的物质，或是镀上不锈钢，铁氟龙等。刮铲的作用是将黏在滚轴上的面团铲下，材质一般会选用黄铜、塑料、铁氟龙等，会根据滚轴的材质具体选择。整形机的命脉在于滚轴和刮铲的贴合度，因此必须要避免金属片等异物误投入机器中导致机器损伤。同时因为机器内会粘上面团残渣和油脂残渣，必须经常清洁。另外，机器里容易滋生虫类，要定期打开装置的保护板进行清洁，以避免异物混入。

（四）工作环境十分重要

　　压面机的放置场所应尽可能选择温度不易上升的场所（可以的话尽量选择15℃的专用区域），再者，要确保压面机与冷藏冷冻库的距离较近，以方便调整操作环境。在折叠包覆油脂时，面团温度会因为面团配方的不同有所改变，对于油脂多的美式丹麦面团、油脂少的可颂面团，还有像开酥法式面包这样没有加入油脂的面团等，要根据面团特性把握适合的温度，这一点是非常重要的。同时，包覆油脂时，油脂不能过硬或过软，操作时需要了解和感受油脂的软硬度。

（五）擀薄面团时

　　擀制延展面团时要小心谨慎是毋庸置疑的，但是徒劳地增加擀制次数也不好，要考虑到加工硬化和结构松弛之间的平衡，正反翻面的次数，三折、四折时面团的厚度，延展时是否一直是同一个方向，中途是否需要翻转维持正方形的面团形状等，这些都是需要通过经常观察前辈的操作，来学习的关键点。

（六）手粉、擀面杖的使用方法

使用压面机时，合理适量地使用手粉是不可或缺的。手粉太少的话，会损伤面团，要注意适量使用，过多的话，记得用毛刷将多余的手粉扫掉。为了得到长方形的面团，操作者需小心谨慎地使用擀面杖，同时也要避免擀面杖的过度使用，否则会切断油脂层。

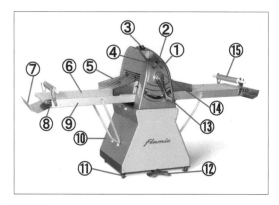

压面机
① 重设按钮
② 手动运转（左右）开关
③ 启动停止开关
④ 紧急停止按钮
⑤ 安全罩（左右）
⑥ 传送带
⑦ 面团承接托盘
⑧ 压力调整螺母
⑨ 平台
⑩ 架台
⑪ 小脚轮
⑫ 脚踏运转（左右）开关
⑬ 手柄
⑭ 滚轴间隔导板
⑮ 卷面团用滚轴

五、烤箱

（一）烤箱的热传递

热量的本质是分子的移动。从烤箱导出的热，通过传导、辐射、对流三种方式，将热源传递给面包面团。如果是电烤箱，电能通过镍铬合金和陶瓷加热器转化成热能，经由烤箱石板、蓄热体或者直接对烘烤室的面包面团传递热量。往加热后的烘烤室（180~280℃）放入面团（32℃），烤箱石板底部会对面包面团直接进行热传导，加热器本身以及通过蓄热体的辐射、对流也形成热

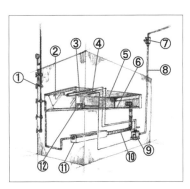

构造图

① 蒸汽用给水手柄	② 门
③ 加热器	④ 传感器
⑤ 烘烤室	⑥ 炉床
⑦ 主开闭器（断路器）	⑧ 电缆
⑨ 磁力开关	⑩ 蒸汽输送管
⑪ 蒸汽发生器	⑫ 温度控制器

量传递。但是，面包面团如果越大，就越不容易接受急剧的温度变化，热量传递需要一段缓慢的时间。

（二）烤箱的加热和温度控制构造

①烤箱接入电源，启动温度控制面板。

②烘烤室内的温度感应器会经常向温度控制面板发送温度信息。

③未达到烤箱设定的温度的话，温度控制面板会发送通电（ON）的指令。

④启动电磁开关，通过电流使加热器加热。

⑤加热器辐射热能，使构成烘烤室的铁板、烘焙石板以及内部的气体等分子振动，进而积蓄热能。

⑥各种蓄热体，也包括水蒸气，分子密度越高，积蓄的热能越多。因此，德式面包专用烤箱和高温烹饪用的风炉，对于气密性的要求都很高。

⑦温度控制面板达到设定的温度，会发出通电关闭（OFF）的指令。

⑧加热器的电磁开关切断，结束加热。

放入面团时，以及因为玻璃窗和烤箱自身的自然放热，烘烤室内的温度会下降，烤箱也会再重复以上操作。

（三）不同类型烘烤设备的使用范围

吐司机： 从加热器产生的高温，直接辐射加热，蓄热量较少，因此只会快速强烈地烘烤热源附近物体的表面，吐司机特别强化了这个功能。

烹饪用风炉： 因为采用热风强制循环，烘烤物表面会一次性干燥。这个功能适用于将鲑鱼和牛肉表面烘烤得恰到好处，但对像面包面团这样带有不利于热传导的海绵状组织的食物来说，并不适合。面团表面会因急剧干燥而中断受热，热量还未达到中心，表皮就已经烤焦了。

面包用大型直烤烤箱： 烘烤温度在 180~280℃，缓慢不激烈地通过振动分子加热，蓄热量对于面团来说也十分充分，因此即使是大型面团，表面也不会烤得过焦，热量也能够导入中心。面包的面团分子振动有其特定的波动范围，

◎ 远红外线真的易向面团中心导热吗？

　　这个观点是错误的。对面团烘烤有效的远红外线的热振动，只能从面包面团表面传导到内部0.2mm的深度为止。之后再向中心的热量就要靠面团内部自身的传导了。远红外线并不能像微波炉那样可以通过让物体中心的水分子直接振动进行加热。

烘焙小贴士

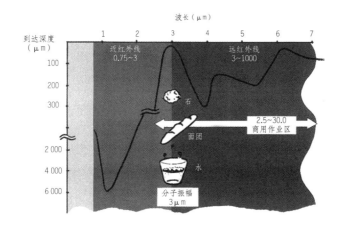

　　这种烤箱的烤板多使用类似陶瓷的材料，便于吸收该范围内的远红外线。面包用大型直烤烤箱追求的功能集中在"烤板蓄热性、烘烤室蓄热性、气密性"三点。

　　甜面包、蛋糕用烤箱：高温短时间烘烤小型面包时，希望制品上部表皮较薄、颜色较深，底部表皮上色较淡的话，不需要太多的蓄热。这类制品适合选用烤板热传导较弱、上火加热器的热辐射较强的烤箱型号。另外，使用铁盘模具来烘烤面包的话，选择与铁盘模具的分子振幅一致的铁制烤板会比较合适。

（四）关于蒸汽

　　不止德式面包、法式面包，直烤面包也必须使用蒸汽。另外，笔者认为不限于直烤面包，除了涂抹蛋液的面团（包含像吐司这样放入模具中烘烤的面包）以外的面团都可以打蒸汽。这样做的理由会在接下来进行讲述。

（五）打蒸汽时面团表面两阶段的变化

蒸汽在面团表面结露（凝结热：539cal/g），面团受热糊化后形成适合热传导的薄膜。这层糊化膜（热交换膜）达到一定的厚度，便可长时间地维持从面包面团双方向传来的热传导，从而能够向面团中心传导大量的热。

也就是说，通过这层薄膜，面包面团可以一边缓慢地释放水分，避免温度急剧上升，一边从烘烤室侧面获得热量。因此，为了确保正确的烧减率，需要大量的热量。面包越大，就越需要时间和热量。再者，蒸汽能让面团表面不会突然干燥而中断受热，水滴蒸发的汽化热（539cal/g）则抑制了面团表面急剧的温度上升，为面团在烤箱内膨发争取了时间，这是蒸汽的第二个功能。因此，面团表面结露的水分量（糊化膜的水分量）若改变，那面团表面到干燥为止需要的热量（汽化热）也会改变，从而导致面团中热传导的最佳时间点也发生改变，会给烘烤结果带来很大的影响。

另外，即使是相同的蒸汽，其温度不同，气体密度也不同。温度越低，分子密度越高，持有的能量也越大。相反，温度高的蒸汽密度低，含有的水分子量少，能量也变小变轻。因此，要考虑各种面包面团的必要水分量（结露形成的热交换膜和蒸发形成的汽化热），来注入合适质量（温度）的蒸汽。

（六）给法式面包打蒸汽的情况

法式面包面团放入烤箱时，蒸汽不能打得过多也不能过少。若高密度蒸汽（低温蒸汽）打得过多，会使得结露过多，糊化膜过厚，从而割包时很难展开。因此，给法式面包打的蒸汽要比德式面包的温度稍高、密度稍低，且要稍微打久一点，可以通过这样的方式简单调整投入的水分量。

（七）给德式面包打蒸汽的情况

德式面包面团放入烤箱前，烤箱的温度要预先设定为高温，以提高烘烤室的蓄热量。面团放入烤箱后，为使气体密度达到最高，且对热传导最有效，要注入102~106℃（蒸汽发电机温度在160~180℃）的略低温且重的蒸汽，这样面团表面可充分结露、糊化，在最初的1~2分钟，糊化膜迅速形成。之后，去除烘烤室内充满的高温气体和蒸汽（气体蓄热），降低设定温度（一边调整热量的追加投入）来慢慢地加热面团。通过结露、糊化、糊化膜形成，即使是没有面筋的德式面包，烘烤出的表皮也能够不龟裂。

（八）关于烤板的作用

使用直烤烤箱的话，面团表面在蒸汽汽化热的影响下，抑制了温度的急剧上升，但和烤板直接接触的底面并没有受到蒸汽的影响，而是直接从烤板受到热传导，从而急剧升温，气泡急剧膨胀，实现炉内膨发。因此，这个接触面是最快干燥断热的部分。短暂的时间后，烤板和面团之间相互的热交换会一下子减少。面团停止水分释放，从底面接受热量开始变得困难，在接触面上美拉德反应变强。接着，面团的上面、侧面通过热交换膜产生的热传导变为受热主力。

直接烘烤时，直接用来接触面团的烤板，其原材料适合使用石头或砖块，以及陶瓷类的物质。这些物质的振动波长和水相同，因此不会过强或过弱，能够在不烤焦表皮的情况下，将热量传递到面团的中心。

◎虽未被正式认证，但很重要的理论！

在烤箱内放入面包面团，再注入蒸汽，蒸汽接触到温度较低的面团，会变成水滴，并且给予面团539cal的凝结热，面团表面温度急剧上升的同时，也形成糊化膜。

这个糊化膜作为热交换膜发生作用的同时，会在高温的烤箱内再度汽化，从面团表面剥夺539cal的汽化热，防止面团表面温度急剧上升，也避免了前期表皮的干燥，促进了炉内膨发，同时给予表皮光泽。虽然这和正文内容有重复，但因为是很重要的知识点，所以在这里再次强调。

烘焙小贴士

（九）关于烤箱内的水分

烘烤室内的水分是重要的蓄热体，根据烘烤室的气密性和烘烤面包的种类及分量的不同，其热保有量也有很大不同。面团入炉后基本上只打一次蒸汽即可，不会再追加蒸汽，就算追加蒸汽，在面团温度已经上升的情况下，也不会结露。当这些包含一定量的水分子且蓄热性能高的气体布满烘烤室，水分子便可以通过向面团导热，辅助尽快烘烤出面包。

当然，面团中释放的水分也会汽化，使烘烤室内的水分子量上升，从而变成蓄热体发挥作用。在大烤箱中烘烤少量的面包时，烤箱内水分子量较少（通过蒸汽产生的蓄热少），无法发挥水分子的热量传递作用，因此，若为了让导热更好，需要在烘烤中追加蒸汽，才能达到效果。

（十）关于烤箱的气密性

蒸汽（水分）是蓄热体，因此维持烘烤室的气密性，让蒸汽不要流失是很重要的。当然，随着烤箱温度上升，气体体积变大，分子内部压力也会上升，需要通过真空排泄管将膨胀的部分排出。随着温度上升，烤箱内气体的水分子量减少，气体变得稀薄，最终这种稀薄气体会充满烘烤室。而气密性高的烤箱就能长时间保持水分，这对确保制品的良好导热性来说是很重要的。

（十一）关于烤箱门的开闭

烘烤中若打开烤箱门，会让好不容易蓄热丰富（水分多）的气体流失掉，而代之以稀薄（水分少）的厨房内的冷空气流入烤箱。

虽然气体的温度能再次上升，但流失的水分和其蓄热量就不能复原了（追加蒸汽的话另当别论）。因此，除非是特别需要的情况，否则尽量不要随意打开烤箱门。

（十二）割包的必要原因

制作法式面包的时候，面团放入烤箱时打蒸汽，可以让面团表面糊化，从而不会很急速地硬化，能形成炉内膨发持续进行的环境。而当面团表面近乎达到100℃时，面团中的水分开始化为水蒸气，表面慢慢干燥固化，致使面团内部被表面抑制，陷入不能膨胀的状态。

这时，割口处就成为面团继续膨胀的契机。预先切入的刀口，人为制造出面团的薄弱处，使之成为表面固化层的物理性弱点，面团内部得以继续膨胀。烘烤中的面团，借由割口，让炉内膨发的持续成为可能。

（十三）关于出炉后的物理震击

出炉时烤好的面包、蛋糕，都需要施以震击，大家都知道这是为了防止烤后回缩及侧面塌陷。由波义耳·查理定理可知，"受热膨胀的气体，会随着温度降低收缩"。从烤箱内拿出的面包、蛋糕中的气泡本来高温膨胀，放置在室温下就会收缩。为了防止这个现象，给予其物理震击，能让气泡破裂，从而将内部的高温气体和室温气体瞬间进行置换，目的就是防止气泡的收缩。

◎如何维持切片机的锋利？

一般小型切片机的圆形刀片的直径在195~203mm。研磨刀刃的话，圆形刀片当然会变小，一般减小10mm左右，这样就会无法接触到机器附属的磨刀石，这时就需要更换圆形刀片了。等发现切片机不能切时才发现刀刃已经消耗了

烘焙小贴士

10mm，这时可能刀刃已经够不着磨刀石了。所以使用时要注意提前更换刀片。当然，有许许多多的方法可以帮助够到磨刀石。但无论怎么样，变小的圆形刀片，还是必须更换的。

六、切片机

面包房里发生事故最多的机器就是它。因为临时工不熟悉操作导致发生事故的案例很多，但就算熟练使用了，也有很多人因为粗心疏忽而导致事故。自己注意当然是很重要的，而周围人加以提醒，敦促操作者注意也是很必要的。

切片机使切片成为可能，冷却后的面包，中心温度在38℃以下才能切片。虽然机器也会接触到油脂，但面团上含有少量油脂，是能显著提高切片性能的。

反过来说，像法式面包、德式面包这样，没有添加油脂的面包是很难切片的，这类面包尽可能用手切，或用专用的锯齿刀来切。如果这样也不能操作的话，要小心进行刀刃的清扫和研磨。

在欧洲，消费者一般购入商品后会自己切片再带回家，这个模式很普及，因此，操作简单、使用安全的切片机也很普及。大型全自动的切片机居多，有的自带润滑油可自动清洗刀刃，还有的对刀刃侧面进行了简单加工（有个小坑或者有小的圆形凹陷处），让面包和刀刃的接触面变小，从而避免刀刃上粘上面包。

照片
① 启动停止开关　② 刀刃
③ 滑动平台　④ 发动机
⑤ 磨刀石

第八章 Q & A

Q：本书中写到过"中间发酵是为了缓和由于分割和揉圆引起的加工硬化的工程"（137页），中间发酵的目的是否也是为了恢复由于分割而损伤的面团（部位）呢？

A：如您所言，"恢复由于分割而损伤的面团（部位）"也是中间发酵的目的之一。在这里没有提及这一点，确实是由于笔者的说明不足，在这里请允许我表达歉意。但是，这主要是为了让大家能够明白中间发酵这一工程更大的目的，才会选择这样的说明方式。换句话说，中间发酵最大的目的，是让成型变得容易。因此，若成型需要的面团形状比较长，分割、揉圆时会将面团处理成椭圆形，以成型需要的形状来进行中间发酵。为了让中间发酵时面团表面的干燥程度最小，要尽可能减少面团的表面积。因为在揉圆工程中，无论如何都要向面团施力，把面团收紧（加工硬化），所以为了缓和收紧的面团（结构松弛），中间发酵这段时间就变得很有必要。这个时间里，因为分割而损伤的部位当然也会得到恢复。并没有哪一个现象更快发生，也没有哪一个现象来得更重要，它们是同时发生的。

面团的恢复是与发酵相依存的，这不用多说。若面团损伤后直接暴露在15℃以下的环境下，那发酵会停止，损伤的面团也得不到恢复。大家可能会认为，不会有这样的情况发生，但举个例子，进行分割面团冷藏或冷冻的店铺，会不会将揉圆后的面团直接放入冷冻冷藏发酵箱内呢？或者选择成型冷藏法、冷冻法的店铺，成型后会不会直接将面团放入冷冻冷藏发酵箱内呢？揉圆和成型后的面团表面明显是有损伤的。操作后放在常温下，即使只有5分钟，也能让面团表面发酵恢复，但若是操作后直接放入冷冻库或冷藏库，那面团上的损伤就会像结痂一样保留下来。一旦面团形成了这样的伤疤，那之后即使恢复常温，面团也无法再恢复原样了。成型冷冻面团一般不会采用切割面团表面的成型方式，也是因为这个原因。无论是什么场合，我建议大家冷却面团前，在常温下给予面团5分钟的恢复时间。

这里再多说一句，用分割面团冷藏法或冷冻法制作的面团，在成型时，若面团的温度在15℃以下，不会引起加工硬化，这会导致成品弹性低、熟成不足。这种情况下，要等待面团温度恢复到15℃以上再成型，或者增加氧化剂的添加量。对面团而言，加工硬化与排气工程拥有相同的效果。

Q：226 页的"烘焙小贴士"中出现了一个名词是"纯手工面包店"，是否可以应对英文"Scratch Bakery"？

A：写成"Scratch"是没有问题的。Scratch 有"从零做起，从头开始"的意思。用到面包制作领域，Scratch 指的是从原材料的计量、搅拌开始，全部自行操作来制作面包的方法。用 Scratch 制法制作面包的面包店被称为 Scratch Bakery。另外，Scratch Mix Bakery（预拌粉面包店）指的是原材料选择用预拌粉的面包店，而 Bake Off Bakery 指的是使用外部供给的冷冻面团，操作上只需要解冻、发酵、烘烤，不需要搅拌机的面包店。最近还开发出了连解冻、发酵都不需要，直接放入烤箱就可以制作面包的冷冻面团。

Q：107 页有关于"配方用水的温度计算方法"，这个方法是怎么得出的呢？是否有世界标准或者面包业界的统一标准呢？

A：诚如您所言，这些计算方法，从科学角度看，略微有些粗糙。足够精确的话，我认为算式需要考虑到各个原料的量和比热，但在面包的实际制作现场，并没有要求精确到如此细节。这些算式，无论是日本面包技术研究所还是美国的面包制作学校 AIB（American Institute of Baking）都在使用，可以把它看作烘焙业界的简易计算法。另外，在雷蒙德·卡尔韦尔所著的《法国的面包技术详论》一书中，也是按照经验上的配方用水温度计算方法，介绍了被称为"基础指数"的数值：强力揉合是 51，改良揉合是 60，普通揉合是 69。

由此数值，减去面粉温度和工厂的室温，就是需要的配方用水温。

在普通揉合的情况下，粉温为 18℃，工厂室温为 20℃时，

配方用水温 =69-18-20=31℃

在卡尔韦尔先生的著作中，基础指数根据搅拌机种类、回转速度、搅拌时间、面团搅拌量的不同而产生变化，重要的是要考虑好所有的要素后得到需要的面团温度。

Q：本文中"模具和面团的比容积"（143 页）部分，有内容写到"过去山形吐司的比容积是 3.4，方形吐司是 3.6"。大家都是以这个数值来进行分割的吗？有没有增加了面团重量，并以此为特征的店铺呢？

A：当然有，这里写到的只是一般数值。现实中各个公司制作面包时会使用各种不同的比容积，根据用途、价格、所追求的口感而变化。比如黑麦面包的比容积是 1.5，用来做面包丁的面包比容积是 2.0，用来做三明治的面包比容积是 3.8，都有其各自的基准数值，但实际上使用这些数值的企业可能很少。根据比容积的不同，面团的受热程度、面包口感也会有变化，理解这点后，根据客人的喜好设定对应的比容积才是重要的。

Q：前几天做的面包内部粘连，而且有异味。曾听说过枯草杆菌会导致这种情况。能否向作者请教分辨和应对的方法呢？

A：在面包店里出现的拉丝现象，经常会被认为是过去才会发生的事，但遗憾的是，现在每年也会发生数起。特别是近来一些面包店倾向烘烤上色较淡的面包，更需要注意。

拉丝现象是指：面包内有枯草杆菌繁殖，导致面包内部变色、黏着，释放出类似腐败菠萝的气味。快的话，出炉后半天，就会出现这样的现象。

应对方法：

①被枯草杆菌污染的商品带包装原样回收，并且不开封进行焚烧处理；

②带泥土的蔬菜、退货的面包等，不要带进工厂内；

③工厂的机械、设备、道具类等要全部用浓度为 0.01% 的次氯酸钠进行消毒；

④搅拌时，小麦粉中加入对应量 0.05%~0.10% 的冰醋酸，或者 0.5%~1.0% 的食醋；（根据配方不同，添加量要调整）

⑤尽力减少作为 pH 缓冲材料的脱脂奶粉、牛奶、大豆粉、鸡蛋等的用量；

⑥管理发酵温度、时间、面团 pH，以降低面包的 pH；

⑦根据实际情况准确烘烤，要烤透，确保烧减率；

⑧避免趁热包装，要充分冷却后再包装；

⑨避免高温多湿环境，尽可能在阴凉的场所冷却保存。

Q：最近听说了半干酵母这个词汇，这一面包酵母的特征是什么呢？

A：半干酵母的特征是水分量介于鲜酵母的 68% 和干酵母的 8% 之间，它的水分量大约为 25%，借由冷冻运输、冷冻保存，半干酵母的发酵力可以长时间维持（2年）。另外，干酵母需要预备发酵，即发型干酵母虽然不需要预备发酵，但是面团温度需要在15℃以上。而半干酵母不止溶解性良好，也是冷水耐性优异的颗粒状酵母，不需要考虑面团温度，且可以直接投入搅拌机中使用。半干酵母也适用于冷冻面团。干酵母、即发型干酵母在各个面包酵母制造公司都有生产，而半干酵母是法国乐斯福公司的专利产品，有高糖用的金燕半干酵母和低糖用的红燕半干酵母两种。在用量上，无论哪一种，都是以鲜酵母用量的40%为标准，红燕半干酵母的用量和红燕即发型干酵母的用量相同。

关于发酵种的 Q&A

Q：**我想要烘烤使用发酵种的美味面包，但到目前为止只使用过市售的面包酵母。关于发酵种有一些问题，希望您能从基础开始给予指导。发酵种和自家制酵母不同吗？**

A：发酵种和自家制酵母（酵母种）很难区分，两者都是酵母和乳酸菌的混合体。若一定要区分，以培养酵母为目的的是自家制酵母，代表有酒种、啤酒花种。而以培养乳酸菌为目的的是发酵种，代表有黑麦酸种、潘妮托尼种、旧金山酸种。以下介绍一般的市售酵母和发酵种的酵母数及乳酸菌数。

发酵种中的酵母数、乳酸菌数

	酵母数	乳酸菌数
市售面包酵母	1.0×10^{10}	$1.0 \times 10^{6\sim8}$
一般的发酵种	1.0×10^{7}	$1.0 \times 10^{8\sim9}$
粗麸皮发酵种	2.0×10^{7}	1.0×10^{9} *
旧金山酸种	$1.5 \times 10^{7}\sim2.8 \times 10^{7}$	$6.0 \times 10^{8}\sim2.0 \times 10^{9}$ *

*摘自雷蒙德·卡尔韦尔所著《法国的面包技术详论》

Q：**乳酸菌又是什么?**

A：所谓乳酸菌，指的是对应所分解的葡萄糖产生50%以上乳酸的革兰阳性菌，无运动性（也在极少情况下显示运动性），不形成芽孢，是过氧化氢酶阴性的杆菌或者球菌。乳酸菌一般分成链球菌属、明串珠菌属、片球菌属、乳杆菌属四个属，在面包中使用的主要是乳杆菌属。

Q：**发酵种的种类有哪些？**

A：传统的发酵种有中国的老面种，美国的旧金山酸种，欧洲的酸种、潘妮托尼种等，而日本的酒种、啤酒花种则可以理解为着眼于培养酵母的酵母种。最近手工面包和手工烘焙坊备受瞩目，面包酵母公司开始销售更加商业化、工业化的安定的活性发酵种。主要的产品介绍如下。

日清制粉东酵工业：液态发酵种（Creme de levain，来自法国的鲁邦种，液体状，直接添加）。

焙乐道日本股份有限公司：卡门（Carmen，以小麦为基底，来自意大利潘妮托尼种的种面，液体状，直接添加），神谕（Oracolo，黑麦基底酸种，液体状，直接添加）。

日法商事：乐斯福鲁邦种（Saf Levain，粉末状，前一天培养，27℃发酵18~24 小时）。

户仓商事：优种（StartGut，德国伊瑟恩烘焙公司产，粉末状，前日培养），优种 Bio-R（黑麦酸种起种，欧盟有机认定品），优种 W（小麦酸种起种），优种 Bio-W（小麦酸种起种，欧盟有机认定品）。

太平洋洋行：TK 起种（德国博科尔公司制，来自旧金山乳酸菌）。

Q：**用来制作发酵种起种的物质是什么？**

A：基本是通过培养在空中、谷物和果实表面附着的天然乳酸菌和酵母来进行发酵种的制造。过去的起种一般源于植物，比如葡萄干、苹果、黑麦、小麦的全麦粉、粗麸皮、洋葱皮、葛缕子、李子干等，而源于动物的有牛奶（无杀菌）等物质。一般来说，使用表面上纤毛多，被乳酸菌、酵母附着的谷物和果实为佳。

Q：**发酵种是怎么制作的？**

A：雷蒙德·卡尔韦尔先生所著的《法国的面包技术详论》（面包新闻社出版）中，详细地介绍了使用粗麸皮或者小麦、黑麦的全麦粉来制作发酵种的方法。在此介绍用黑麦全麦粉来制作发酵种起种的方法。

起种的制作方法

材料	第一天	第二天	第三天	第四天	第五天
前一天的种	—	10%	10%	10%	起种完成（称为初种）pH3.9 酸度15
黑麦全麦粉	100%	100%	100%	100%	
水	100%	100%	100%	100%	
	抱合空气充分揉捏搅拌，揉至27℃。24小时发酵				

注：发酵室温度为26~28℃。

第五天起种若没有达到pH3.9、酸度15，则重复第四天的工程。

Q：自制发酵种时要注意什么？

A：要注意的有很多，但特别需要注意的是确保发酵种的营养源和霉菌的抑制。参考对乳酸菌的营养要求、繁殖促进因子及合成培养基的调查，自制发酵种需要大量的氨基酸（谷氨酰胺、缬氨酸），维生素（烟碱酸、泛酸、叶酸、维生素H），核酸（嘌呤、嘧啶），金属盐（二价镁、二价锰）。同时为了避免杂菌繁殖，制作前提是必须使用清洁的器具。

务必要考虑抑制霉菌，过快降低pH会导致细菌数上升。必要时，可以先将苹果酸等加入面团，从pH5.0开始制作，是有效抑制霉菌的方法。以小麦粉为培养基的情况下，添加2%左右的食盐能够有效抑制小麦粉中的发酵阻碍物质吡啶硫酮锌。

作为参考，介绍具有代表性的乳酸菌培养基——GYP白亚琼脂培养基。

GYP白亚琼脂培养基（每1L蒸馏水）

酵母萃取物·················· 10g
蛋白胨（酪蛋白的胰酶分解物）······5g
葡萄糖·················· 10g
肉萃取物··················2g
三水合醋酸钠··················2g
吐温80（界面活性剂）··········10ml
盐类溶液* ·················· 5ml
碳酸钙（培养皿用）··············5g

琼脂（培养皿用）·················· 12g
盐类溶液*：1ml中含有：
　$MgSO_4 \cdot 7H_2O$　40mg,
　$MnSO_4 \cdot 4H_2O$　2mg,
　$FeSO_4 \cdot 7H_2O$　2mg,
　NaCl 2mg。
吐温80溶液*：50mg/ml水溶液
pH* 6.8

*以上是乳酸菌的培养基，含有不得用于食品的成分。

Q： 发酵种的乳酸菌只有一种吗？

A： 并不是只有一种。根据地域不同、起种不同，乳酸菌的种类也不同。主要的种类接下来会介绍。

发酵种的乳酸菌名和酵母名

日清制粉东酵工业的液态发酵种
乳酸菌：Lactobacillus brevis
酵母：Saccharomyces cerevisiae ssp chevalieri
希腊产酸种面团
乳酸菌：Lb.brevis Lb.sanfranciscensis Lb.paralimentarius
比利时产酸种面团
乳酸菌：Lb.brevis Lb.sanfranciscensis
法国产酸种面团
乳酸菌：Lb.brevis Lb.sanfranciscensis Lb.sakei
意大利产酸种面团
乳酸菌：Lb.brevis Lb.plantarum Lb.farciminis
酵母：Saccharomyces cerevisiae S.exguus Candida krusei
旧金山酸种
乳酸菌：Lb.sanfranciscensis
酵母：Saccharomyces exiguous（共存比率为乳酸菌：酵母 =100：1）
酒种
乳酸菌：Lb.sakei Lb.plantarum Leuconostoc mesenteroides
酵母：Saccharomyces cerevisiae
米曲：Aspergillus oryzae

Q： 都说加了发酵种，面包风味会更好，发酵种在其中起了什么作用呢？

A： 其作用的发挥大致分为四个阶段。

第一阶段：通过面包酵母发酵产生的糖、氨基酸的代谢，生成芳香成分（酒精、酯类）。

第二阶段：通过乳酸菌的活性化生成芳香成分（有机酸）。

第三阶段：通过乳酸菌的蛋白酶生成呈味氨基酸。

第四阶段：通过氨基酸和糖的美拉德反应，生成香气成分。

也就是说，若要100%发挥发酵种的作用，需要通过烘烤产生的美拉德反应。但是像老面种等发酵种多用在蒸制食物中，由此可知，根据乳酸菌的种类和培养方法等因素的不同，它在蒸制食物中也能发挥效果。

Q: 发酵种会给面团和面包的品质带来什么样的影响?

A: 主要的影响有以下几点。

①改善面团的物理性质:对于小麦粉面团,由于有机酸的作用,面团变得柔软、操作性良好,整形和气体保持力也得到改善。对于黑麦粉面团,由于有机酸的作用,醇溶蛋白的黏性增加,戊聚糖的性质改变,从而强化了面团的结合,炉内延展性和面团导热性也得到优化。

②优化风味:由于游离氨基酸的增加,进一步提升了美味度。

③提高保存性:各种有机酸、酒精、抗菌性物质的生成,提高了面包的保存性。

④提升功能性:通过乳酸菌的增加,优化了胆汁酸结合能力(可抑制血液中胆固醇的上升);通过 γ-氨基丁酸(GABA)的生成,提升了功能性(有降低血压的作用);通过乳酸,增加了吸收二价铁的数量(可预防贫血)。

小麦粒各层的化学组成(无水物)

	比例 /%	蛋白质 /%	脂肪 /%	灰分 /%	碳水化合物 /%		
					粗纤维	戊聚糖	淀粉等
全粒小麦	100.0	14.4	1.8	1.7	2.2	5.0	74.9
糊粉层	9.3	32.0	7.0	8.8	6.0	30.0	16.2
胚芽	2.7	25.4	12.3	4.5	2.5	5.3	50.0
胚乳	82.0	12.8	1.0	0.4	0.3	3.5	82.0

摘自日本麦类研究会"小麦粉"

Q: 用发酵种制作面团时,对制程会有什么影响?

A: 由于面团 pH 降低,一般容易形成柔软(过度发酵)的面团,面团表面也容易龟裂。在搅拌后进行短时间发酵,充分考虑如何进行排气工程就变得很有必要。

Q: 对于发酵种的工业化大量生产,需要注意什么?

A: 若是打算自行进行大量培养,要考虑是否会混入有害菌群。市售的发酵种，已经有相应的考虑了，因此选择采购可信赖的生产商制作的发酵种是比较安全的方法。

继种也是可以的，根据培养条件的不同，也要考虑到菌株会因此发生改变。根据生产商的规格指示进行操作是很重要的。无论如何，对于工业生产来说，保障卫生条件是最重要的。

Q：虽然也想使用完整成品，但因为场地狭小，能否将发酵种进行浓缩？

A：一般来说，发酵种的乳酸菌数在 $1.0 \times 10^{8\sim9}$，酵母菌数为 1.0×10^7 左右，我认为浓缩是比较困难的。可浓缩的是过度发酵面团型的发酵种。

※ 酸面团里有三种：（摘自森治彦氏演讲）

①传统的酸种面团（连续继种）；

②过度发酵面团（发酵 3~4 天）；

③干燥面团。

Q：是否可以组合许多发酵种一起使用？

A：是有可能的。过去有酒种和啤酒花种并用的情况，但无法相互激发出彼此的优点。

潘妮托尼种、旧金山酸种的组合也有讨论的价值，但是仅限于在面团中的组合，培养途中的组合是很困难的。

索　引
（按汉语拼音首字母顺序排列）

参考文章

『製パン理論と実際』藤山諭吉・日本パン技術研究所　『製パン原料』藤山諭吉（発行者）・日本パン技術研究所　『試験法』藤山諭吉（発行者）・日本パン技術研究所　『パン学校』中江恒・パンニュース社　『パン化学ノート』中江恒・パンニュース社　『パン製法』雁瀬大二郎・沼田書店　『新編　製パン法』雁瀬大二郎・沼田書店　『製パン入門』パン産業技術会議　『小麦粉』日本麦類研究所　『小麦から小麦粉へ』アメリカ小麦食品普及研究所・製粉振興会　『小麦粉からパンへ』アメリカ小麦食品普及研究所・製粉振興会　『小麦粉の話』製粉振興会　『小麦の話』西川浩三、長尾精一・柴田書店　『洋菓子製造の基礎』桜井芳人（監修）・光琳書院　『製パン技術』藤澤製造所　『正統フランスパン全書』R・カルヴェル・パンニュース社　『食パンとバラエティ・ブレッド』増田信司・ベーカーズタイムス社　『パンとケーキ』桜井正美（編）・パンニュース社　『パンの研究』越後和義・柴田書店　『パンの歴史』マックス・ヴェーレン・岩手県パン工業組合　『油脂化学の知識』原田一郎・幸書房　『パンの百科』締木信太郎・中央公論社　『食の科学』・3“飲用乳”・日本評論社　『食の科学』・11“バターとマーガリン”・丸の内出版　『食の科学』・16“タマゴ”・丸の内出版　『食の科学』・30“砂糖”・丸の内出版　『食の科学』・44“食用油脂”・丸の内出版　『食の科学』・49“乳・乳製品の多様化”・丸の内出版　『食品工業』11/下 76“食品工業における酵素利用技術の発展”・光琳書院　『食品工業』5/下 76　“最近のパン・菓子原料利用における諸問題”・光琳書院　『理化学辞典』・岩波書店　『生物学辞典』・岩波書店　『日本食品事典』井上吉之（監）・医歯薬出版　『食品化学』神立誠・光生館　『食品の加工および貯蔵』太田馨他・建帛社　『小麦英和用語集』・日本麦類研究会　『製パン技術用語辞典』食糧タイムス社　『お砂糖豆事典』・精糖工業会　『応用微生物学』相田浩・東京同文書院　『概説生物学』印東弘玄他・建帛社　『食の科学』・55“鶏肉と鶏卵”・丸の内出版　『食の科学』・56“調味料”・丸の内出版　『日本の養鶏産業‘77』・日本養鶏協会　『食卵の科学と利用』佐藤泰・地球社　『パン酵母』佐藤友太郎・光琳書院　『酵母の科学』アンホイザー・ブッシュ編・三共出版　『食品微生物学』好井久雄他2名・技報堂　『マーガリン・ショートニング・ラード』中澤君敏・光琳書院　『食用固型油脂』柳原昌一・建帛社　『マーガリン・ショートニング・ラードの豆知識』・日本マーガリン工業会　『マーガリンとショートニング』・日本マーガリン工業会　『ベーカーズ・クラブ』10巻（1～9, 12），11巻（1～4, 11, 12），12巻（1～8），13巻（8, 11, 12）　“パンの科学”田中康夫・食研センター　『製パンの科学』松本博・日本パン技術研究所

「活路開拓調査研究事業報告書」全日本パン協同組合連合会

「パン技術・344　冷凍生地の理論（Ⅰ）」井上好文・（社）日本パン技術研究所

「パン技術・346　冷凍生地の理論（Ⅱ）」井上好文・（社）日本パン技術研究所

「パン技術・350　冷凍生地の理論（Ⅲ）」井上好文・（社）日本パン技術研究所

「小麦粉の本」長尾精一・三水社、「塩の本」松本永光・三水社

「小麦粉の科学」長尾精一・朝倉書店「パンの事典」監修：井上好文・旭屋出版

「世界の小麦の生産と品質上・下巻」長尾精一・輸入食糧協議会

「石臼の謎」三輪茂雄・産業研究センター

「パンと麹と日本人」大塚滋・集英社

BAKING：Sience and technology/E.J.Pyler

Bread Science and Technology/ Pomeranz and Shellenberger

Wheat：Chemistry and Technology/Y.Pomeranz

Verfahrenstechnik/Otto Doose

Frischhaltung/Ulmer Spatz

Die Backschule band 1，2 / Heinrich Büskens

Der Junge Bäcker/Egon Schild

Fortschritte der Medizin 87,1257(1969)/H.-D.Cremer,K,Schiele,W. Wirths und A.Menger ——92,159(1974)/ W.steller,W.Wirths und W.Seibel

Brot und Gebäck Januar 1970/Hans Huber und Werner Blum

Getreide, Mehl und Brot 26,62(1972)/Hans Huber ——33(2),40(1979)/K.Seiler ——33(5),135(1979)/J-M .Brummer und W. Seibel

American Scientist 61(6),1973/Yeshajaku Pomeranz

Baker's Digest 46(4):48(1972)/R.T.Tang,Robert J.Robinson and William C.Hurley ——47(2):34(1973)/George Strenberg ——50(4):24(1976)P.E.Marston and T.L .Wannan

协助机构

（株）爱工舍制作所　（株）オシキリ　オリエンタル酵母工业（株）　尖东混合机工业（株）　川口板金（株）　キューピー（株）　（有）协同电热制作所　（株）櫛澤电机制作所　三幸机械（株）　精糖工业会　月岛食品工业（株）　户仓商事（株）　内外施设工业（株）　日清制粉（株）　日法商事（株）　たばこと塩の博物馆　（株）ハイト　三铃工机（株）

（五十音顺序）